普通高等职业教育“十三五”规划教材

网页设计与制作项目教程

主　编◎简建锋
副主编◎王　玉

WANGYE SHEJI YU ZHIZUO XIANGMU JIAOCHENG

中国人民大学出版社
·北京·

前言

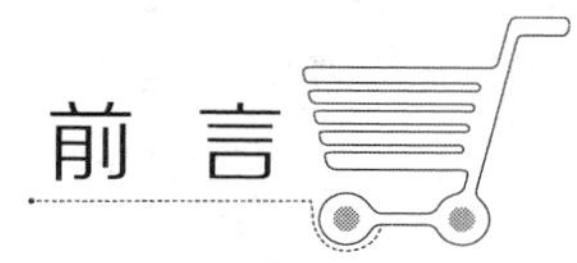

随着互联网的飞速发展，人类进入了信息时代。互联网已成为世界上规模最大、覆盖面最广、信息资源最丰富的信息网络，它不仅为我们提供了一种全新的获取信息的手段，也极大地改变了我们的学习、生活和工作方式。

网页是网络信息的一种重要传媒和载体，很多企业、机构、个人出于传播信息的需求，纷纷建立了自己的网站和网页，而网页设计和制作是一项系统工程，它涵盖了策划创意、平面设计、软件技术、时间空间处理等各方面的知识。

本教材将网页设计职业岗位中用到的知识，如网页基础知识、Dreamweaver 软件的使用、HTML 语言、数据库基础、动态网页设计等，进行了整合并项目化，介绍了网页设计的基础知识及常用网页设计工具的使用方法。本教材的编写突出“以能力为本位、以职业实践为主线、以项目课程为主体”，体现了职业教育“以就业为导向，以能力为本位”的理念。

全书共分为八个项目，分别为网站与网页赏析、网页开发环境配置、网站规划与设计、企业官网网页制作、第三方网店建设、电子商城动态网站建设、网页测试运行与发布、网页指标与优化。各项目既有独立性，又有关联性。独立性是指各项目的情景设计、教学组织相对独立，可针对各项目进行专项训练；关联性是指各项目之间存在相互补充和融合关系，按理论与实践一体化的要求进行了设计。学生通过项目训练，能设计制作常见的静态和动态网页，掌握网页的设计、制作和维护技能。

本书由简建锋担任主编，王玉担任副主编。其中，项目一、项目五由简建锋老师编写，项目二、项目四由王玉老师编写，项目三、项目六由蒋丽芳老师编写，项目七、项目八由钟京老师编写。徐匡老师、卜俊龙老师参与了部分内容的编写工作。在本书编写过程中，付珍鸿、黄华勤、游碧蓉、黄红辉、欧智龙等专家和老师也给予了许多指导和帮助，在此一并表示感谢！

本书适合作为职业院校相关专业“网页设计与制作”课程的教材，也可作为网页平面设计方面的培训教材。为了帮助初学者更好地学习本书讲解的内容，本书提供相应PPT及部分素材，如有需要，可与编者联系（E-Mail：easeewind@163. com）。

由于时间仓促，加之编者水平有限，书中难免存在疏漏和不足之处，敬请各界专家和广大读者批评指正。

编者

2017年6月

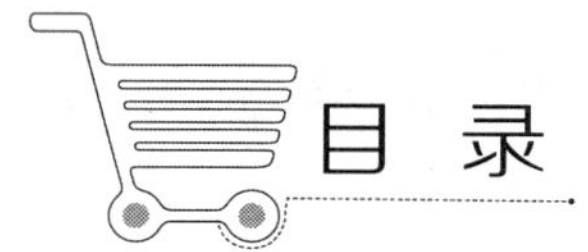

目录

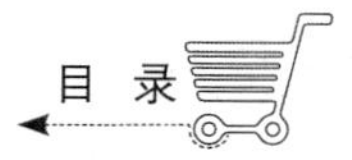

项目一 网站与网页赏析

项目概述

毕勇是公司网页设计组的负责人，也是一名资深的网页设计师，有时候大家会一起分享一些网页作品，经常会有新人问他“什么样的网页才算是好的网页?”“我这个页面设计有什么问题呢?”之类的问题，毕勇除了会指出新人在网页设计上的亮点和不足外，还常对新人说：“设计师要学会辨别网页的好坏，关键是要多看，好的和不好的作品都要看，通过比较、辨析才能提高审美眼光，进而设计出优秀的网页。”

电子商务网站有多种类型，在本项目中分别以常见的企业形象网站、电商平台网店、各类型的网页版式为例进行分析，通过对案例网站页面的分析，可使学生深入地理解页面的版面布局、色彩搭配、页面风格等。

项目目标

能力目标：

学完本项目后，学生应掌握分析网页的基本能力，能够：

(1) 分析网页的配色方案。

(2) 分析网页的版式结构。

(3) 编写简易的网页赏析报告。

知识目标：

(1) 网页基础知识。

(2) 企业网页的基本构成。

(3) 网店的构成和页面元素。

(4) 常见的网页版式及设计原则。

项目任务

任务1　企业形象网站赏析

任务2　电商平台网店赏析
任务3　常见网页版式赏析
　子任务1　网站版式的设计与编排
　子任务2　常见网页版式赏析

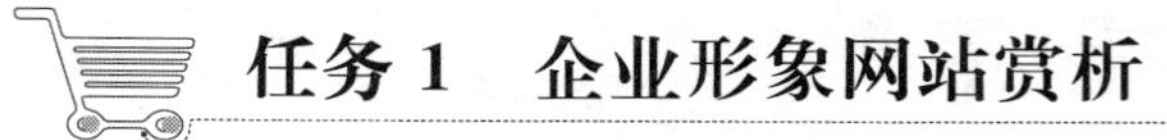

任务1　企业形象网站赏析

【任务目标】

本任务的目标是通过浏览“德百顺”“敬学教育”等企业的网站，来分析常见页面布局、网站栏目构成、色彩搭配等，以便为各类型企业规划设计网站。

【任务实施】

1. 分析“德百顺”网站

德百顺电气科技有限公司是一家从事金刚石膜研发和生产的高新技术企业，其网站地址是 http：//www.deposon.com，该网站主页采用了简洁的“层叠式”页面布局，页面顶部为企业 Logo 和导航条，如图 1－1－1 所示。

图 1－1－1　“德百顺”企业 Logo 和导航条

导航条栏目有 8 栏，分别是“首页”，介绍企业的“关于德百顺”，展示亮点的“核心技术”，介绍产品的“产品与应用”，体现公司最新动态的“新闻中心”，介绍人力资源的“人才招聘”，与客户沟通的“联系我们”，以及通往商城的“氧宝宝官方商城”。

导航条下面是宣传公司形象的 3 幅轮播图。如图 1－1－2、图 1－1－3、图 1－1－4 所示。

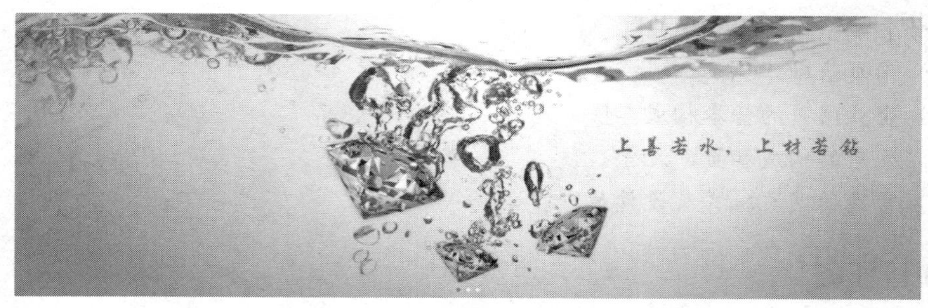

图 1－1－2　“德百顺”轮播图 1

图 1-1-3　“德百顺”轮播图 2

图 1-1-4　“德百顺”轮播图 3

这几幅轮播图简洁大方，以当下很多电子电器类行业乐于采用的蓝色调为基调，搭配温情的绿色与黄色调，在大面积蓝白色的衬托下，营造出温馨的生活气息，打造自然干净、上档次的品牌形象。

第一幅轮播图主要体现公司产品材料的优良品质“上善若水，上材若钻”，第二幅体现企业字号的含义和服务的精神，即“德贤百顺，服务民生”，第三幅主要体现企业的技术过硬和开放创新的心态：“钻石科技，开放共赢”。

页面中间内容分别是企业的介绍“关于德百顺”，产品的介绍“产品展示”，以及体现公司价值观、产品使用情景、企业新闻的“视频窗口”，如图 1-1-5 所示。

图 1-1-5　“德百顺”页面与中间内容

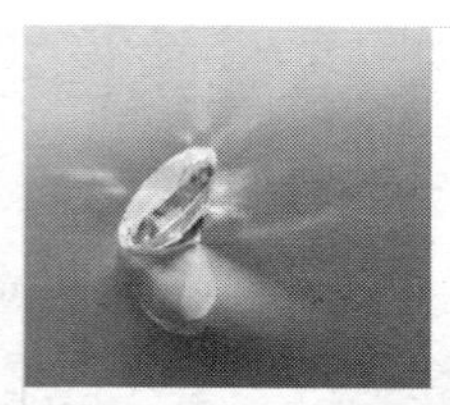

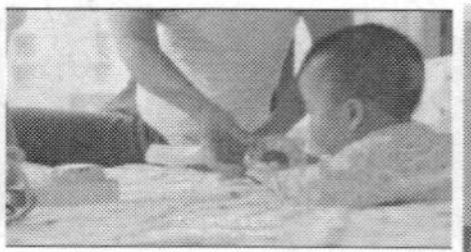

图 1－1－5（续图）

页面底部是“了解产品”“服务与支持”“购买流程”“加入我们”“关注我们”和“在线客服”及常见的版权声明，如图 1－1－6 所示。

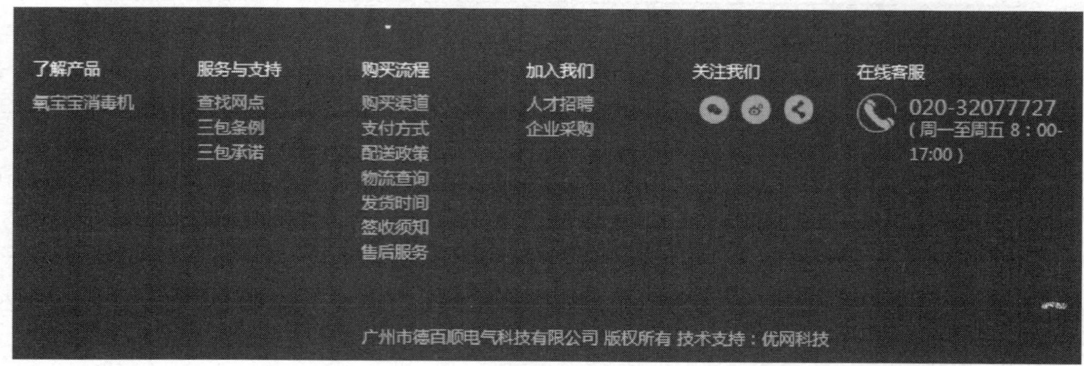

图 1－1－6　页面底部

知识链接： 构成网页的基本元素（1）

网站是由一系列内容相关的网页组成的，网页是网站的基本元素，而网页本身也是由一些基本元素构成的。构成网页的基本元素包括 Logo、Banner、导航条、文字、图像、多媒体、动态特效、表格、框架、超链接、表单等。

2. 分析“敬学教育”网站

广州敬学教育科技有限公司是一家提供教育咨询服务的企业，其业务涉及教育培训、教育咨询与策划服务，其原网址为 http：//www. jingxuejy. com，原版主页如图 1－1－7 所示。

图 1－1－7 “敬学教育”主页

网站主页采用了“同字形”的页面布局设计，运用了幼儿喜爱的卡通形象，色彩缤纷，整体风格既轻松又活泼，搭配成功案例和项目证书的展示，很容易获得客户的认同。页面顶部为企业 Logo 和导航条，导航条类目主要由指示首页的“首页”、介绍企业的“敬学概况”、展示产品的“招生信息”和“品牌项目”、互动的“下载专区”及“联系我们”组成，具体如图 1－1－8 所示。

图 1-1-8　“敬学教育”企业 Logo 和导航条

接下来就是宣传公司主要宗旨和服务的轮播图。通过文字体现公司“敬业、乐学，专注于为学前教育行业提供一体化服务”的宗旨，展示所提供的服务，如各种课程、管理平台和品牌整合等项目，如图 1-1-9、图 1-1-10、图 1-1-11、图 1-1-12 所示。

图 1-1-9　“敬学教育”轮播图 1

图 1-1-10　“敬学教育”轮播图 2

图 1-1-11　“敬学教育”轮播图 3

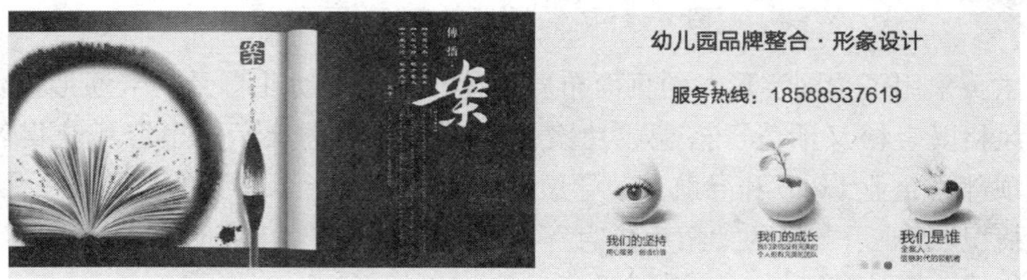

图 1-1-12　“敬学教育”轮播图 4

页面中间部分的内容分为左、中、右三个部分，分别为“关于我们”“新闻中心”及“证书展示、环境展示”。页面上有在线客服飘浮窗口和qq客服即时聊天工具，通常与客户有强互动关系的网站会带有这类客服中心，如图1-1-13所示。

图1-1-13 “敬学教育”页面中间内容

页面底部为企业网站常见的公司电话、地址、版权声明和备案号等，如图1-1-14所示。

图1-1-14 “敬学教育”页面底部

知识链接：构成网页的基本元素（2）

（1）文字。

网页最基本的元素就是网页文字。一般来说，在企业网站中，文字始终是表达信息的主体，需要注意页面中文字的大小、字体、颜色对比的组合、背景颜色的衬托，以及它们与图像等网页内容的关系。

（2）图像。

图像在网页中主要起着表达信息、展示形象、衬托主题和体现风格的作用。在网页中可以使用多种格式的图像文件，其中使用最广泛的是jpeg和gif两种格式的图像。图像还能作为背景、按钮、导航条、标题等。需要注意页面中的图像和网站主题的关系，以及和页面内容的关系。

（3）多媒体。

多媒体元素主要包含动画、声音、视频等，它可以美化页面，使网页效果更好。和图像一样，多媒体元素也需要注意和网站主题的关系，以及和页面内容的关系。此外，还需要注意多媒体的格式。多媒体的格式非常多，要尽可能采用主流格式，以便多媒体能够在常见的网页浏览器中轻松显示，而不需要再去下载解码器。动画主要使用 GIF 动画格式和更为丰富的 Flash 动画。动画的常见格式为 swf 等；声音的常见格式为 mp3、wma、rm、midi、wav 等；视频的常见格式为 avi、mpeg、mp4、rm 等。

（4）动态特效。

为了使网页效果更加丰富，增加与访问者的互动，网页制作中也越来越多地使用各种动态特效，如漂浮广告、广告图片自动轮播、图像淡出等。动态特效主要依靠一些控件和脚本语言（如 Javascript、VBScript）等。

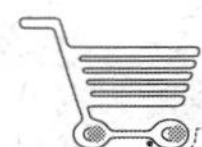

任务 2　电商平台网店赏析

【任务目标】

“WIS”是淘宝上知名的护肤品牌之一，现以 WIS 官方旗舰店为例，对电商平台的页面构成进行赏析。

【任务实施】

从网站 Logo、Banner、导航条、轮播图、促销活动、自定义内容、传统淘宝页面部分、页尾等方面进行分析。

1. Logo

网站 Logo 也称网站标志，它是一个网站的象征，网站标志一般放在网页的左上角，网站标志应体现该网站的特色、内容以及内在的文化内涵和理念。通常情况下，企业网站的 Logo 就是该企业的 Logo，常为代表性的人物、动物、物品等，例如搜狐网的 Logo 狐狸。WIS 网店的 Logo 如图 1-2-1 所示。

图 1-2-1　WIS 网店的 Logo

2. Banner

网站 Banner 也称网站横幅，是一种常见的网络广告和企业宣传形式。一般放在网站顶部最显著的位置，用于引起访问者的注意，WIS 网店的 Banner 如图 1-2-2 所示。

图 1-2-2　WIS 网店的 Banner

3. 导航条

导航条是网页设计中的一项重要内容，为访问者提供访问所需内容的途径，利用导航条，访问者可以快速找到想要浏览的页面，同时导航条能清晰地展示整个网站的层次结构。一般来说，导航条在一个网站的各个页面中出现的位置是比较固定的，且风格是一致的。在网站中，导航条通常可以分为图像导航条和文字导航条，也可以分为横向导航条和纵向导航条。WIS 网店的导航条如图 1－2－3 所示。

首页有惊喜　WIS品牌　所有商品　官方微博　收藏店铺

图 1－2－3　WIS 网店的导航条

4. 轮播图

WIS 网店的轮播图见图 1－2－4、图 1－2－5、图 1－2－6、图 1－2－7 和图 1－2－8。

图 1－2－4　WIS 网店的轮播图 1

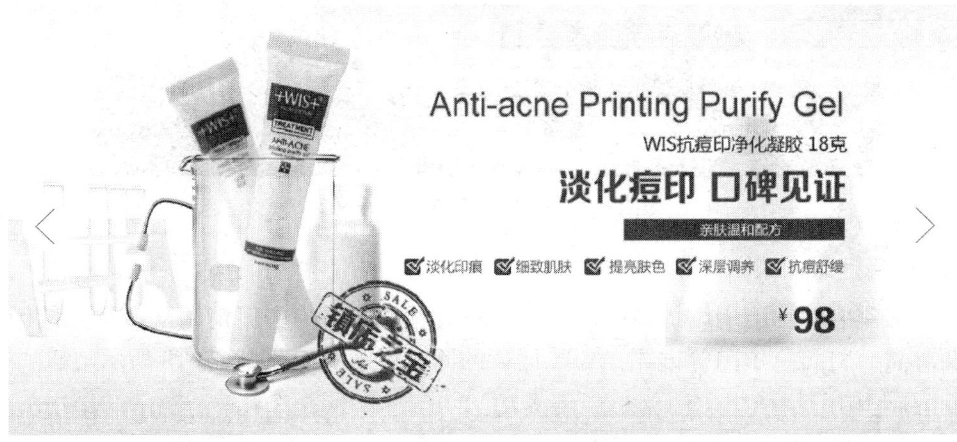

图 1－2－5　WIS 网店的轮播图 2

图 1-2-6　WIS 网店的轮播图 3

图 1-2-7　WIS 网店的轮播图 4

图 1-2-8　WIS 网店的轮播图 5

5. 促销活动

为了吸引客户注意力，提高店铺销量，网店可以采用一些促销活动，常见的销售活动有免邮费、打折、赠品等方式。WIS 网店的活动促销图如图 1-2-9 所示。

图 1-2-9　WIS 网店的活动促销图

6. 自定义内容

在编辑淘宝页面时可添加“自定义内容”，让淘宝页面更亮丽、更有个性。WIS 网店的自定义内容模块如图 1－2－10、图 1－2－11、图 1－2－12 和图 1－2－13 所示。

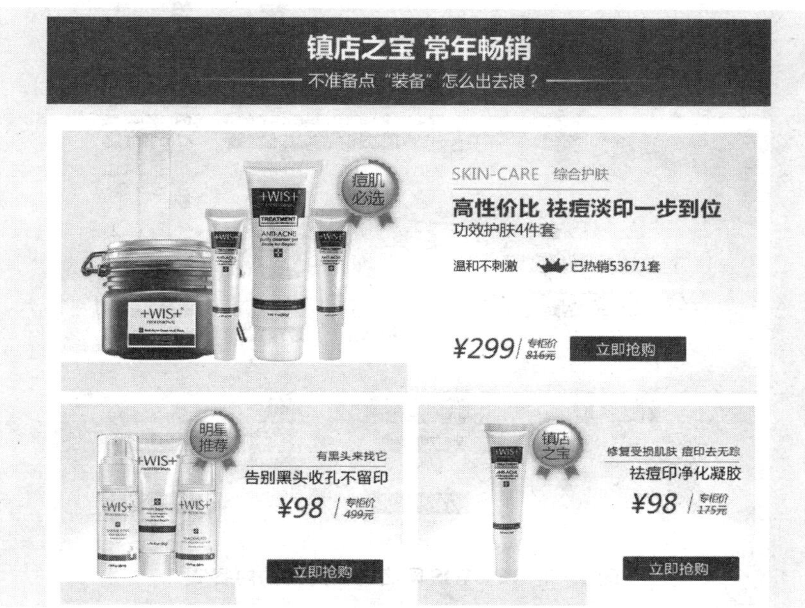

图 1－2－10　WIS 网店的自定义内容 1

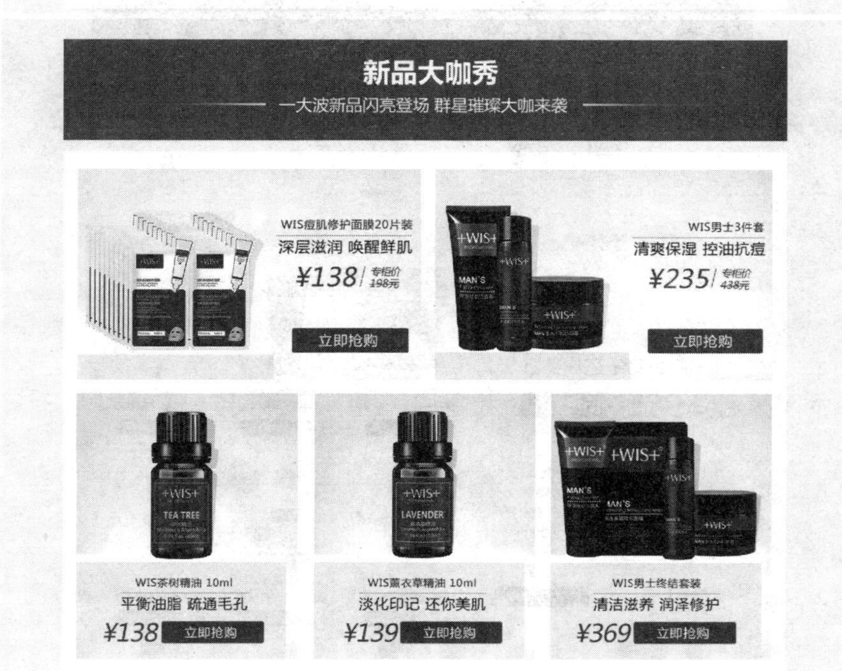

图 1－2－11　WIS 网店的自定义内容 2

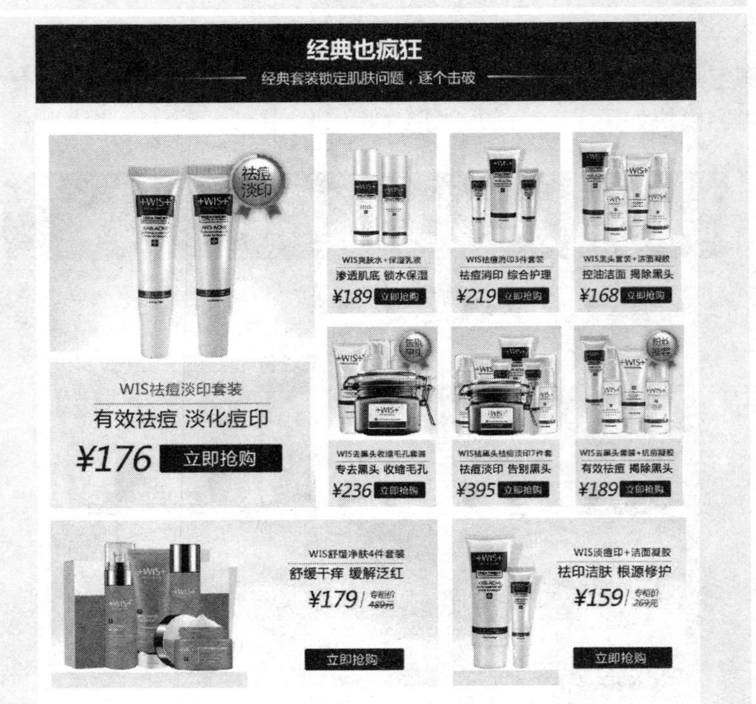

图 1-2-12　WIS 网店的自定义的内容 3

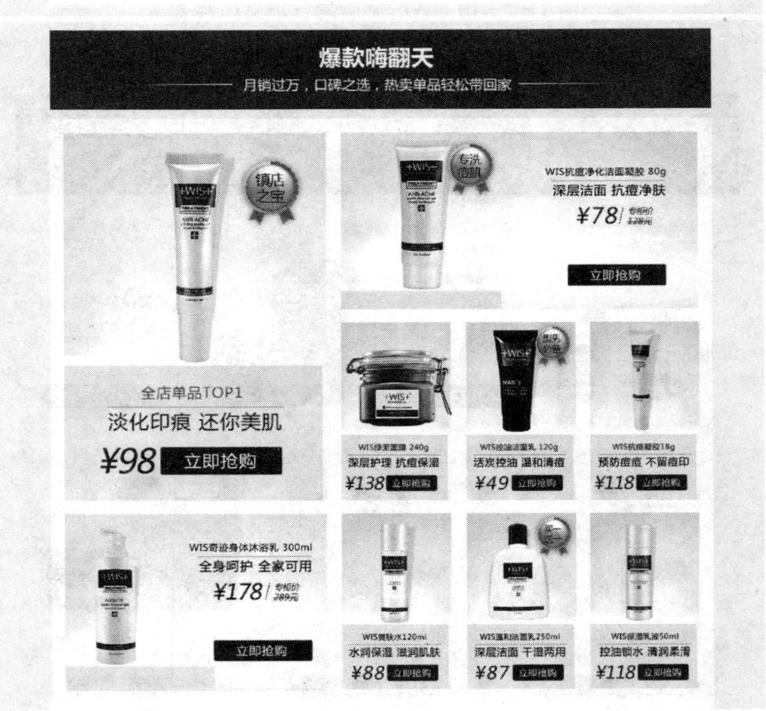

图 1-2-13　WIS 网店的自定义内容 4

7. 传统淘宝页面部分

传统淘宝页面为“匡”字形布局，左边栏目条较窄，提供客服信息和产品分类栏目，右边主要是产品展示，提供产品图片、特点、价格、销量等信息，如图 1－2－14 所示。

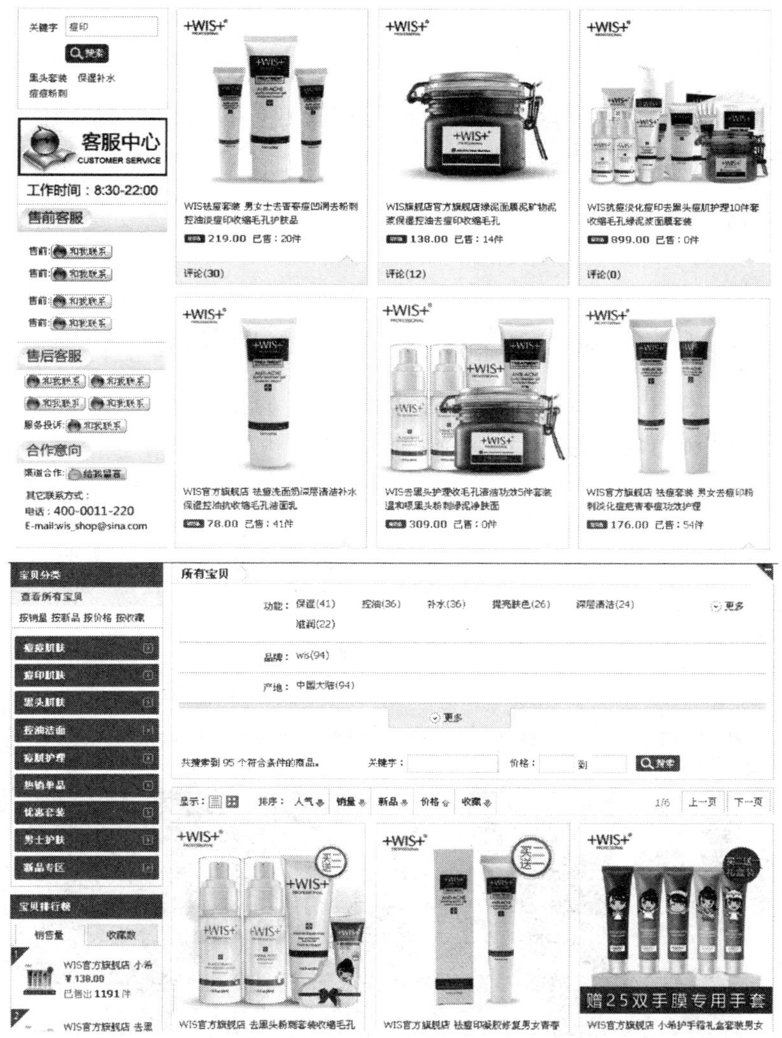

图 1－2－14　传统淘宝页面部分

8. 页尾

淘宝店铺页尾主要是店铺版本、友情链接及与网站相关的一些信息，如图 1－2－15 所示。

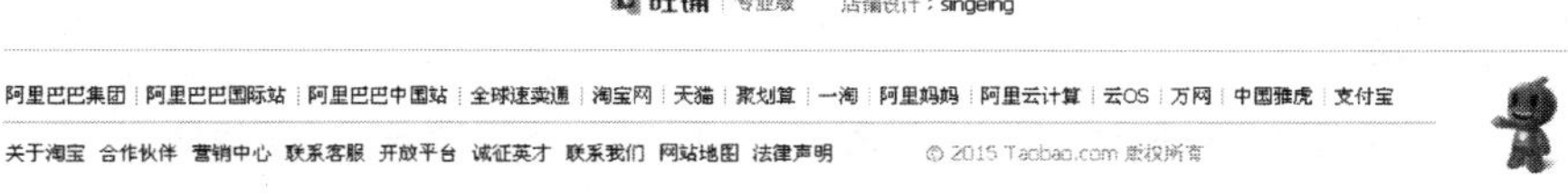

图 1－2－15　页尾

任务3　常见网页版式赏析

【任务目标】

本任务的目标是通过浏览网页的版式来分析常见页面版式和文字图形的空间组合，体会如何设计好版面，使用户有一个流畅的视觉体验。

【任务实施】

子任务1　网站版式的设计与编排

网页的版式设计具有艺术性，其设计应加强页面的视觉效果、信息内容的可视度和可读性等。在进行网页版式设计与编排时，需要遵循以下基本原则。

1. 重点突出

在进行网页的版面设计时，必须考虑页面的视觉中心在哪里，主要在屏幕的中间或中央偏上的位置，通常一些重要的文章和图片可以安排在这个位置，那些稍微次要的内容可以安排在视觉中心以外的位置，这样在页面上就突出了重点，做到了主次分明。如图1-3-1所示。

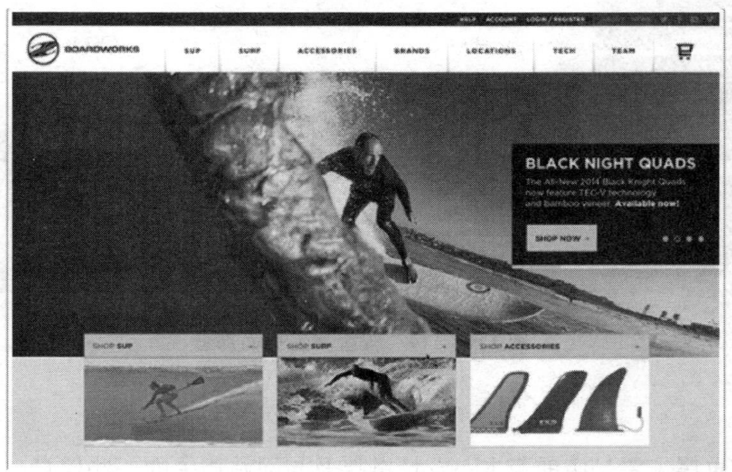

图1-3-1　冲浪板网站

2. 平衡协调

在进行网页的版面设计时，要充分考虑受众视觉的接受度，和谐地运用页面色块、颜色、文字、图片等信息形式，利用网页中各要素之间存在的共性构成页面统一性，力求达到一种稳定、端正、可信赖的页面效果。如图 1－3－2 所示。

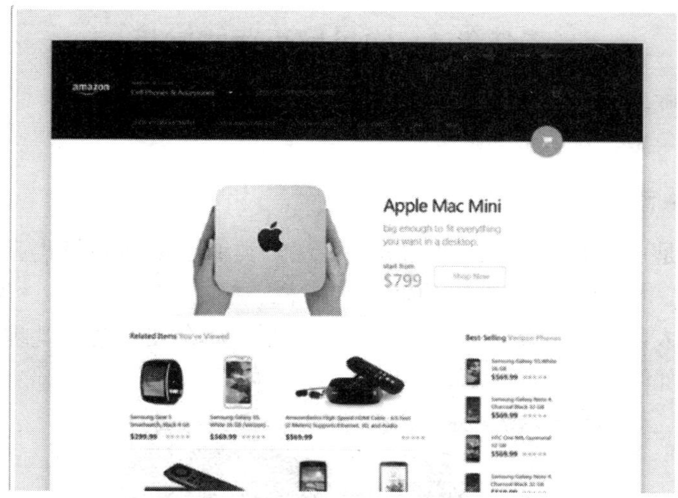

图 1－3－2　电子产品网站

3. 图文并茂

在进行网页的版面设计时，应注意文字与图片的和谐统一。文字与图片具有一种相互补充的视觉关系，页面上文字太多，会显得沉闷，缺乏生气；页面上图片太少，又会减少页面的信息容量。文字与图片互为衬托，既能活跃页面，又能丰富页面。

4. 简洁清晰

用户浏览网页是为获得信息，因此，网页内容的编排要便于阅读。通过使用醒目的标题、限制所用的字体和颜色的数目，以保持版面的简洁，如图 1－3－3 所示。

图 1－3－3　某建设工程有限公司网站

子任务2　常见网页版式赏析

常见的网页版式有：骨骼型、满版型、分割型、中轴型、曲线型、倾斜型、对称型、焦点型、三角型、自由型等。

1. 骨骼型版式

骨骼型版式是一种规范的、理性的分割方法，类似于报刊的版式。常见的骨骼有竖向通栏、双栏、三栏、四栏和横向的通栏、双栏、三栏和四栏等。一般以竖向分栏为多。这种版式给人以和谐、理性的美。几种分栏方式结合使用时，既理性、条理，又活泼而富有弹性。如图1-3-4所示。

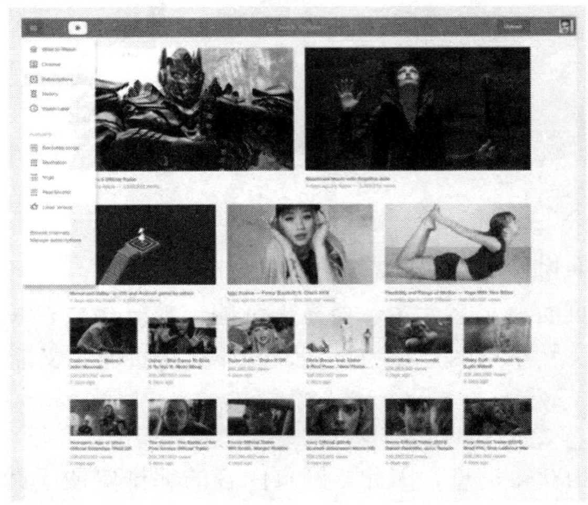

图1-3-4　骨骼型版式

2. 满版型版式

满版型版式是指页面以图像充满整版，它主要以图像为诉求点，也可将部分文字置于图像之上。满版型版式的视觉传达效果直观而强烈，能给人以舒展、大方的感觉。随着宽带的普及，这种版式在网页设计中的运用越来越多，如图1-3-5所示。

图1-3-5　满版型版式

图 1-3-5（续图）

3. 分割型版式

分割型版式是指将整个页面分成上下或左右两部分，分别安排图片和文字。两个部分形成对比：有图片的部分感性而具有活力，文字部分则理性而平静，可以通过调整图片和文字所占的面积来调节对比的强弱。例如，如果图片所占比例过大，文字使用的字体过于纤细，字距、行距、段落的安排又很疏落，则会造成视觉上的不平衡，显得生硬。倘若通过文字或图片将分割线做虚化处理，就会产生自然和谐的效果，如图 1-3-6 所示。

图 1-3-6　分割型版式

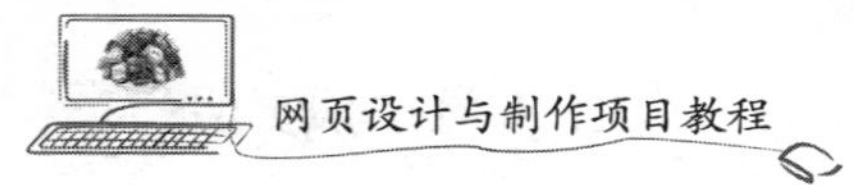

4. 中轴型版式

中轴型版式是指沿浏览器窗口的中轴将图片或文字作水平或垂直方向的排列。水平排列的页面能给人稳定、平静、含蓄的感觉。垂直排列的页面能给人以舒畅的感觉，如图 1-3-7 所示。

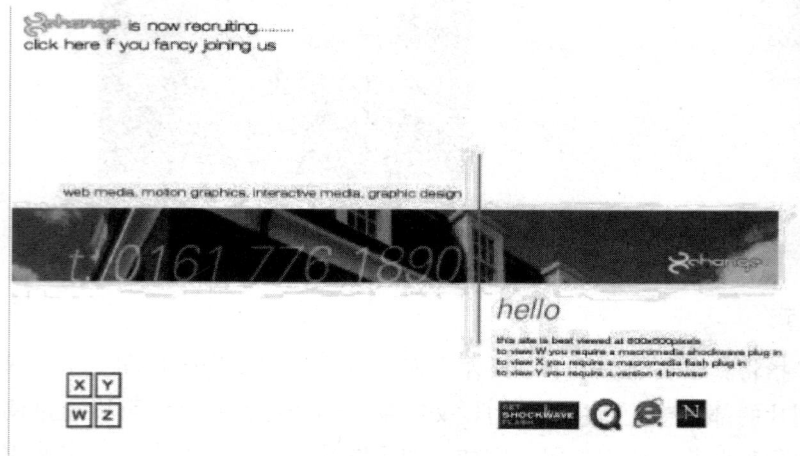

图 1-3-7　中轴型版式

5. 曲线型版式

曲线型版式是将图片、文字在页面上作曲线的分割或编排构成，以产生韵律与节奏感，如图 1-3-8 所示。

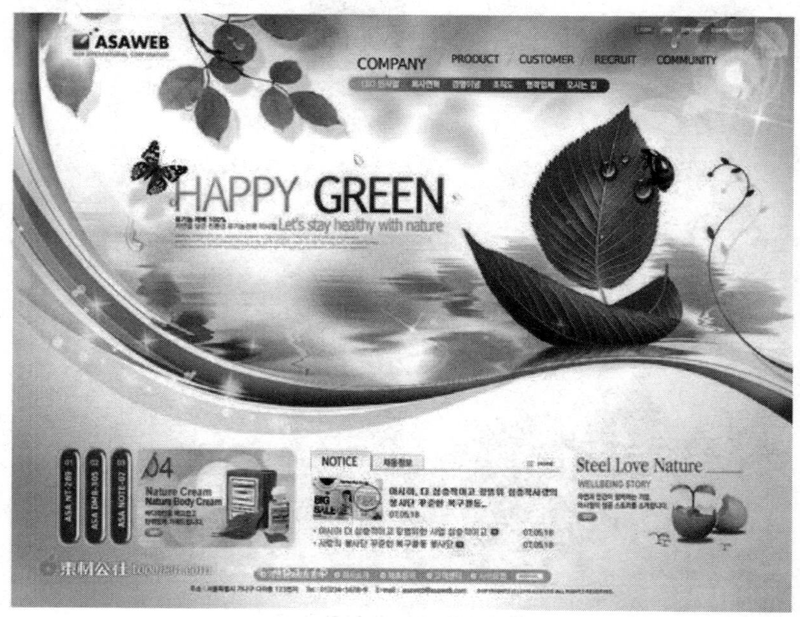

图 1-3-8　曲线型版式

6. 倾斜型版式

倾斜型版式是将页面主题形象或多幅图片、文字作倾斜编排，形成不稳定感或强烈的动感，达到引人注目的效果，如图 1-3-9 所示。

图 1-3-9　倾斜型版式

7. 对称型版式

对称型版式给人以稳定、严谨、庄重、理性的感受。对称分为绝对对称和相对对称。一般采用相对对称的手法，以避免呆板。左右对称的页面版式比较常见。四角型也是对称型的一种，是在页面四角安排相应的视觉元素。四个角是页面的边界点，其重要性不可低估。在四个角安排的任何内容都能产生安定感。控制好页面的四个角，也就控制了页面的空间，越是凌乱的页面，越要注意对四个角的控制。如图 1-3-10 所示。

图 1-3-10　对称型版式

8. 焦点型版式

焦点型版式通过对视线的诱导，使页面具有强烈的视觉效果，如图 1-3-11 所示。

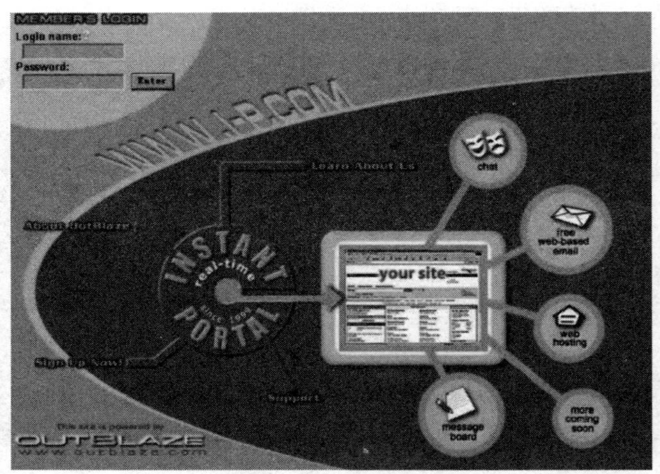

图 1-3-11　焦点型版式

焦点型版式可分为以下三种情况：

（1）中心式，即以对比强烈的图片或文字置于页面的视觉中心。

（2）向心式，即视觉元素引导浏览者视线向页面中心聚拢，就形成了一个向心的版式。向心式是集中的、稳定的，是一种传统的手法。

（3）离心式，即视觉元素引导浏览者视线向外辐射，就形成了一个离心式网页版式。离心式是外向的、活泼的，更具有现代感，运用时应注意避免凌乱。

9. 三角型版式

三角型版式中各视觉元素呈三角形排列。正三角形（金字塔型）最具有稳定性，倒三角形则会产生动感。侧三角形构成一种均衡版式，既安静又有动感，如图 1-3-12 所示。

图 1-3-12　三角型版式

10. 自由型版式

自由型版式的页面具有活泼、轻快的风格，如图 1－3－13 所示。

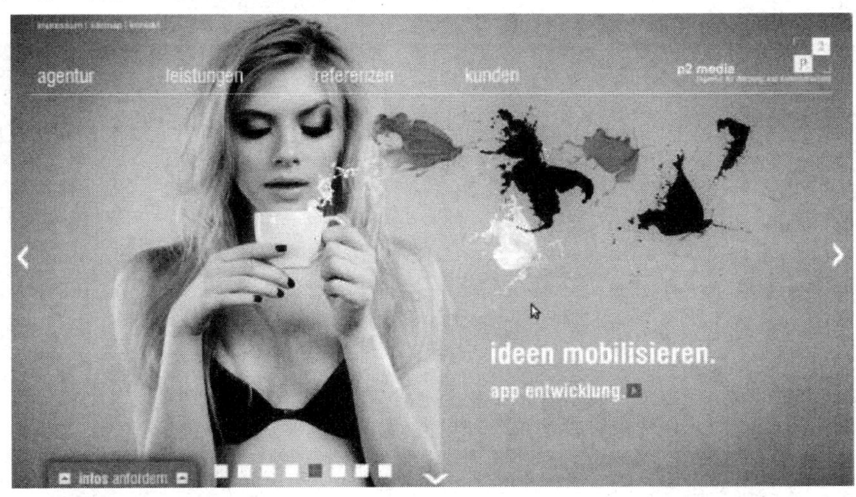

图 1－3－13　自由型版式

知识链接：

（1）风格：网页在新建时就要定下初步风格，并保持风格统一。

（2）字体：网页中字体一般为 12px 或 14px。

（3）背景：网页的背景不能过于突出，应尽量简洁。

（4）颜色：整个页面颜色要统一。

（5）图片：图片要美观，格式要正确，图片名称最好不用中文。

项目总结

网页设计是在网页中通过文字、图片、多媒体等形式向浏览者传递信息（包括产品、服务、理念、文化），进行网站功能策划，然后进行页面美化与优化的工作。一个优秀的网站要有一个明确的主题。整个网站的内容要围绕这个主题来制作。赏析不同类型的优秀电子商务网站页面有助于迅速提高网页制作者的网页设计水平，也能激发其设计灵感。

项目检测

一、练习题

1. 选择 5 家本地富有特色的制造业企业的网站，并对其进行分析。

2. 在进行网页配色时，需要把握哪些要点？

二、拓展训练

对中国电子信息产业集团有限公司的网站进行分析，其网址为 http：//www.cec.com.cn/，主页效果如下图所示，请指出所用的网页基本元素。

中国电子信息产业集团有限公司主页

项目二
网页开发环境配置

项目概述

小郭大学毕业后进了一家中小企业，领导让他为企业开发网页。要开发网页，首先需要配置好开发环境，选用合适的网页工具。俗话说："工欲善其事，必先利其器。"Dreamweaver 是 Adobe 公司推出的网页制作软件，小郭在校时曾学习过 Dreamweaver 的网页制作知识，懂得它的安装及具体的使用方法，他打算通过 Dreamweaver 为企业制作出符合要求的页面。

项目目标

能力目标：

学完本项目后，学生应能够：

(1) 正确安装 Dreamweaver。

(2) 正确使用 Dreamweaver 搭建站点。

(3) 编写简单的网页文件。

知识目标：

(1) 软件的安装步骤及设置。

(2) 网站的目录结构。

(3) 网页制作的基本流程。

项目任务

任务 1　Dreamweaver 软件的安装与设置

　子任务 1　Dreamweaver 软件查找及下载

　子任务 2　Dreamweaver 软件的安装与启动

任务 2　站点的创建与管理

　子任务 1　站点创建

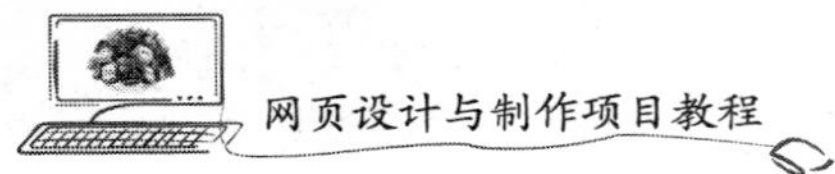

子任务 2　站点目录结构的创建

子任务 3　站点的目录管理

任务 3　站点文档的创建与输入

子任务 1　网页文件创建

子任务 2　网页文本输入

任务 1　Dreamweaver 软件的安装与设置

【任务目标】

本任务的目标是通过搜索引擎查找到相应的 Dreamweaver 软件，下载并且安装使用该软件。

【任务实施】

本任务主要是在网上搜索、下载并且安装合适的网页制作软件，本任务以 Dreamweaver CS6 为例来说明。

子任务 1　Dreamweaver 软件查找及下载

1. 查找软件 Dreamweaver CS6

打开 IE 浏览器，在地址栏中输入："http：//www. baidu. com/"，打开百度搜索网站，输入 Dreamweaver CS6，单击搜索按钮。查找出结果后，点击结果链接，进入下载页面。如图 2－1－1 和图 2－1－2 所示。

知识链接：搜索

搜索是在网页上寻找资源的一个重要手段，利用这个手段，我们可以在互联网上查找到我们需要的任何资源。

网页　新闻　贴吧　知道　音乐　图片　视频　地图　文库　更多»

百度为您找到相关结果约1,180,000个　　搜索工具

Dreamweaver cs6破解版|Dreamweaver cs6中文版下载官方原版_西西...

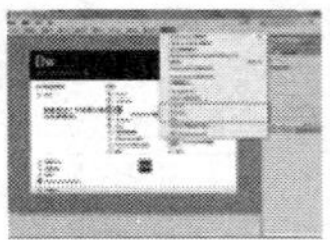

下载地址　大小: 279.7M　更新时间: 2013/11/20

Dreamweaver cs6中文版,Adobe Dreamweaver CS6 是 Adobe Creative Suite 6 系列中的 HTML 编辑器和网页设计软件,是最优...

www.cr173.com/soft/726... - 百度快照 - 543条评价

图 2－1－1　搜索页

dreamweaver cs6 绿色破解版|dreamweaver cs6 绿色版下载12.0 ...

下载地址　大小: 144.8M　更新时间: 2013/12/16

dreamweaver cs6 绿色版,Dreamweaver CS6是第一套针对专业网页设计师特别发展的视觉化网页开发工具,也是目前最新版本利...

www.cr173.com/soft/743... - 百度快照 - 543条评价

dreamweaver cs6下载_macromedia Dreamweaver cs6中文版下载-下...

大小：285491 - 简体 - 免费软件

dreamweaver cs6是世界顶级软件厂商adobe推出的一套拥有可视化编辑界面，用于制作并编辑网站和移动应用程序的网页设计软件。由于...

www.downza.cn - V1 - 百度快照

图 2－1－1（续图）

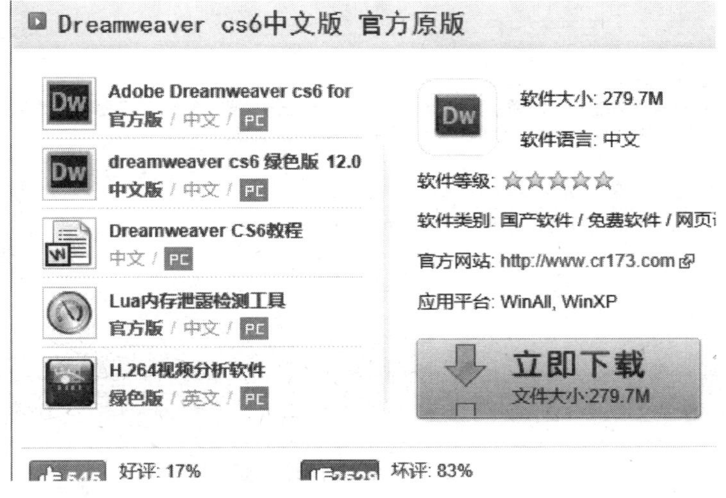

图 2－1－2　下载页

2. 下载软件 Dreamweaver CS6

进入下载页面后，单击下载的超级链接，下载所需要的软件。

下载完成后，再搜索一下 Dreamweaver CS6 的补丁，如上述的方法，在 baidu 里输入 Dreamweaver CS6 补丁，就会弹出对应的界面（如图 2－1－3 所示），然后下载即可。

Dreamweaver CS6 激活补丁(32位和64位)下载 - 免费绿..._统一下载站

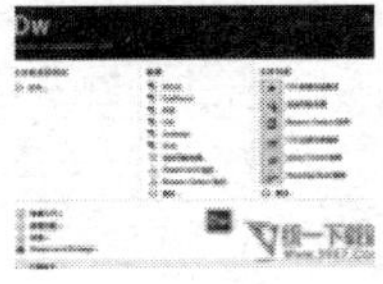

下载地址　大小: 1.23MB　更新时间: 2013-05-29

使用方法：先下载Dreamweaver CS6 破解补丁amtlib.dll覆盖原安装文件夹下的amtlib.dll，即可成功破解Adobe Dreamweaver ...

www.3987.com/xiazai/3/... - 百度快照 - 141条评价

Dreamweaver CS6破解补丁|Dreamweaver cs6 32&64破解补丁下载_...

下载地址　大小: 1.6M　更新时间: 2013/6/25

Dreamweaver cs6 32&64破解补丁,Dreamweaver cs6官方中文原版的破解补丁,破解后程序不再提示剩余天数与激活注册。关于Dr...

www.cr173.com/soft/643... - 百度快照 - 549条评价

图 2－1－3　补丁下载

子任务 2　Dreamweaver 软件的安装与启动

1. Dreamweaver 软件的安装

Dreamweaver_12_LS3 是 Dreamweaver CS6 的安装包，只是名字不同而已，这个是从官方网站下载的，未经过任何修改。

直接双击 Dreamweaver_12_LS3 就会弹出如图 2-1-4 所示的解压缩界面。

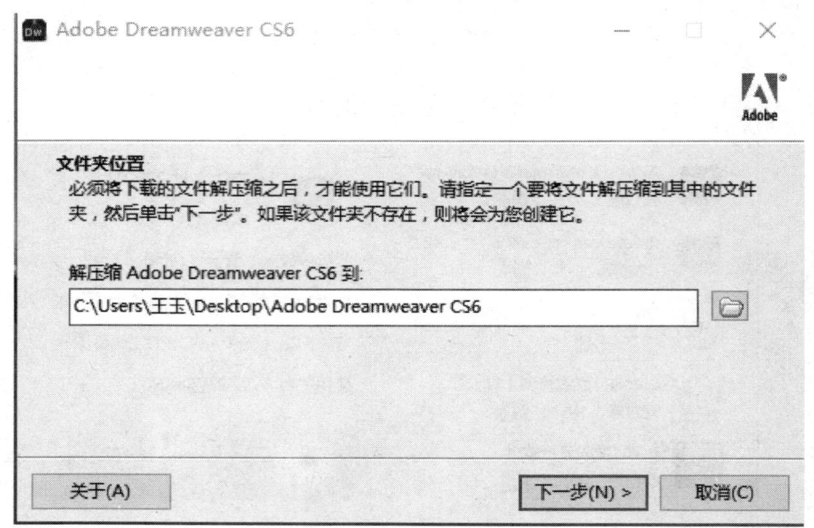

图 2-1-4　解压缩界面

解压完成之后，桌面上会多出一个文件夹，等稍后安装之后可以删除，解压完成会自动进入安装界面，有时候会弹出如图 2-1-5 所示的一个提示界面，这个可以直接忽略，或者重启电脑再次安装就可以了。

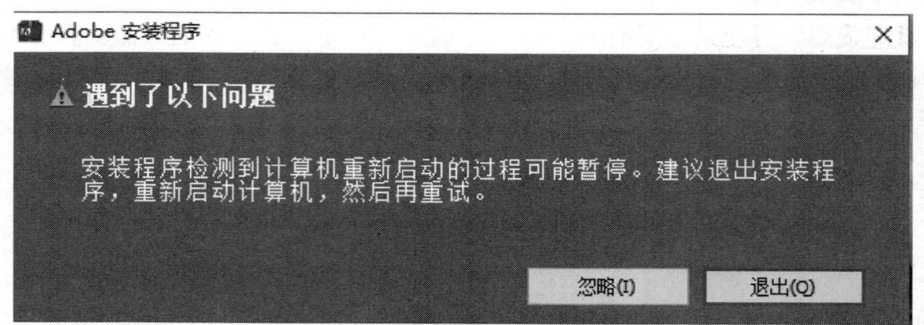

图 2-1-5　提示界面

选择忽略按钮后来到安装界面（见图 2-1-6），这里有两个选项按钮，一个是"安装"，一个是"试用"，只是方式不同，如果有序列号的话则点击"安装"，否则点击"试用"，在安装之前要先断开网络，不然下一步要求登录 Adobe 账户才能安装。不想注册使用的话可以断开网络，再点击试用。

图 2-1-6　安装界面

正式进入安装界面，弹出软件许可协议（见图 2-1-7），点击“接受”按钮进入下一步。

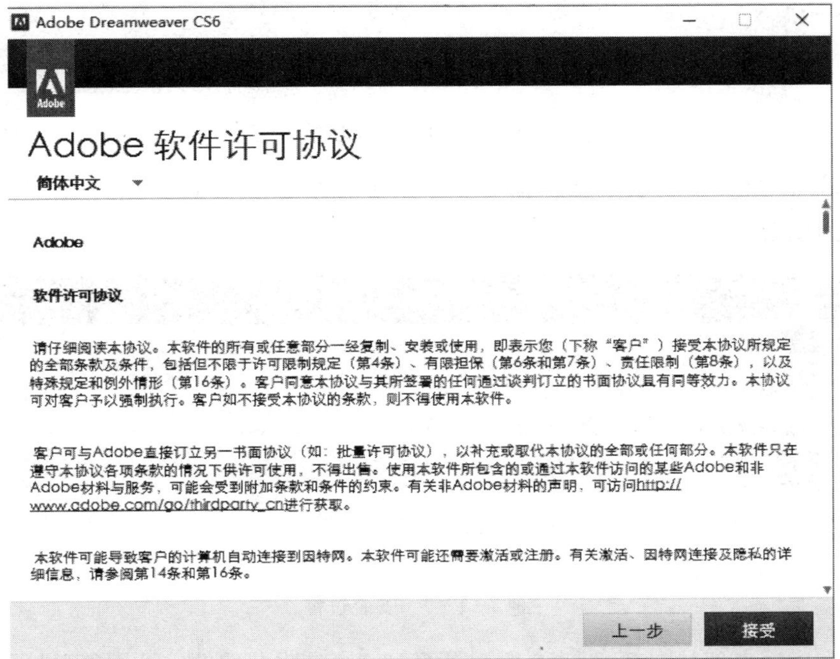

图 2-1-7　接受协议

第二个界面是选择安装位置，建议采用默认位置，如果电脑是 32 位操作系统，看到的是 C：\Program Files\Adobe 而不是 C：\Program Files（x86）\Adobe，如果要修改安装路径，只需要改动一个盘符即可，其他按照原来的路径，这样才规范。假如盘符改为 D，则电脑首先在 D 盘的 Program Files 里面创建一个 Adobe 文件，如果电脑是 64 位的，建议在 Program Files（x86）里面创建，可选择 D：\Program Files（x86）\Adobe（见图 2-1-8）。

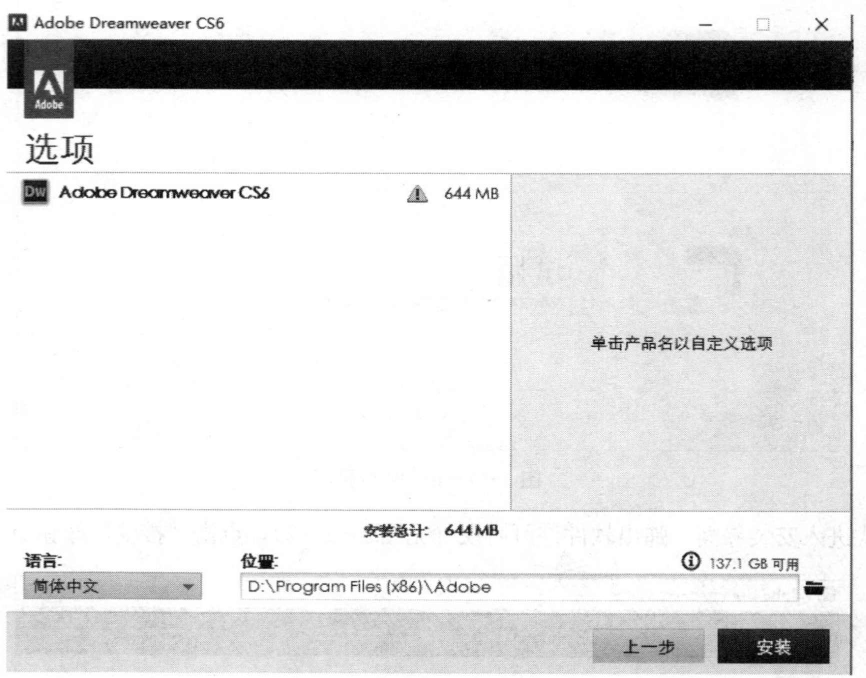

图 2-1-8　安装目录

然后等待安装，这个过程大约需要 8 分钟（见图 2-1-9）。根据电脑配置高低的不同，安装速度会有些差异。

图 2-1-9　安装过程

安装完成后来到如图 2-1-10 所示界面，这个是收费软件，不用急着打开，还要进行注册，我们安装的是试用版本，在一个月内使用是没有问题的，如果想一直使用的话，我们需要输入系列号，然后再完成最后的操作。

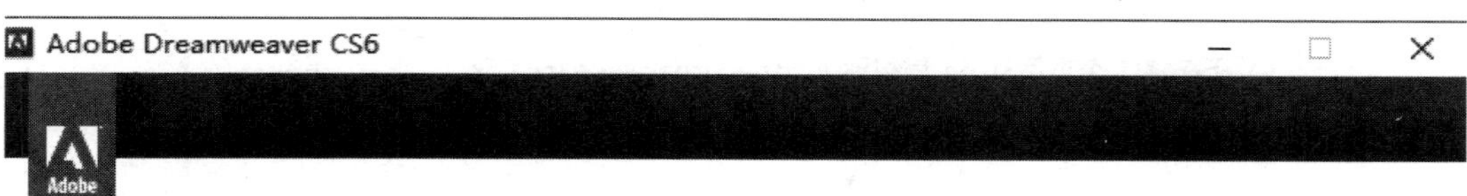

图 2-1-10　完成界面

可将刚才下载的补丁文件包解压出来，解压完成后有两个文件，一个是 32 位的，一个是 64 位的，根据我们电脑的情况，选择对应的文件打开。如图 2-1-11 所示。

› Adobe-CS6-amtlib

名称	修改日期	类型	大小
32	2012/4/26 0:23	文件夹	
64	2012/4/26 0:23	文件夹	
636网址导航	2012/7/19 14:09	Internet 快捷方式	1 KB
统一下载站	2013/1/8 13:11	Internet 快捷方式	1 KB

图 2-1-11　补丁

然后我们打开文件的安装位置 D：\Program Files（x86）\Adobe\Adobe Dreamweaver CS6，把 amtlib. dll 这个小小的文件复制到这个位置，注意不要复制错位置，然后弹出覆盖提示，选择“替换目标中的文件（R）”，如图 2-1-12 所示。

这样，Dreamweaver 的安装就初步完成了。

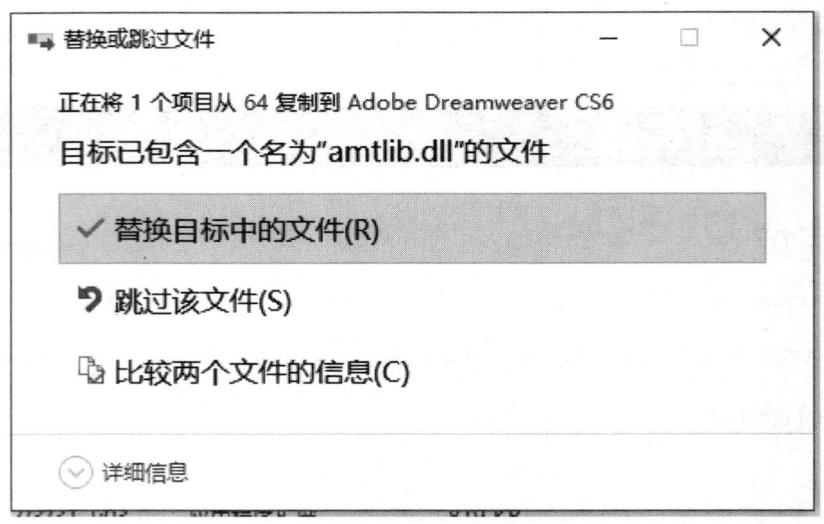

图 2-1-12　替换补丁

知识链接： 软件补丁

软件补丁就是对一个软件的不足进行更正或更新的数据包，它可以让软件更加完美。如果此软件没有自动更新，就需要安装补丁了。

2. 启动 Dreamweaver

软件安装好以后，可以直接从“开始”菜单中打开，也可以在桌面创建一个快捷方式双击打开。默认情况下桌面是没有快捷方式的，可以从“开始”菜单发送快捷方式到桌面。

首次打开软件时会提示关联文件（见图 2-1-13），直接点击“确定”即可。

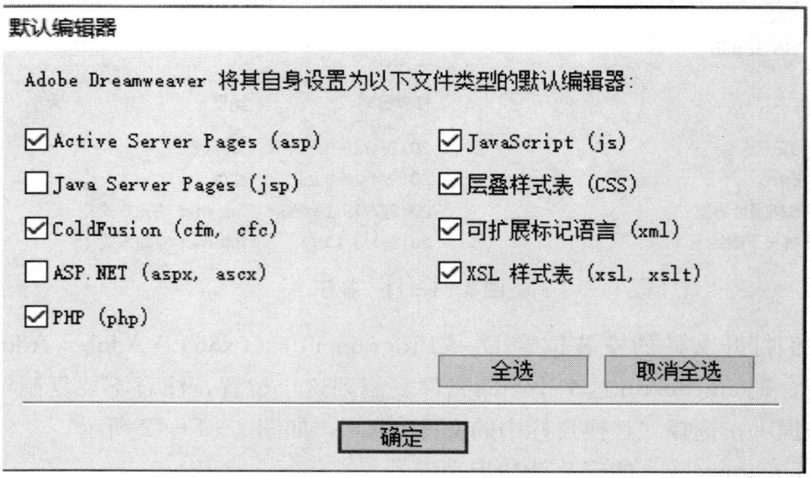

图 2-1-13　默认编辑器

打开软件后的界面如图 2－1－14 所示，至此安装全部结束。此时就可以将前面下载的安装文件以及补丁文件删除了。

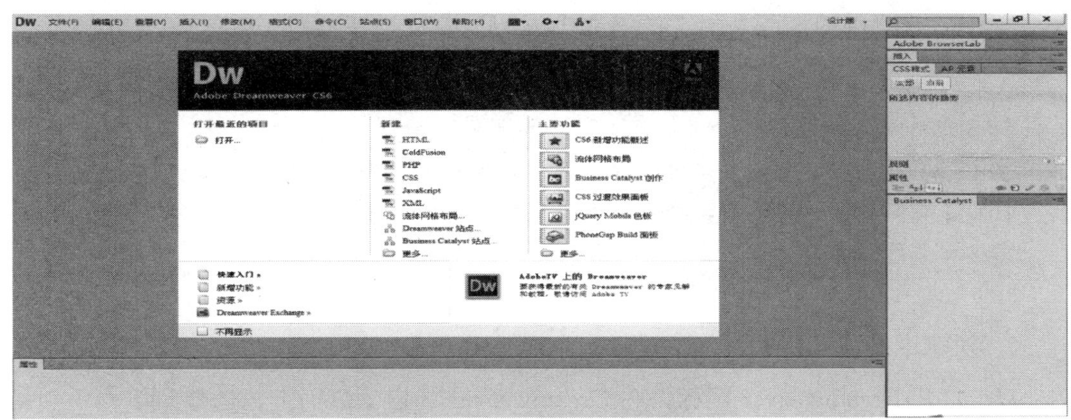

图 2－1－14　软件工作界面

知识链接： 默认编辑器

在默认编辑器对话框中可以选择多个不同的文件类型，将 Dreamweaver 设置为这些类型文件的默认编辑器。在默认情况下，对话框中的所有文件都会被选中。

任务 2　站点的创建与管理

【任务目标】

站点是网页制作和管理的有效方式，对于有规划、有目的、致力于网络中有序运行的网页，建立站点是制作、更新、管理网页文件的最好方法。为了更好地利用站点对文件进行管理，需要创建一个新的站点。

【任务实施】

本任务主要通过创建一个网站站点来帮助学生掌握站点的创建流程。

子任务 1　站点创建

在本章中将具体介绍本地站点和远程站点的创建方法。

知识链接：

（1）站点：指属于某个 Web 站点文件的本地或远程存储的位置，也是存放网站内容的文件夹。站点可分为本地站点和远程站点。

（2）本地站点：这是网页制作者制作网页和测试网页的一个总的文件夹，所有的网站文件都在这个文件夹中制作和完成。

（3）远程站点：这是本地站点的一个映像，其结构与本地站点基本相同，网页制作者完成网站建设后，将本地站点上的所有文件复制到远程站点中，成为供网民浏览的服务器。

1. 创建本地站点

双击打开 Dreamweaver 图标，在 Dreamweaver 的启动界面上，选择菜单栏中“站点→新建站点”命令，如图 2-2-1 所示。

图 2-2-1　新建站点界面

单击“新建站点”命令后，弹出设置站点的对话框，首先选择文件夹的位置和设置站点的名称，在这里尽量用英文名称或者拼音，不要用中文名称。另外名称的设置最好与站点的内容能够相关，以便于以后管理维护。站点的目录默认是在 C 盘的 Documents 目录下，为防止系统崩溃后不便恢复，可以在系统盘外的一个盘上建立目录，这里建立在 E 盘。如图 2-2-2 所示。

单击“保存”后，站点就建立完毕了，在界面的右侧浮动面板中，有一个文件面板，在里面可以看到刚刚建立好的站点。

知识链接：

（1）站点名称：一般来说，站点的命名可以用中文也可以用英文，不过对于初学者来说，最好是用英文、拼音或者两者的组合作为站点名称，否则我们在预览网页中的图片时可能会因路径中有中文而导致系统运行出现问题。

（2）文件夹名称：站点就是一个文件夹，它的名称也是最好用英文或拼音，它与站点名称可以同名，也可以不同名，根据习惯而定。

站点的创建方法有两种，另外在站点目录下有一个“管理站点”的命令，打开它也可以见到“新建站点”的命令。

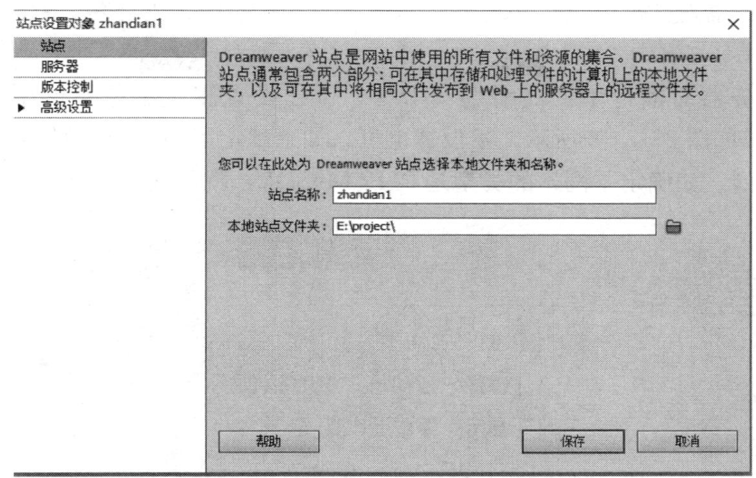

图 2-2-2　参数选择

2. 创建远程站点

远程站点是本地站点的延伸，只有通过对远程站点的设置，才能将本地站点和远程站点关联起来，才能控制远程站点上的内容，对网页内容进行适时的更新和管理。

操作时，首先打开上次创建好的静态站点 zhandian1，在 Dreamweaver 的启动界面上，选择菜单栏中“站点→管理站点”命令，如图 2-2-3 所示。

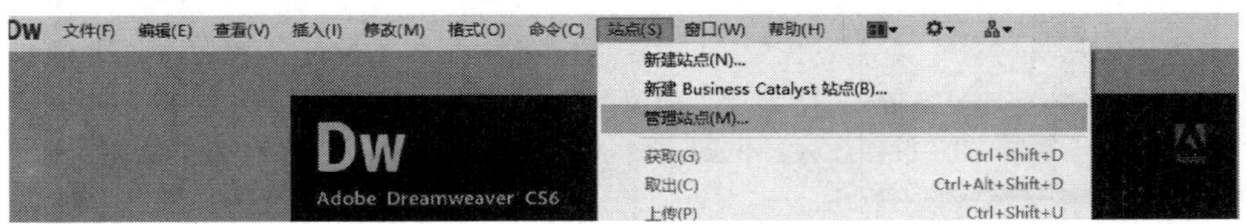

图 2-2-3　管理站点

双击站点名称，在弹出的对话框中选择“服务器”选项，如图 2-2-4 所示，并在左下角单击**+**，弹出添加新服务器对话框，如图 2-2-5 所示。

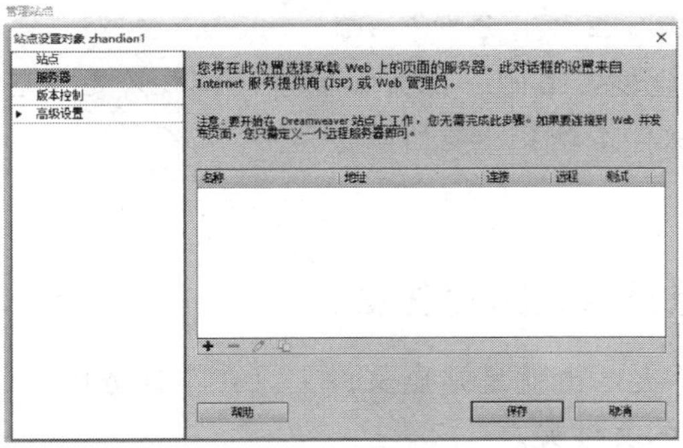

图 2-2-4　服务器界面

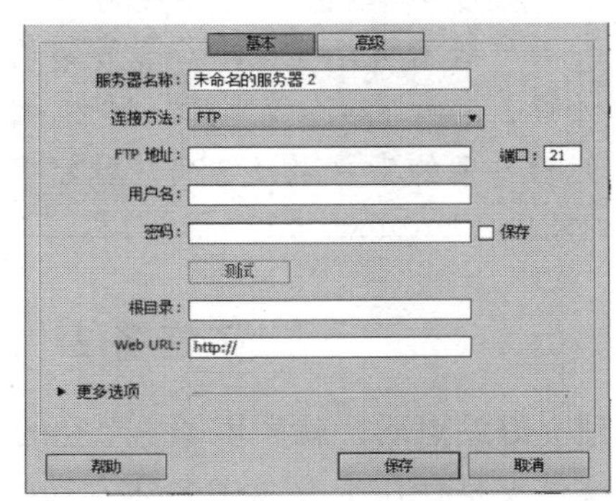

图 2-2-5　添加服务器对话框

在添加服务器对话框中填写相应的远程服务器 ftp 地址、用户名、密码即可，填写完成后保存。

在添加服务器对话框中的高级选项卡中，可以设置测试服务器模型，选择 PHP MySQL 即可，如图 2-2-6 所示，不设置也可，如果确定了网站的类型，则可以选择所确定的网站类型，如确定了网站的类型是 PHP MySQL，就可以设置选择 PHP MySQL。

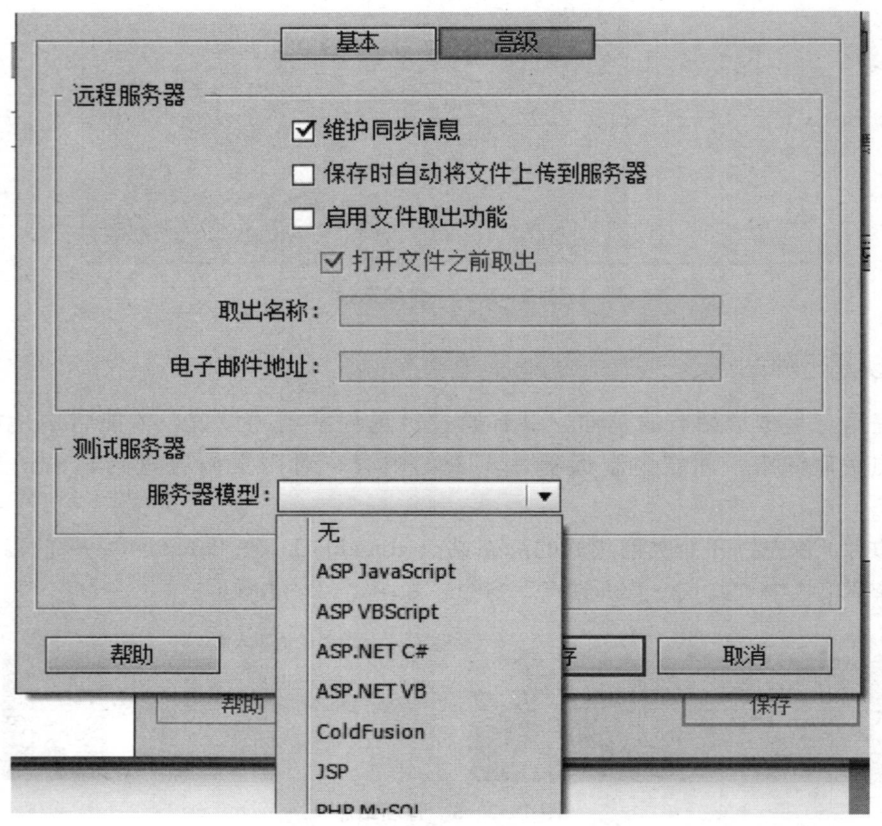

图 2-2-6 添加服务器类型对话框

知识链接：

一般来说，连接远程服务器的方式有四种，分别是 ftp、webdav 协议、rds 协议、sourcesafe 数据库，其中 ftp 是比较常用的一种文本传输协议，只要有空间和登录的用户名及密码，就可以将文件传输到相应的服务器。

子任务 2 站点目录结构的创建

建立好站点后，就产生了一个空的文件夹，也就是站点文件夹。在本任务中，这个空的文件夹是存在于 E 盘中名称为 project 的文件夹。

本地站点就是使用 Dreamweaver 制作网页的工作目录，也就是为网站特别建立的总文件夹。在这个总文件夹里，使用者可以按照网页制作的要求，建立不同分类的其他文件夹，比如图像文件夹、栏目文件夹、数据文件夹等。

在电脑上打开 project 目录，在目录下分别创建几个文件夹，命名为 data、image、swf、wav 等，如图 2-2-7 所示。完成后，我们在 Dreamweaver 的文件面板中可以看到该站点的目录结构，如图 2-2-8 所示。

› 此电脑 › 新加卷 (E:) › project

名称	修改日期	类型
data	2016/8/2 11:17	文件夹
html	2016/8/2 11:17	文件夹
image	2016/8/2 11:17	文件夹
swf	2016/8/2 11:17	文件夹
wav	2016/8/2 11:17	文件夹

图 2-2-7　本地文件目录

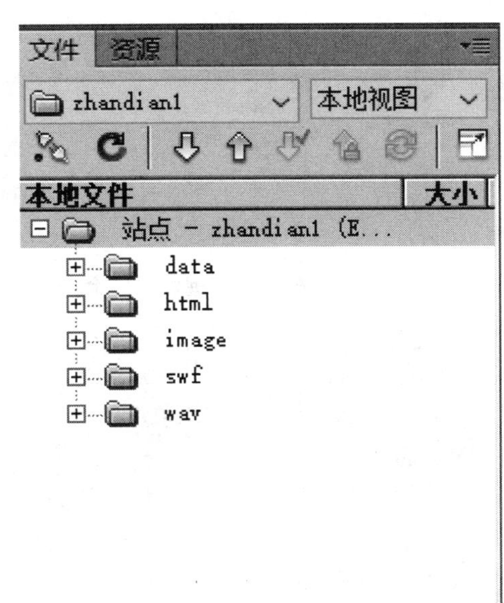

图 2-2-8　站点目录

当然这个只是对站点进行大概的一个布置，其中 data 文件夹放置网站的数据库文件，html 文件夹放置网站的子页面文件，image 文件夹放置图片文件，swf 文件夹放置网站的 flash 文件，wav 文件夹放置网站的多媒体文件，在每个大的类目下，又可以分为不同的小类别，也就是每个文件夹都可以有嵌套的文件夹。

知识链接：

站点就是一个文件夹，站点的管理就是通过管理这些文件来实现的，好的站点目录结构可以节省很多的时间。

子任务3　站点的目录管理

管理站点是对已经建立的本地站点或远程站点及文件进行管理，在 Dreamweaver CS6 中，管理站点及文件比较方便，通过“文件”面板和“管理站点”对话框，可以很轻松地对建立的站点进行各种操作。

要对已经建立的站点进行管理或新建一个站点，可以通过“管理站点”对话框来操作。

在 Dreamweaver 中可以定义多个站点，但同时只能对一个站点进行处理，在编辑修改站点时，只能打开一个站点进行操作，具体步骤如下：选择“站点→管理站点”命令（见图 2-2-9），或选择“文件”面板上的下拉列表中的“管理站点”命令（见图 2-2-10）。

图 2-2-9　菜单中“管理站点”命令

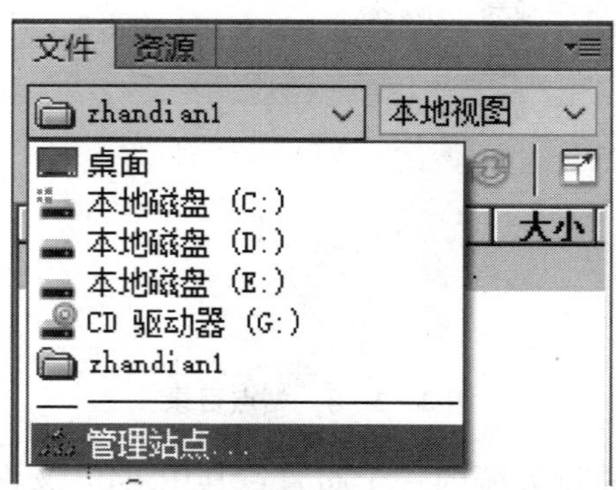

2-2-10　文件面板中“管理站点”命令

在打开的“站点管理”面板中，可以修改站点的名称以及路径，也可以新建一个站点，在这里我们将站点改名为 myweb，如图 2-2-11 所示。

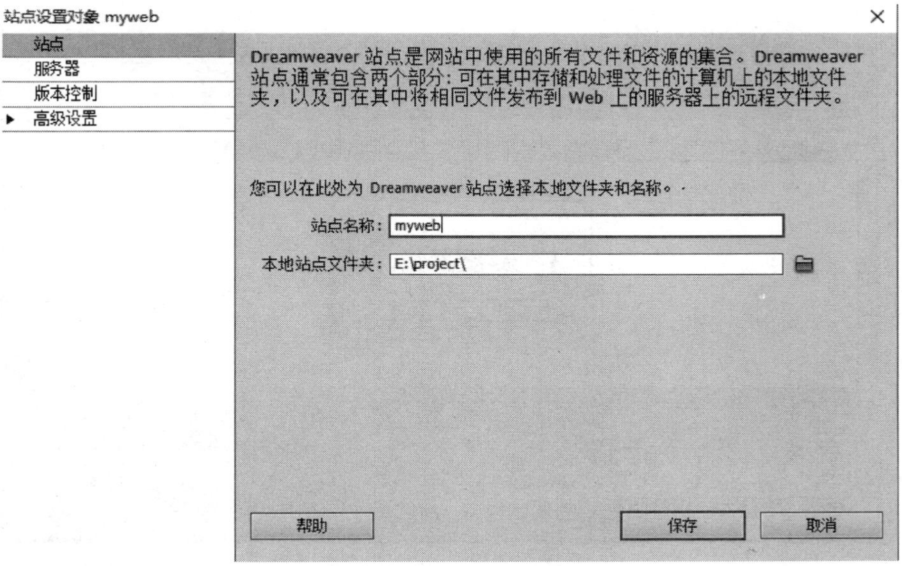

图 2-2-11　修改站点名称

完成对站点的编辑后，点击“保存”即可修改站点。

2. 复制和删除站点

在“管理站点”对话框中还可以对站点进行复制、删除和新建，在“管理站点”对话框中，选择需要复制的站点，比如“myweb”。单击即可复制（见图 2-2-12）。复制后的站点名称为“myweb 复制”，复制的站点也可以进行编辑，双击站点名可以进入编辑界面，或者单击可以进入编辑界面，修改名称、目录结构、存放地址后保存，即可得到一个新的站点。单击可以对站点进行删除（见图 2-2-13）。

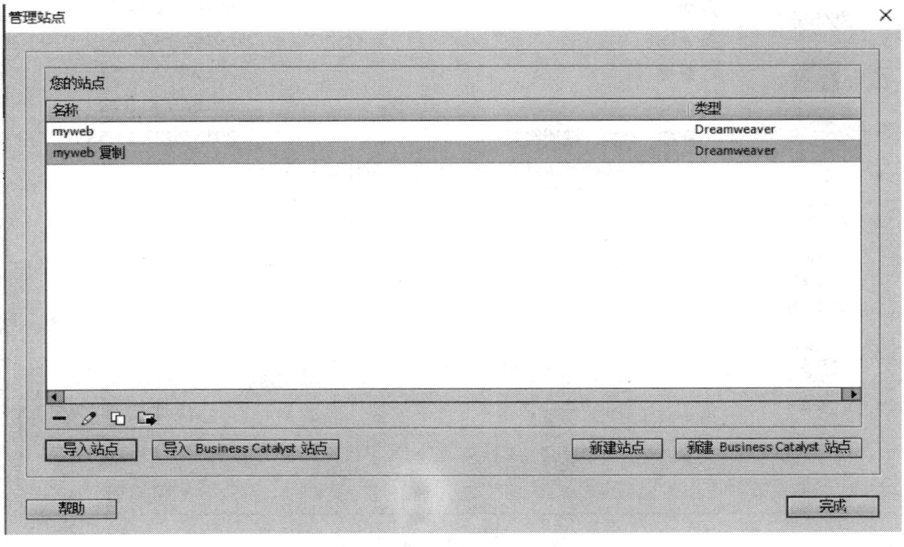

图 2-2-12　复制站点

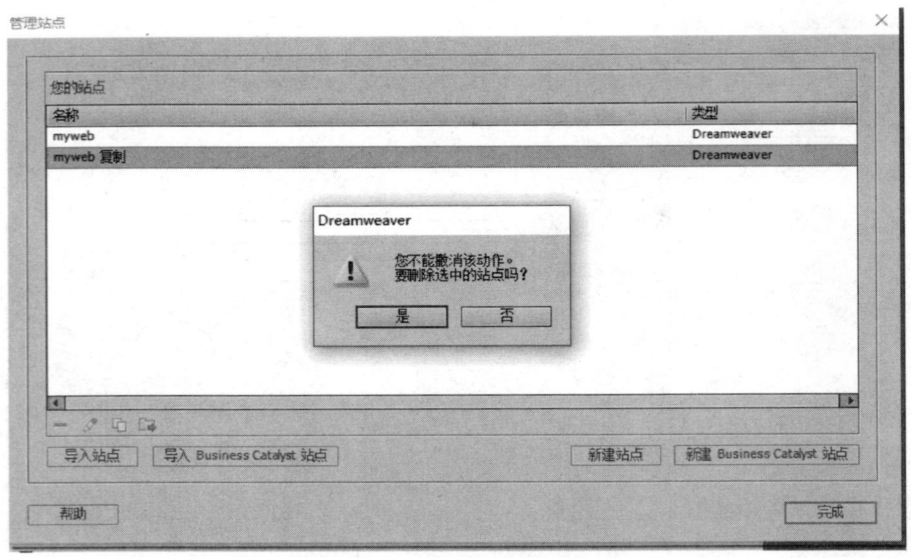

图 2-2-13　删除站点

3. 导出和导入站点

在“管理站点”对话框中还可以对站点进行导出和导入操作，在“管理站点”对话框中，选择需要导出的站点，比如“myweb”，单击![]选择导出站点的存放位置和名称即可导出（见 2-2-14）。

图 2-2-14　导出站点

导出站点后，如果要导入，单击 导入站点 按钮，在弹出的对话框中选择导入的文件即可（见图 2－2－15）。

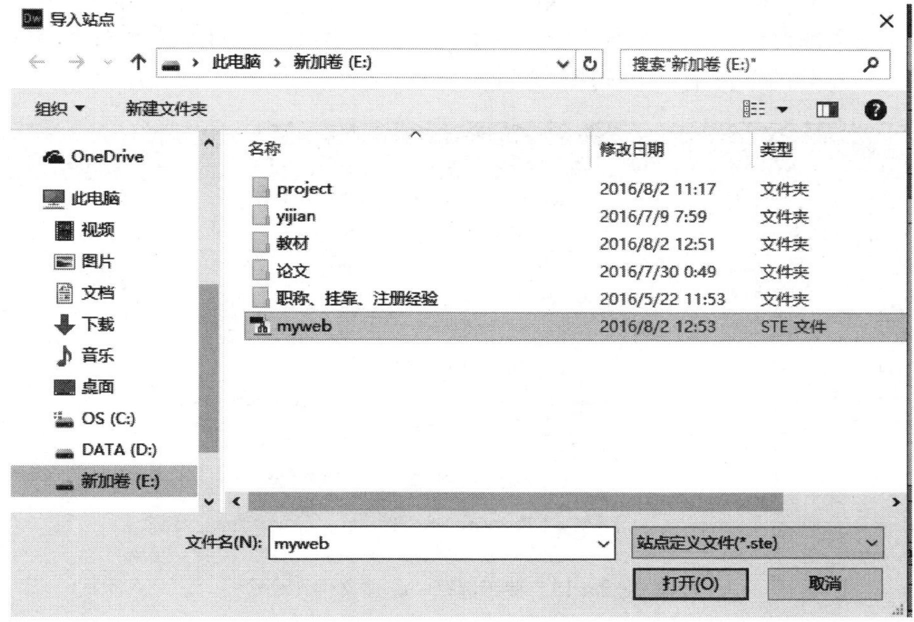

图 2－2－15 导入站点

完成对站点的管理后，单击“完成”按钮，关闭“管理站点”对话框。

4. 管理站点文件

建立站点的另外一个方便之处，就是通过“文件”面板可以进行文件以及文件夹的创建、删除、打开操作。

打开站点的“文件”面板，如图 2－2－16 所示。在“文件”面板下拉列表框中，选择已经建立的站点“myweb”，如图 2－2－17 所示。选择了“myweb”站点后，在“文件”面板中显示了站点文件中的所有文件，在展开的文件列表中，单击按钮⊞或者按钮⊟来展开和隐藏站点文件。

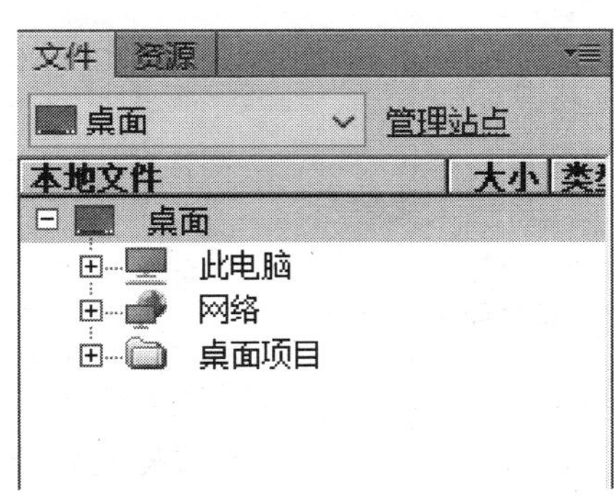

图 2－2－16 “文件”面板

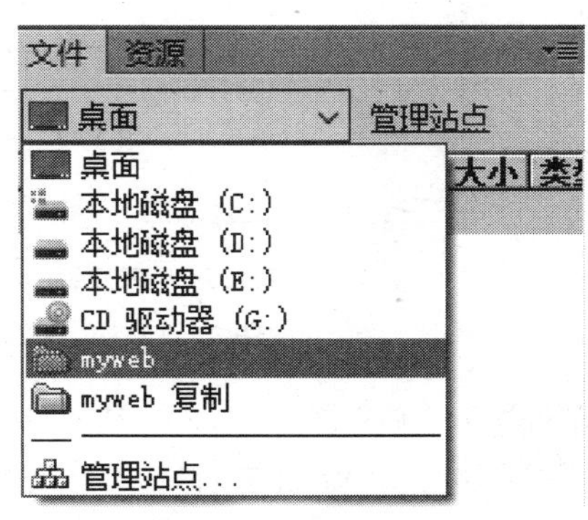

图 2－2－17 选择站点

在“文件”面板中可以创建保存网页的文件夹和文件。在“文件”面板中创建网页文件，可以很直观地看见文件夹和网页的从属关系。

打开“文件”面板，在网站的名称上单击右键，在弹出的菜单中选择“新建文件”或者“新建文件夹”命令，如图 2-2-18 所示。或者单击“文件”面板右上角的小三角按钮，在打开的下拉菜单中选择“新建文件夹”命令，如图 2-2-19 所示。

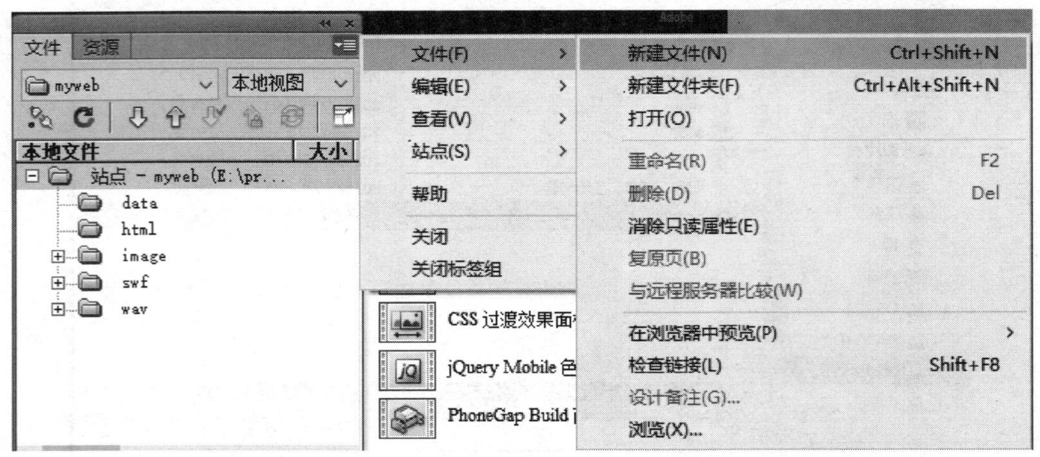

图 2-2-18　按钮选择“新建文件”命令

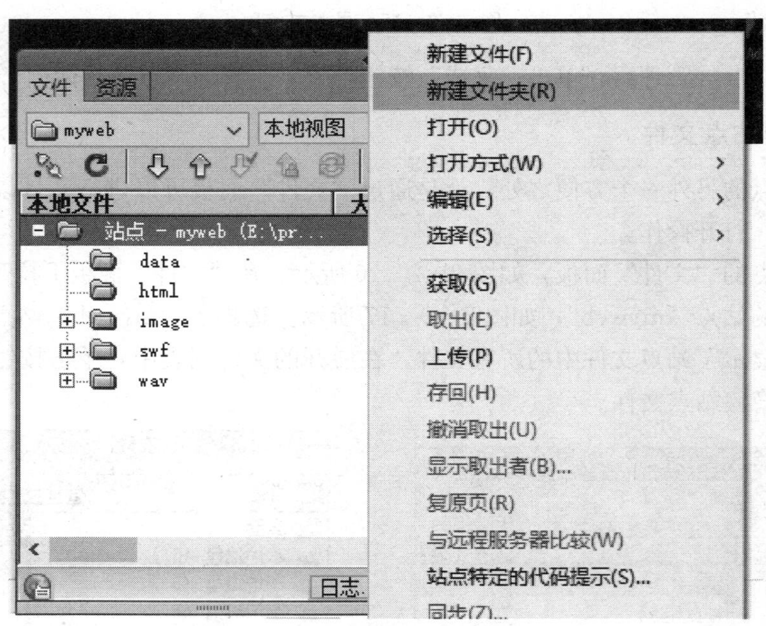

图 2-2-19　右键选择“新建文件夹”命令

我们新建一个文件夹，命名为 style，作为 CSS 样式表文件的存储文件夹，在网站根目录下新建一个新的文件，文件自动命名为 untitled.html，可以将它改名为 index.html 网页，效果如图 2-2-20 所示。

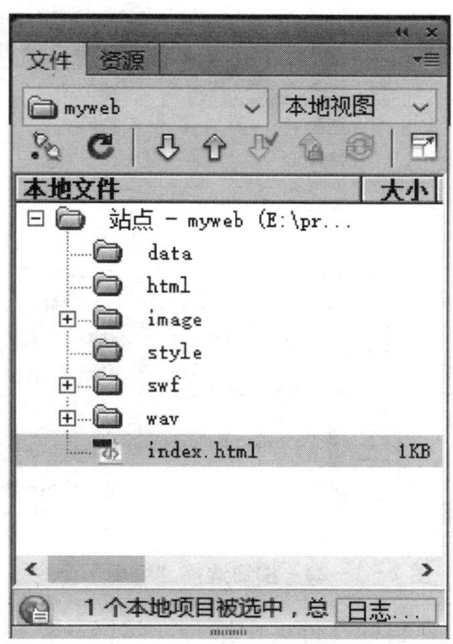

图 2-2-20　新建的文件及文件夹

在“文件”面板中，可以利用剪切、复制、粘贴等命令来实现文件或文件夹的移动和复制，也可以直接拖放文件到合适的位置。

在“文件”面板中选择要复制或者要删除的文件或文件夹，直接右击选择“编辑→拷贝”“编辑→删除”“编辑→剪切”等命令，实现相应的操作，如图 2-2-21 所示；也可以单击“文件”面板右上角的小三角按钮，在打开的下拉菜单中选择“编辑→拷贝”“编辑→删除”“编辑→剪切”命令，如图 2-2-22 所示。

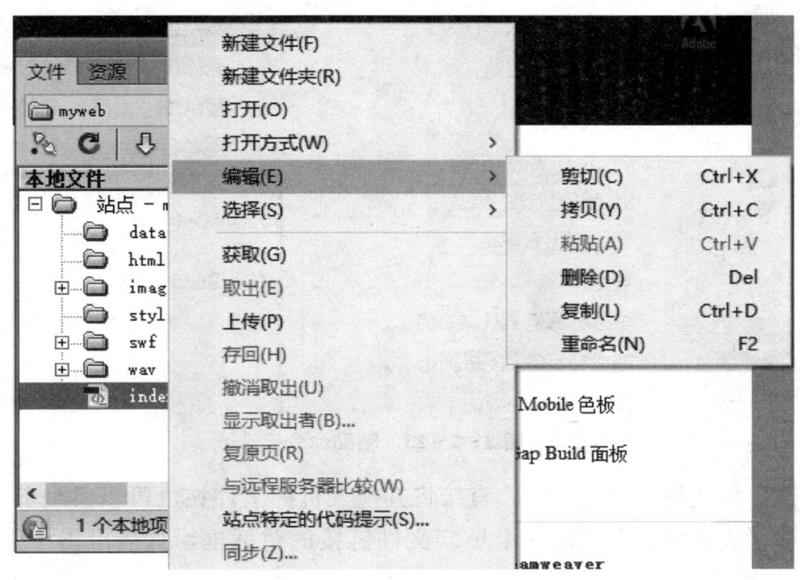

图 2-2-21　右键选择“编辑”命令

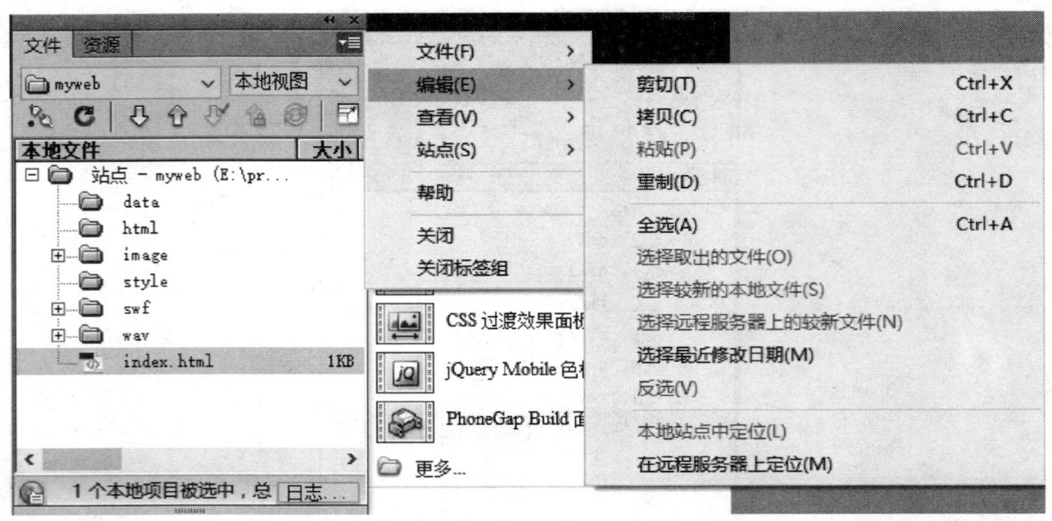

图 2-2-22　按钮选择“编辑”命令

选择拷贝或者剪切后，在目标文件夹中选择“编辑→粘贴”命令，将文件粘贴到目标文件夹中，如图 2-2-23 所示。

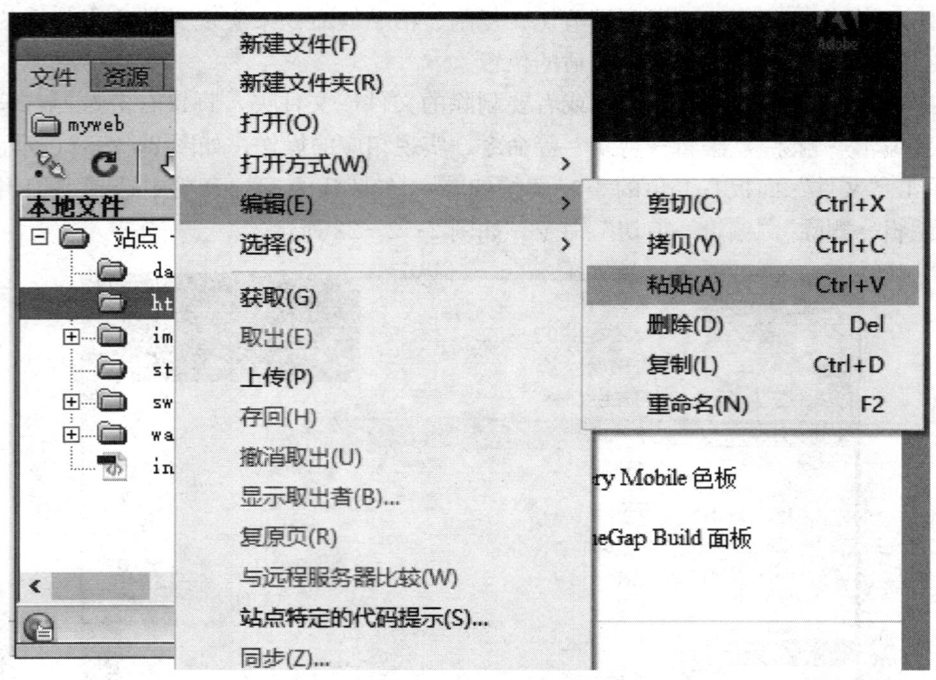

图 2-2-23　粘贴命令

选择文件，按住鼠标左键不放，直接将其拖入目标文件夹也可以实现剪切操作。在文件的位置移动成功后，会出现一个更新文件链接的对话框，直接点击“更新”即可，如图 2-2-24 所示。

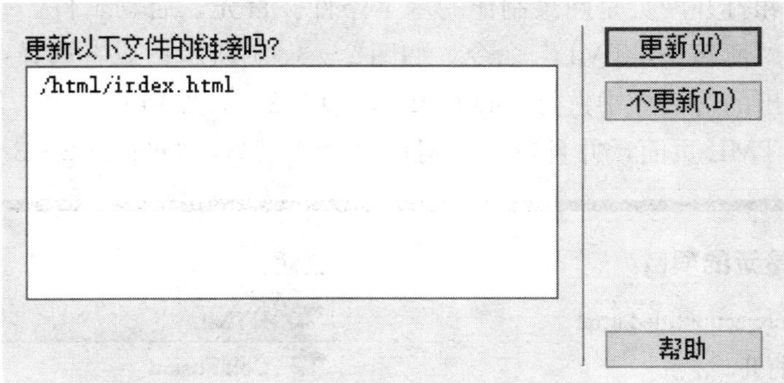

图 2-2-24　更新链接

知识链接：

(1) 删除站点：在 Dreamweaver 中删除站点，只是删除了 Dreamweaver 同本地站点之间的关系，本地站点包含的内容，包括文件夹以及文件仍然在磁盘上，并没有被真正删除，但是删除文件以及文件夹就不一样了，在 Dreamweaver 中删除文件，那么在磁盘上的文件就也被删除了。

(2) 编辑站点：在 Dreamweaver 中可以有多个站点文件，一般对站点的编辑是一个一个进行的，但对于一些公共操作，比如导出、导入等，可以一起操作。选择多个站点的方式同选择多个文件的方式是一样的。

任务 3　站点文档的创建与输入

【任务目标】

本任务的目标是创建一个简单的静态网页文件，该网页能被浏览器打开正常浏览。

【任务实施】

本任务主要是通过制作一个简单的页面来了解网页制作的过程。

子任务 1　网页文件创建

1. 新建、保存和打开网页文件

在网页制作过程中，首先是创建网页文件或打开网页文件。网页文件有许多类型，如：HTML、ASP、JavaScript 等。一般来说，对于初学者，创建网页主要是创建 html

文件，因为 HTML 是包含基于标签的语言，负责在浏览器中显示 web 页面。

新建、保存和打开网页是网页制作的基本条件。首先，启动软件，打开创建项目的选项界面，选择“新建→HTML”命令，如图 2-3-1 所示；或者选择菜单“文件→新建”命令，在弹出的对话框中选择“HTML”，如图 2-3-2 所示。单击创建按钮，即可创建一个新的 HTML 页面，并且进入该网页的设计视图，如图 2-3-3 所示。

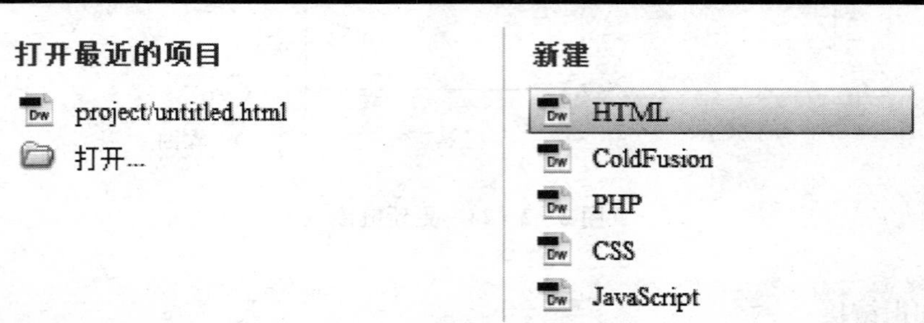

图 2-3-1　文件创建界面

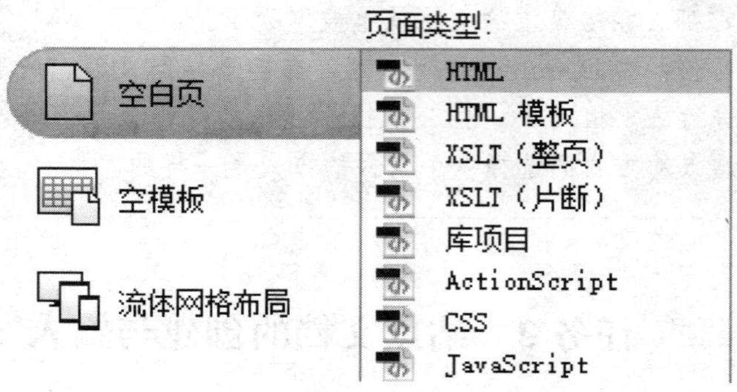

图 2-3-2　“新建”对话框

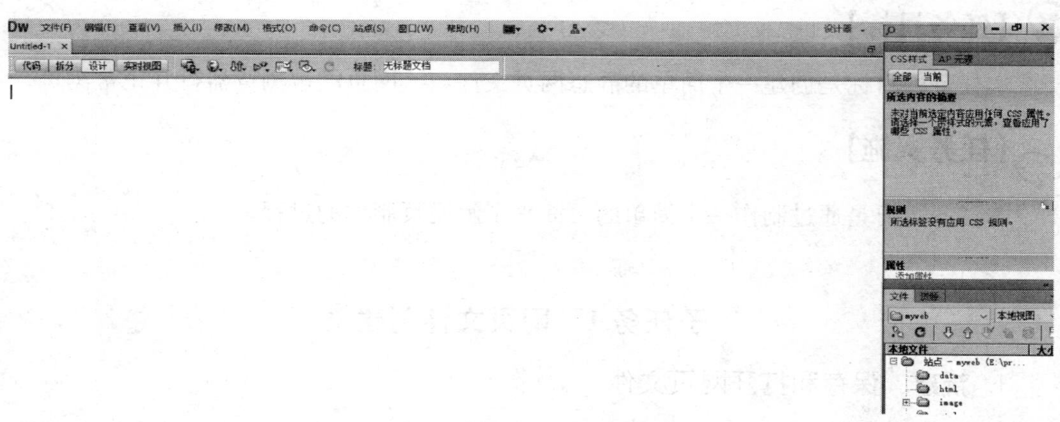

图 2-3-3　空白页面

选择“文件→保存”命令，弹出“另存为”对话框。输入名称并选择要保存的路径即可，如图 2-3-4、图 2-3-5 所示。将新建文件保存在站点根目录下，命名为 index，类型选择默认的 html 类型。

图 2-3-4　“保存”命令

图 2-3-5　“另存为”对话框

如果要打开网页，在“文件→打开”中就可以选择需要打开的网页文件，如图 2-3-6、图 2-3-7 所示。

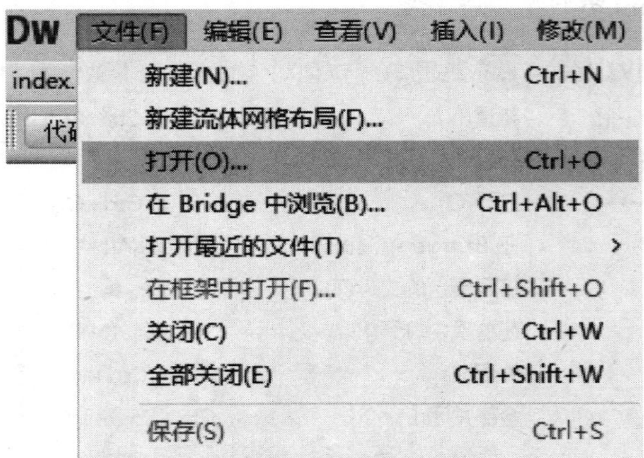

图 2-3-6 “打开”命令

图 2-3-7 “打开”对话框

2. 网页的属性设置

网页的属性设置是对网页的基本样式的设置，包括标题、字体、大小、背景等。页面的属性设置是控制网页外观的基本方法。

一般来说，新建的网页下方就是网页“属性”面板，如果没有显示出来，则可在菜单栏中选择“窗口→属性”命令，或者在网页的空白区右击鼠标，在快捷菜单中选择“页面属性”将“属性”面板调出来，打开的“属性”面板在网页的最下方，如图 2-3-8 所示。

图 2-3-8　“属性”面板

单击“页面属性”按钮，即可弹出“页面属性”对话框，如图 2-3-9 所示。

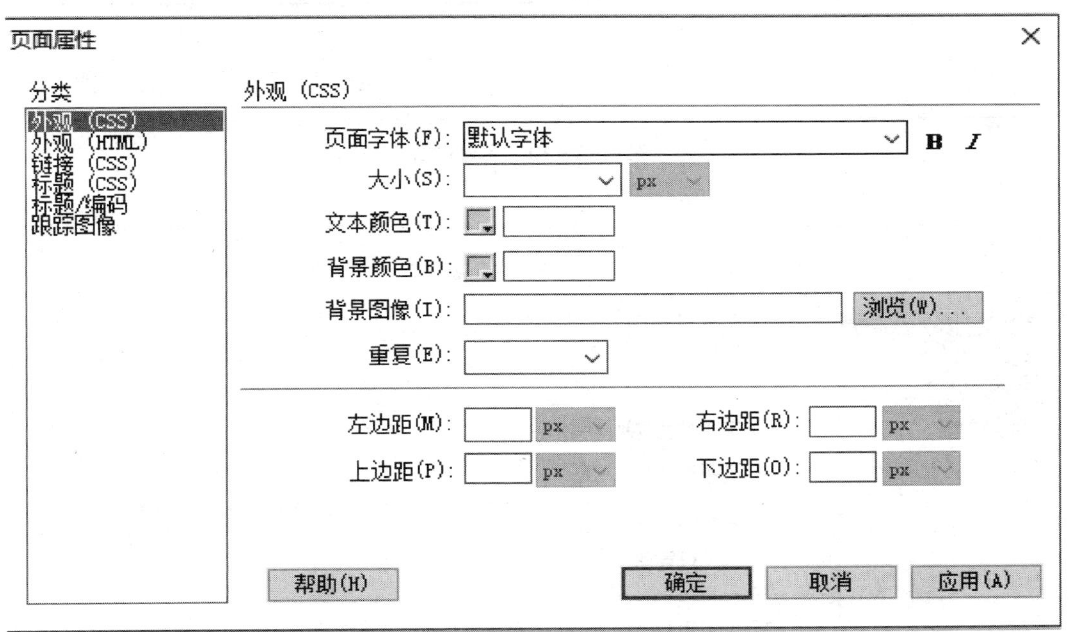

图 2-3-9　“页面属性”对话框

在“外观（CSS）”的选项面板中，可以设置页面字体，一般选择宋体，在“大小”的列表中选 12px，数值越大则文字就越大，如图 2-3-10、图 2-3-11 所示。

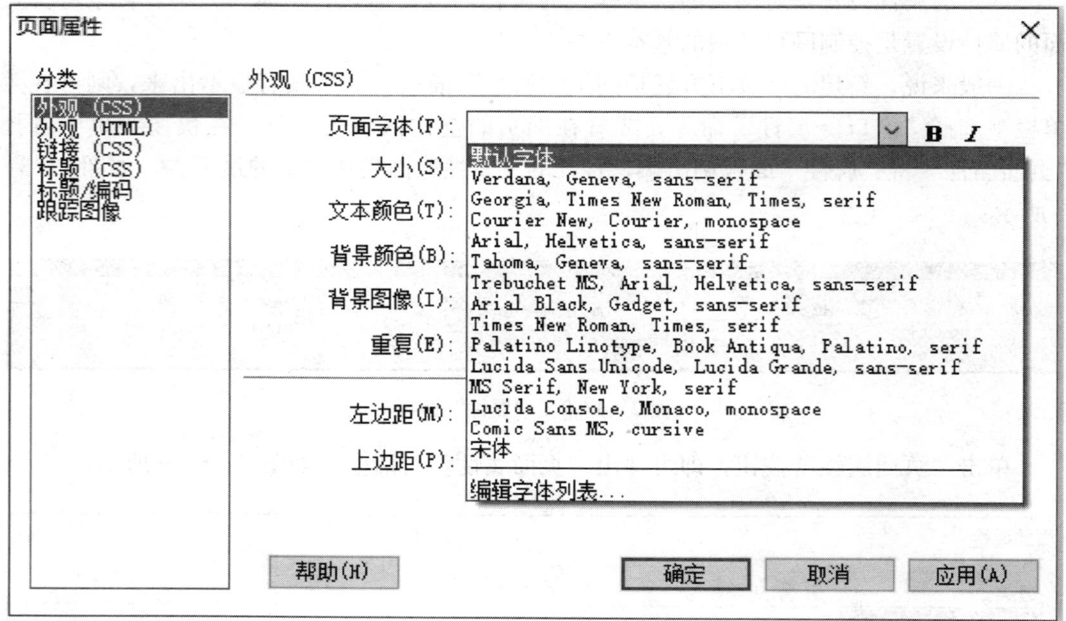

图 2-3-10　字体设置

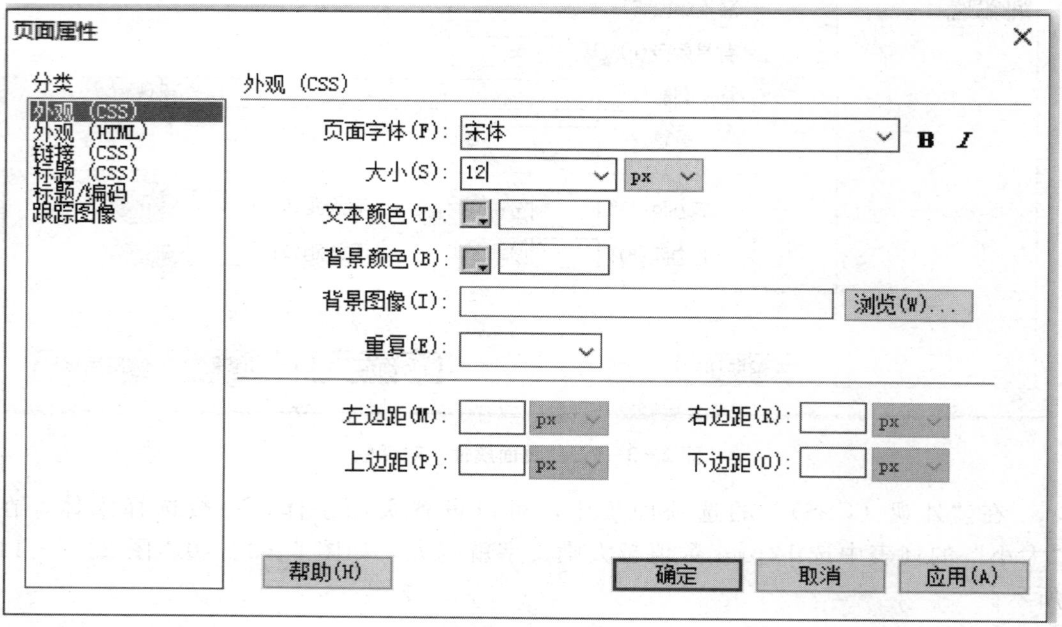

页面属性
分类
外观（CSS）
外观（HTML）
链接（CSS）
标题（CSS）
标题/编码
跟踪图像
外观（CSS）
页面字体(F): 宋体
大小(S): 12 px
文本颜色(T):
背景颜色(B):
背景图像(I): 浏览(W)...
重复(E):
左边距(M): px
右边距(R): px
上边距(P): px
下边距(O): px
帮助(H)
确定
取消
应用(A)

图 2-3-11　字号设置

在“文本颜色”以及“背景颜色”中选择相应的颜色，可以用颜色选择器，也可以输入颜色代码，如图 2－3－12 所示。

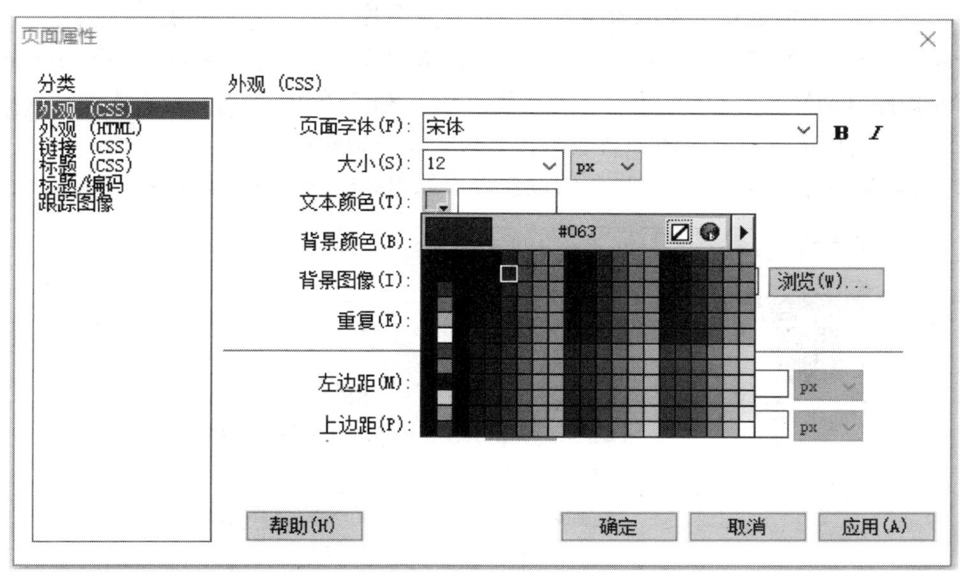

图 2－3－12 颜色设置

如果要为网页设置背景图像，则会弹出一个对话框，询问是否将该图片复制到站点目录下，因为建立了站点后，一般用到的图片素材都必须从站点内引用，否则以后会出现链接问题，所以在这里选择“是”，并将其放入已经建立好的 image 文件夹内即可，如图 2－3－13 所示。

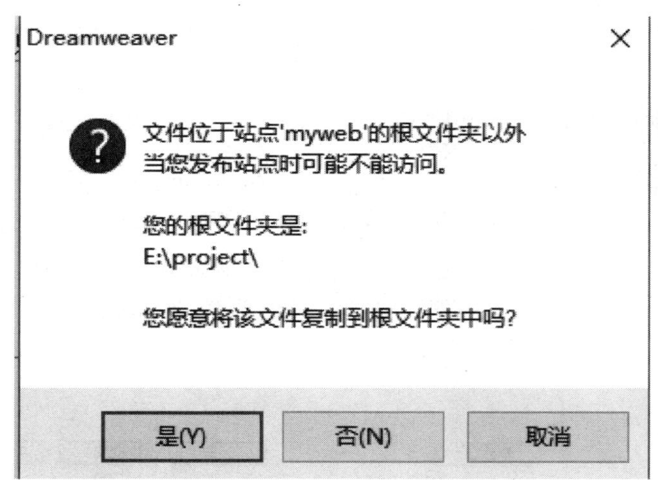

图 2－3－13 询问是否移动文件

在“背景”下有一个重复选项（如图 2－3－14 所示），里面有四个选项，各个选项含义如下：

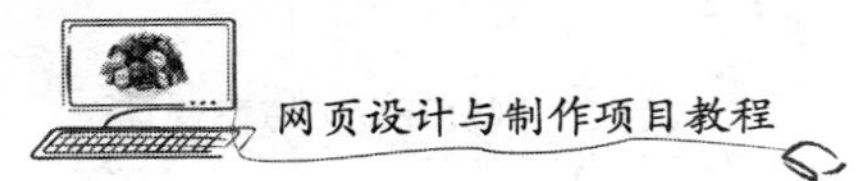

no-repeat：不重复，表示仅显示背景图片一次。

repeat：重复，表示横向或纵向平铺显示背景图片。

repeat-x：x轴重复，表示横向平铺显示背景图片。

repeat-y：y轴重复，表示纵向平铺显示背景图片。

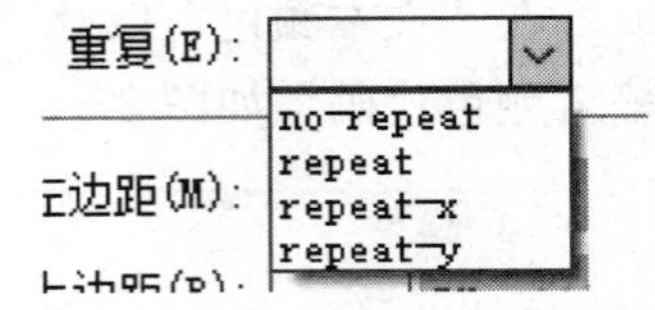

图 2-3-14　重复选项

“左边距（M）”“右边距（R）”“上边距（P）”和“下边距（O）”分别指定页面左边距、右边距、上边距、下边距的大小，一般我们都设置为 0px；最后的设置数值如图 2-3-15 所示。

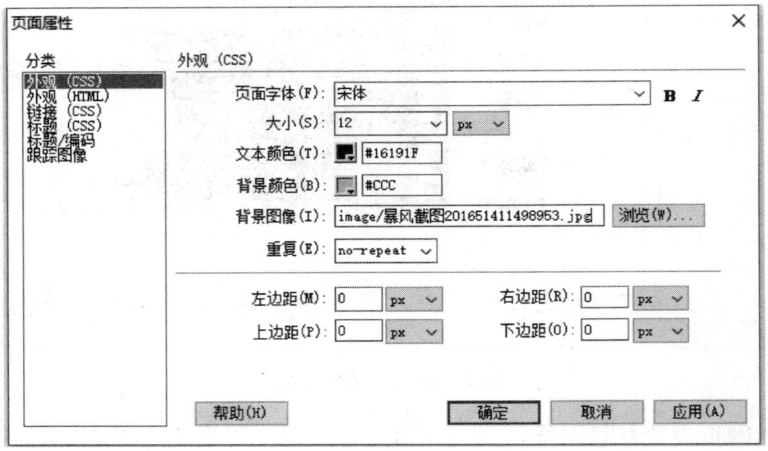

图 2-3-15　常规属性设置

在“外观（HTML）”的选项面板中，可以设置背景、文本颜色、链接等内容，可以根据自己的需求设置，如图 2-3-16 所示。

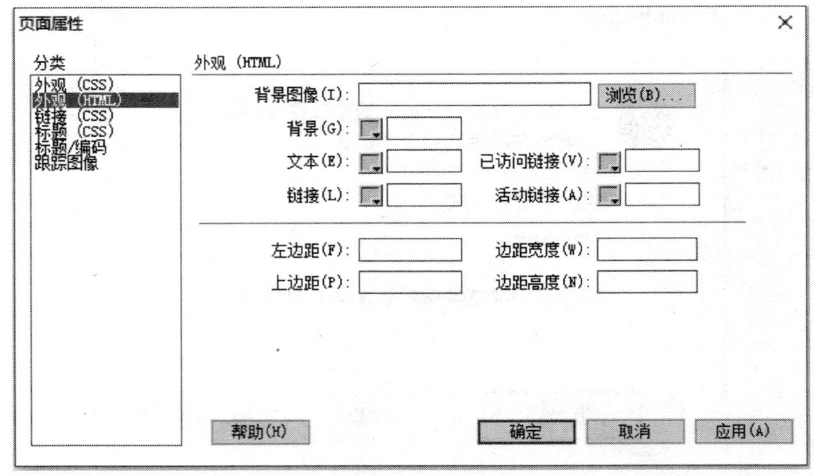

图 2-3-16　外观属性设置

在“链接（CSS）”选项面板中，可以设置链接字体的默认大小，在“链接颜色”中设置应用于链接的颜色，在“已访问链接”中指定已访问链接的颜色，在“变换图像链接”中指定鼠标位于链接上的颜色，在“活动链接”中指定鼠标在链接上单击的颜色。“下划线样式”是指链接是否有下划线，设置好后，效果如图 2－3－17 所示。

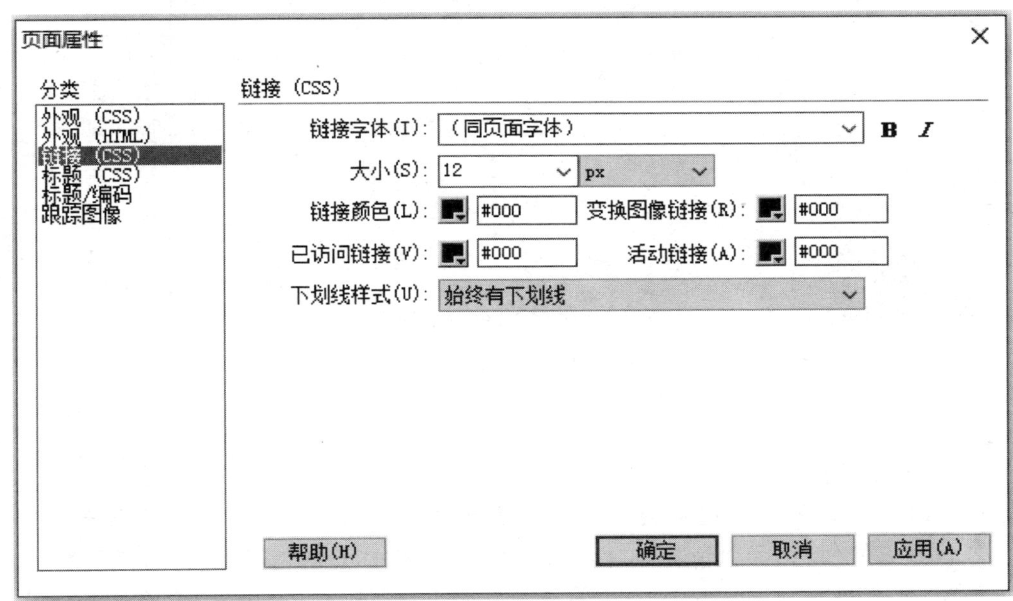

图 2－3－17　链接属性设置

在“标题（CSS）”里设置六种标题样式，在“标题/编码”面板中，一般选择默认设置，这里可以自己为网页设置一个中文标题。如图 2－3－18 所示。

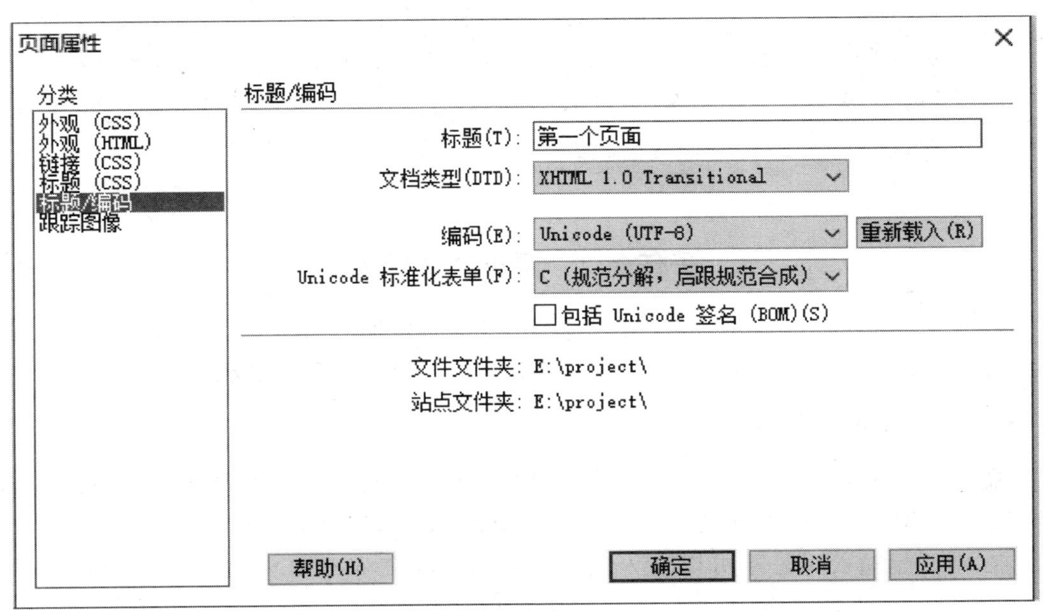

图 2－3－18　标题编码设置

所有的数值设置完成后，就可以看到最终效果，如图 2－3－19 所示。

图 2-3-19　最终效果图

知识链接：

(1) 页面字体：在页面属性中，如果要设置的字体不在下拉列表中，可以选择菜单中的“编辑字体列表”命令，在打开的对话框中将“可用字体”列表框中的字体添加到“选择的字体”列表框中，然后单击“确定”按钮。

(2) 背景图像：如果图像大小不能填满整个网页页面，Dreamweaver 会平铺背景图像。

(3) 页面属性：在 Dreamweaver 中将页面属性分为 CSS 和 HTML 两种格式，选择带有“CSS”标记的选项，设置后内容将以 CSS 样式表形式显示在网页〈head〉区域，选择带有“HTML”标记的选项，设置后将显示在〈body〉区域中。

子任务 2　网页文本输入

网页文本是构成网页的基本元素，在网页中有很多输入文本的方式，比如：直接输入文本、粘贴文本、导入文本，输入的文本通常分为普通文本和特殊文本。

1. 普通文本输入

输入普通文本时，首先将上个“背景图像”的“重复”属性改为 repeat，将背景图片平铺整个网页。然后在网页中输入一行或几行文字，效果如图 2-3-20 所示。

在刚开始输入时是不可以输入空格的，整个文本都挤在一起，但是可以换行，将光标插入到要加空格的文字之间。在菜单栏中选择“编辑→首选参数”，打开“首选参数”面板。在“常规”选项中，允许多个连续空格前打上√，如图 2-3-21 所示。

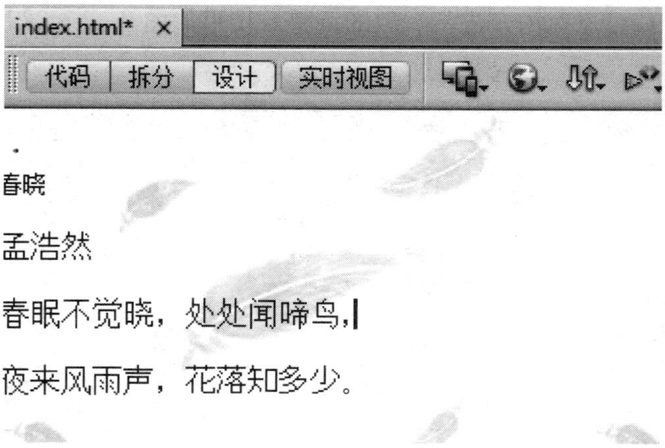

index.html*

代码　拆分　设计　实时视图

春晓

孟浩然

春眠不觉晓，处处闻啼鸟，

夜来风雨声，花落知多少。

图 2-3-20　输入文本内容

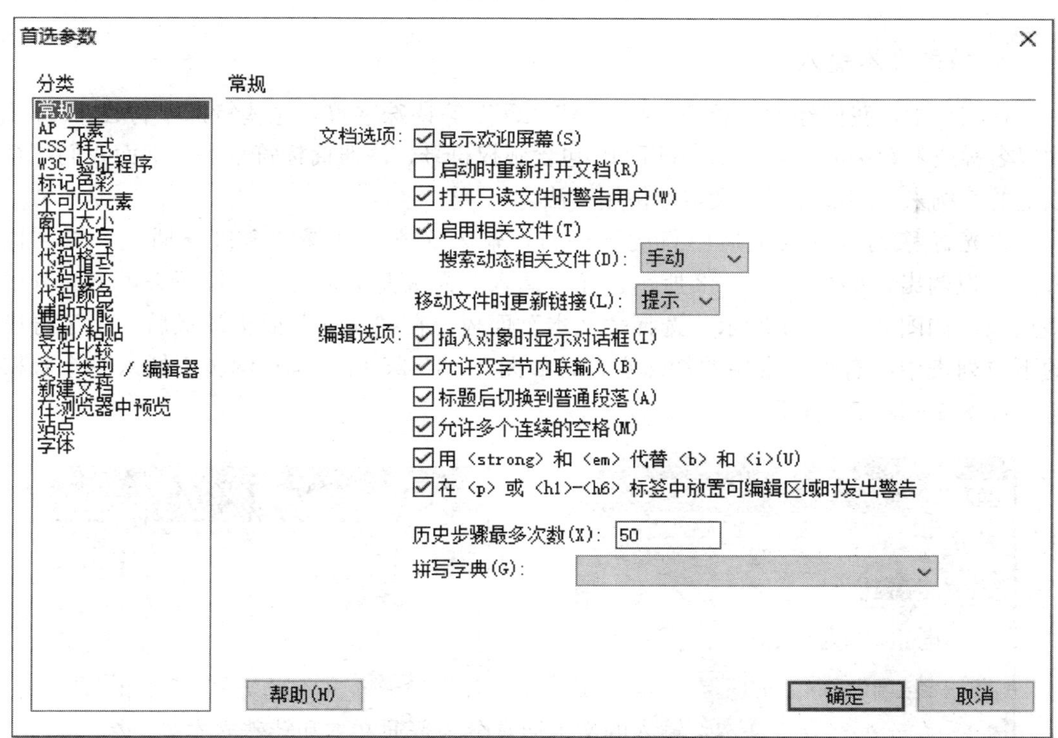

图 2-3-21　“首选参数”面板

知识链接：

(1) 空格：在 Dreamweaver 中刚开始是不可以插入空格的，除了上面介绍的方法外，还可以利用“插入”面板中特殊字符中的空格标记。

(2) 换行：在 Dreamweaver 中按 Enter 键换行，行与行之间的行距是比较大的，可以按住 Shift 键再换行，这样可以缩小行之间的行距。

回到主页面，就可以对内容进行大致的调整，结果如图 2－3－22 所示。

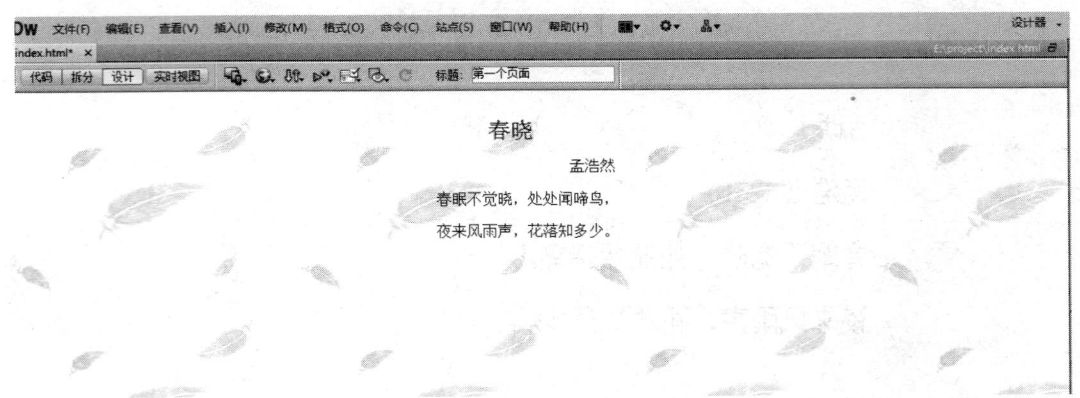

图 2－3－22　效果图

2. 特殊文本输入

在网页中，我们经常会看到一些“➔”“@”等特殊字符，这些特殊字符在 HTML 中以名称或者数字的形式表示，HTML 包含版权符号、注册商标符号等，下面我们结合以上的实例来介绍部分特殊文本的使用方法。

将光标移到诗歌的最后一行的下一行，输入文本，选择“窗口→插入”将“插入”面板调出，如图 2－3－23 所示。在“插入”面板左上角有个下拉箭头，下面有很多选项，如图 2－3－24 所示。选择“文本”面板，在“文本”面板的最后一个字符里的下拉列表中，有很多常用的特殊字符，如图 2－3－25 所示。在网页中插入一个版权符，如图 2－3－26 所示。

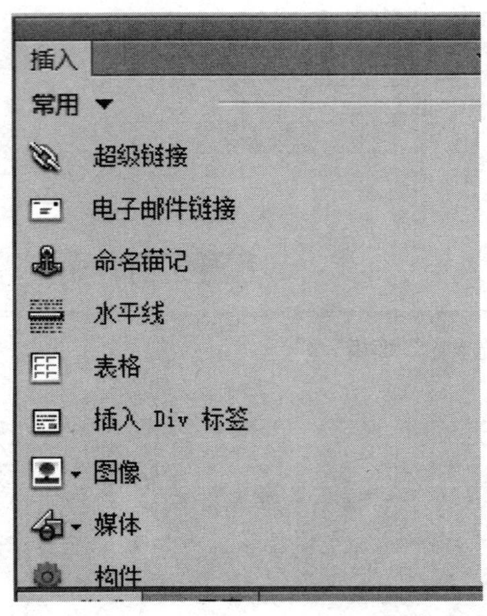

图 2－3－23　“插入”面板

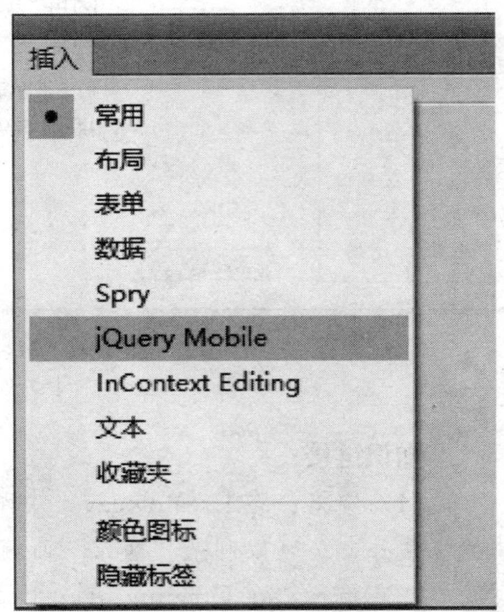

图 2－3－24　子选项

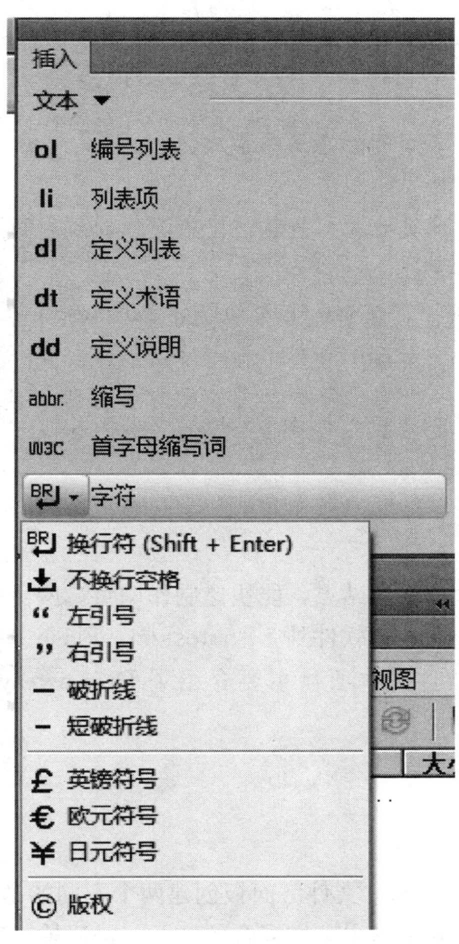

图 2-3-25 “文本”面板

春晓

孟浩然

春眠不觉晓，处处闻啼鸟，

夜来风雨声，花落知多少。

copyright©2016

图 2-3-26 版权符插入

将该网页保存，按 F12 键就可以在浏览器中浏览该网页。

知识链接：

在 Dreamweaver 中可以创建不同的站点形式，以及编辑多种格式的网页。

1. 网页格式：

(1) HTML：最常用的静态网页格式。

(2) ASP：动态网页格式。

(3) PHP：动态网页格式，是目前比较流行的后台开发语言。

2. 创建 Business Cstalyst 站点

先要注册 Adobe Id，登录后会自动链接 Business Cstalyst 平台服务器，可以自动创建一个免费的 Business Cstalyst 站点，并分配一个 URL，它可以让所设计的网站轻松获得一个在线平台，并掌握顾客行踪，建立和管理任何规模的客户数据库及在线销售产品。

项目总结

使用 Dreamweaver 软件创建站点，能快速制作网页。网页的开发与创建可使用多种方法与工具，除了 Dreamweaver 软件外，Photoshop、Flash、IETester 等软件也是在网页制作中经常会用到的软件，本项目主要介绍了 Dreamweaver 软件开发环境的配置过程。

项目检测

一、练习题

1. 利用 Dreamweaver 中的“文件”面板创建两个不同的站点。

2. 创建一个网页，输入一篇中英文混合的文章，最后输入版权信息。

二、拓展训练

创建一个产品介绍类的网页文件。要求：

(1) 创建一个站点，并规划好目录。

(2) 创建网页，设置基本的页面属性。

项目三 网站规划与设计

项目概述

MobileShop 是一家中型的电子产品零售店，主要销售各种手机、PC 和笔记本电脑，同时开展电子产品销售、快递等业务。该零售店现有员工 10 人，每天电子产品销售额为 20 000～50 000 元。MobileShop 地处广州市天河区，该处区域办公大楼集中，也是休闲、娱乐和消费的中心。该店有 5 年的实体店经营经验，以零售为主要渠道开展业务，货源可靠，有成熟的配送流程和队伍。该零售店几年来经营平稳，业绩尚可。员工大多是 30 岁以下的年轻人，会上网及进行基本电脑操作，经过短期培训即可掌握网上业务操作。

MobileShop 为了突破时空限制，降低交易成本，节约客户订购、支付和配送的时间，方便客户购买，决定进入电子商务网上销售领域，由高铭负责进行网上电子商城的规划和设计，建立互联网在线支付平台进行交易，实现网络营销与传统营销双通道同时运行的 O2O 营销模式，以帮助该零售店提高竞争力，争取明年实现销售收入增长 50%以上的经营目标。

项目目标

能力目标：

学完本项目后，学生应能够：

（1）掌握网站规划与设计的要点。

（2）明确网站规划与设计的一般流程。

（3）设计合适的网页版式。

知识目标：

（1）了解网站规划与设计的一般流程。

（2）懂得网页版式设计的基本原则。

项目任务

任务 1　网站需求分析

任务 2　网站规划
任务 3　网页整体设计
任务 4　网站首页版式设计
任务 5　网站子页版式设计

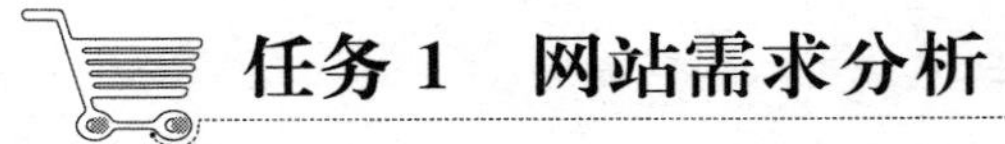

任务 1　网站需求分析

【任务目标】

MobileShop 的电子商务需求，既可能来自企业本身发展的需要，也可能是迫于竞争对手的压力，或者二者兼而有之，请从企业网站实施的背景、原因、资源和目的四个方面来分析企业是否有开展电子商务的需求、存在哪些需求、需求的迫切性以及这些需求将给企业带来什么样的市场机会和市场空间。

【任务实施】

（小组围绕 MobileShop 的网站需求进行分析讨论，协作完成，并将小组讨论的结果记录下来）

1. 企业网站实施背景

2. 企业网站实施原因

3. 企业网站实施资源

4. 企业网站实施目的

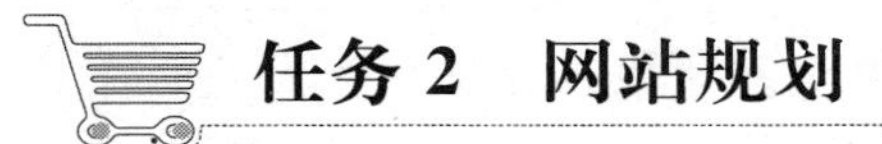

任务 2　网站规划

【任务目标】

为 MobileShop 规划电子商务网站。

【任务实施】

电子商务网站规划是指在网站建设前确定网站的主题和建站目标，对网站目标定位，并进行内容功能规划。网站规划的步骤如图 3-2-1 所示。

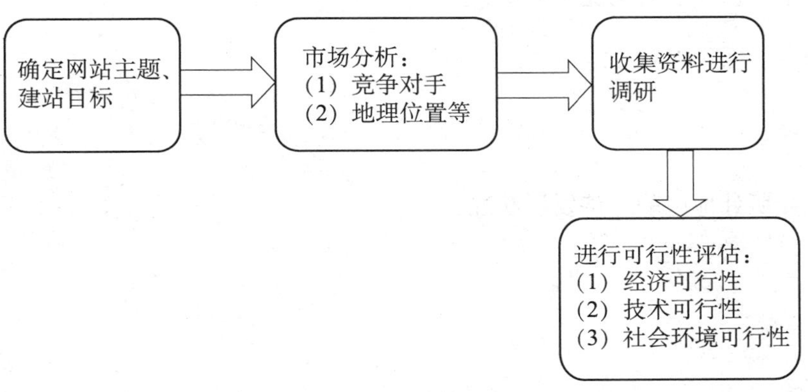

图 3-2-1　网站规划步骤

1. 确定 MobileShop 的网站主题与建站目标

（1）网站主题：

（2）建站目标：

知识链接：如何为自己的网站确定主题和目标

（1）企业要确认建立网站的目标是树立企业形象，还是展示产品、拓展市场；是宣传自己的思想、理念，还是调查用户反映、改进售后服务；是为企业做宣传，加强与客户的沟通，还是要实现网络营销与电子商务的功能。

（2）要分析企业自身的具体情况，包括企业的进货渠道资源、企业的市场销售资源优势、企业的品牌知名度及消费市场认知度、企业的资金实力和企业所处的行业地位等。

2. MobileShop 网站市场分析

（1）网络中企业现有的竞争对手：

（2）企业所处地区的经济发展状况：

（3）政府的支持力度：

（4）物流配送条件等环境因素：

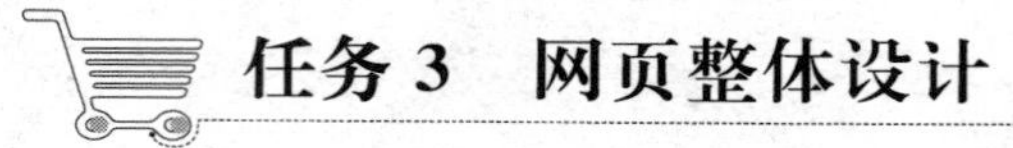

任务3　网页整体设计

【任务目标】

为 MobileShop 设计电子商务网站。

【任务实施】

1. 网站功能设计

(1) 网站前台系统。

前台系统包括会员注册、登录、商品显示、搜索、分类等功能。前台系统的功能模块如图 3-3-1 所示。

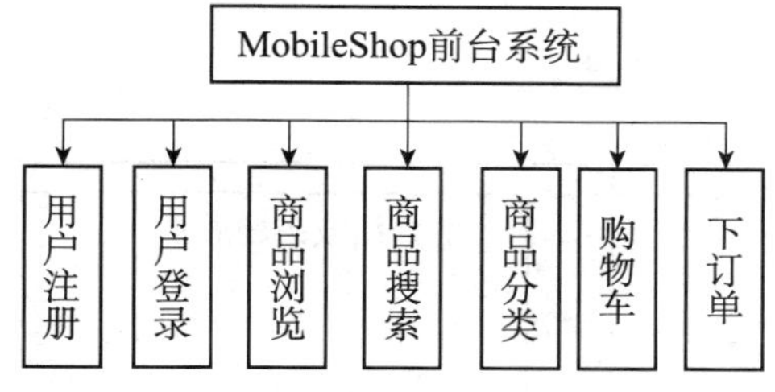

图 3-3-1　前台功能模块

(2) 网站后台系统。

后台系统包括商品管理、分类管理、订单管理、用户管理等功能。后台系统的功能模块如图 3-3-2 所示。

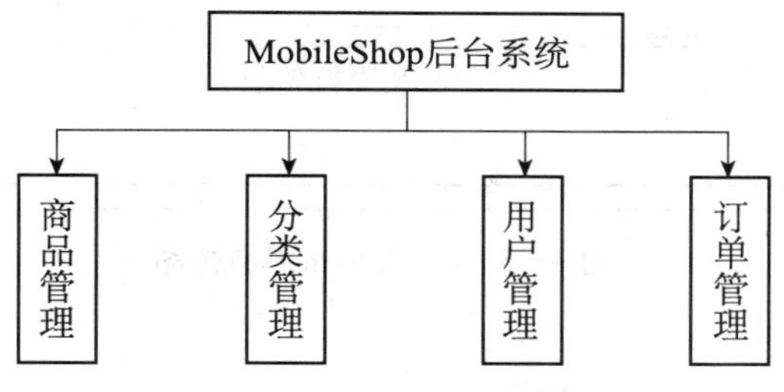

图 3-3-2　后台功能模块

2. 网站前台布局

(1) Logo。

MobileShop 网站的 Logo 如图 3-3-3 所示。

图 3-3-3　MobileShop 的网站名称及 Logo

(2) 设计首页版式。

首页版式可采用匡字型布局，如图 3-3-4 所示。

(3) 色彩及文字。

由于该客户群追求高端时尚的电子产品，所以网站主色调采用白色，导航栏配以黑色的背景，标题栏的文字则为浅灰色，文字主体选择黑色，产品价格则以深灰色标出。整体布局简洁大方，图文匹配。

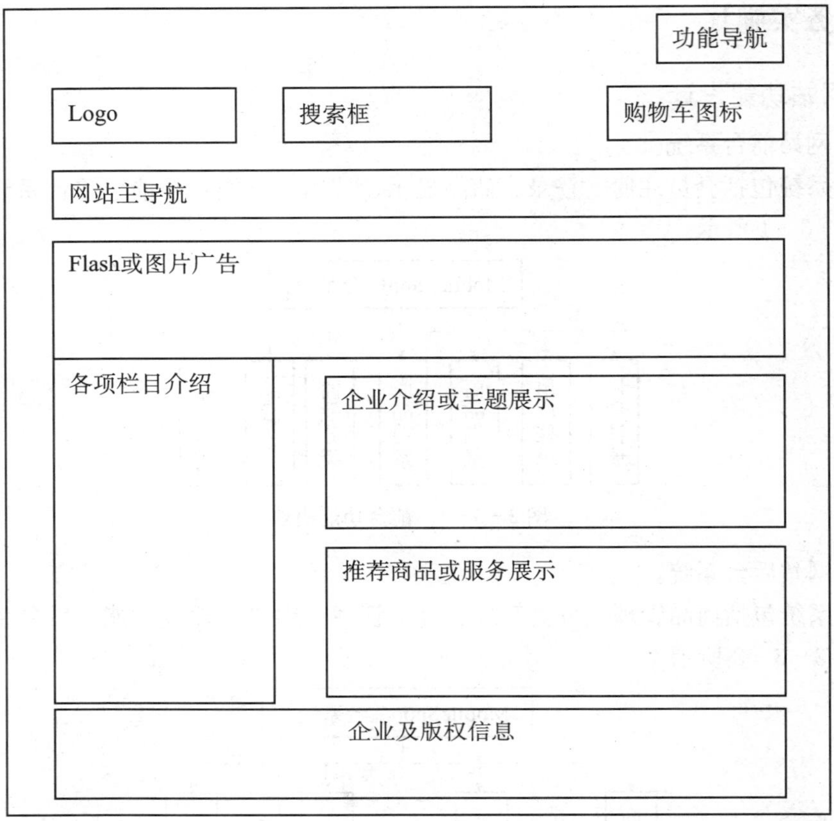

功能导航

Logo

搜索框

购物车图标

网站主导航

Flash或图片广告

各项栏目介绍

企业介绍或主题展示

推荐商品或服务展示

企业及版权信息

图 3-3-4　首页布局结构图

(4) 店头效果图。

店头效果如图 3-3-5 所示。

我的帐户 | 联系我们

MobileShop

购物车：0 项

首页　PC机　笔记本电脑　手机　软件

24/7 SERVICES
SERVICIO 24 HORAS

SOUTH AMERICA
CANADA
EUROPE
MEXICO
CHINA
USA

图 3-3-5　MobileShop 店头效果图

知识链接：

网页版面布局大致可分为“同”字型、“匡”字型、“司”字型、标题正文型、封面型、框架型、Flash 型等。

(1)“同”字型也称为“国”字型，网页布局分为顶端、主体和底部。顶端常由网站 Logo、Banner 和导航条构成。主体部分是网站的主要内容，一般分为三列，左右分列一些类目，中间是主要部分。底部是网站的一些基本信息、联系方式、版权声明等。这种布局能体现出稳重、传统的风格。

(2)“匡”字型是国内企业网站常采用的结构，这种结构和“同”字型很接近，主要区别在主体部分，它分为两列，“匡”字型左侧为一窄列，右列则很宽。“司”字型与之相反，顶端和底部与“同”字型类似。

(3) 标题正文型，该类型最上面是标题或类似的一些东西，然后是分割线，接着就是正文，很像平时的文章。这种类型多用于网站的新闻页面中。

(4) 封面型，整个页面的绝大部分为一个动画或者精美的图像，通过点击可以链接到内页，如同杂志的封面。

(5) 框架型，就是采用框架的结构布局，一般左面是导航链接，右面是正文，这种类型的结构非常清晰，一目了然，常用于一些大型论坛。

(6) Flash 型，该结构与封面型的结构类似，这种类型采用 Flash 来设计制作页面，所表达的信息丰富，能直接在封面上显示交互的导航。

任务 4 网站首页版式设计

【任务目标】

网站首页即主页、起始页，也就是打开网站后看到的第一个页面。网站的首页就好像人的脸面一样，它给人的是第一印象，也称网上第一视觉效应，它的设计直接关乎整个网站的风格以及整体效果。本任务是设计一个网站首页的版式。

【任务实施】

网站首页设计在于网页风格定位、资料图片选取、文字表达样式，以及相关的代码描述等。以一个企业网站为例，网站首页版式的设计步骤如下。

1. 确定网站的主题

前期必须与用户沟通好，明确用户的要求、建站的目的、所要达到的效果。

2. 确定网站风格

明确了建站的目的和需求后，紧接着我们需要建立网页的总体设计方案，对网站的整体风格和特色进行定位，规划网站的组织结构。网站风格必须与企业 Logo 相一致，才能突出网站的特色。

3. 通过专业软件对网站进行版式设计

我们模仿以下的公司首页效果图来对首页进行布局，如图 3-4-1 所示。

图 3-4-1　首页效果图

打开我们已经创建好的站点 myweb，或者新建一个 web 站点，在该站点下创建网站的首页 index. html，打开该文件后，按照以下步骤操作。

（1）根据我们要设计的公司网站首页效果图，首先确定网页可以由一个 5 行 1 列的表格进行布局，表格宽度为 1 007 像素，高度可在具体对象插入后进行调整。打开“index. html”文件，选择“插入→表格”命令，或者在“插入”面板中点击囯按钮，出现如图 3-4-2 所示对话框。

（2）设置行数为 5，列数为 1，表格宽度为 1 003 像素。由于我们是利用表格进行整体网页的布局的，所以不需要显示出表格的效果，其余三项都设置为零，点击“确定”按钮，完成效果如图 3-4-3 所示。

（3）表格中的每一行和每一列都有其自己的属性，在表格中的第一行点击鼠标，则下方出现的就是表格中单元格的属性设置栏，可设置单元格的水平对齐、垂直对齐的类型、宽度与高度等，如图 3-4-4 所示。

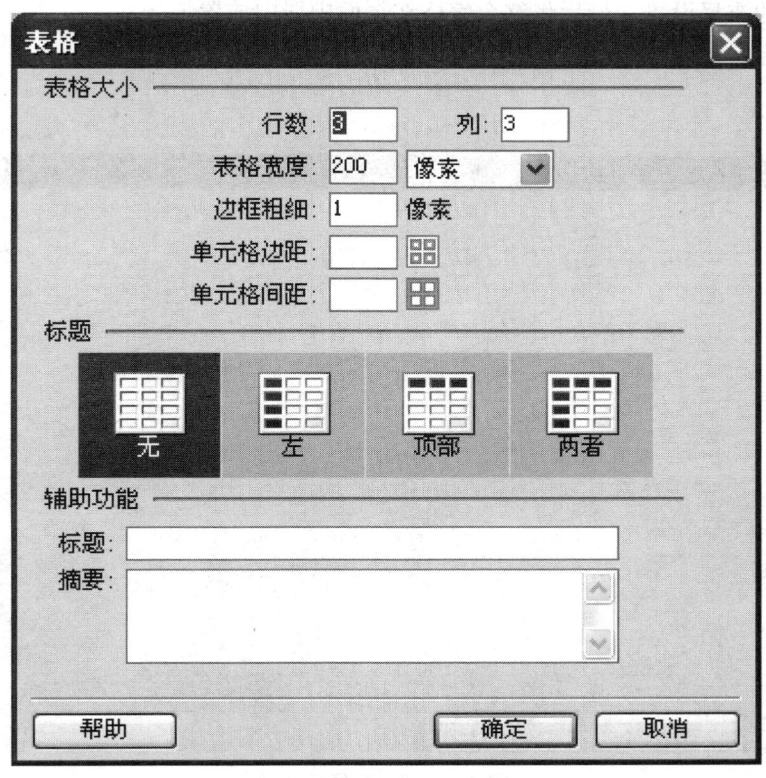

图 3-4-2 插入表格

图 3-4-3 表格效果

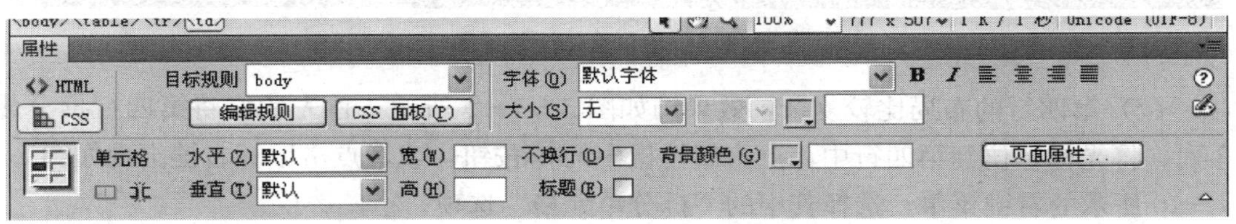

图 3-4-4 单元格属性栏

（4）分别设置表格中 5 行的高度，依次为：100、35、280、240、40。

（5）分别设置表格中 5 行的背景颜色，点击“背景颜色”后的，自由设置 5 种不同的颜色即可（参考颜色依次为：＃EEEEEE、＃FF0000、＃FFF1B9、＃CCCCFF、＃ECFF9D)，保存后按“F12”进行预览，效果图如图 3-4-5 所示，至此我们已经完成一个基本的布局设置，最后将整个表格在页面中居中放置。

图 3-4-5　布局效果图

（6）第二行中要放置的是网站的导航菜单，其布局有一些规律可循，如图 3-4-6 所示。由于是在同一表格中来布局的，行与行、列与列之间会产生相互的影响，所以在此我们在第二行中再独立插入一个表格进行布局，即嵌套表格。选择“插入→表格”命令，或者在“插入”面板中点击按钮，出现如图 3-4-7 所示对话框，根据需要插入一个 1 行 7 列的表格，表格宽度默认设置为 1 003 像素，点击“确定”按钮，完成效果图如图 3-4-8 所示，表格居中放置在第二行，七列平均分布。

首页　企业简介　新闻资讯　商品展示　在线留言　联系我们　后台管理

图 3-4-6　第二行效果图

（7）第四行的布局比较复杂，效果图如图 3-4-9 所示，首先我们将第四行拆分成 3 列，将光标定位到第四行中，点击属性栏中的按钮，或者点击鼠标右键出现如图 3-4-10 所示的右键菜单，选择其中的“拆分单元格”选项。

（8）弹出如图 3-4-11 所示的对话框，选择其中的“列”选项，在文本框中输入 3，或用鼠标点击后面的上下箭头设置，然后点击“确定”按钮。

（9）将移动光标到对应的列中，依次设置 3 列的宽度为：271 像素、498 像素、234 像素，如图 3-4-12 所示。

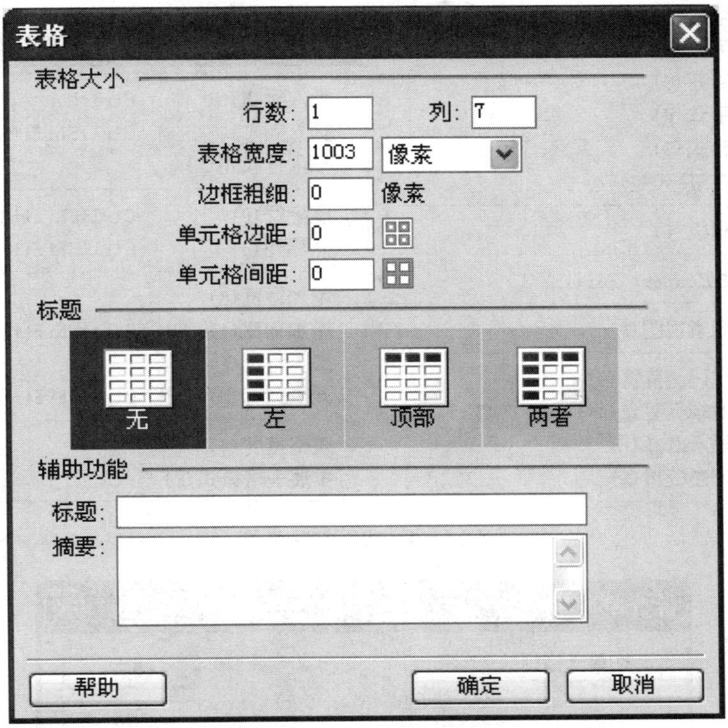

表格
表格大小
行数：1　列：7
表格宽度：1003　像素
边框粗细：0　像素
单元格边距：0
单元格间距：0
标题
无　左　顶部　两者
辅助功能
标题：
摘要：
帮助　确定　取消

图 3-4-7　插入嵌套表格

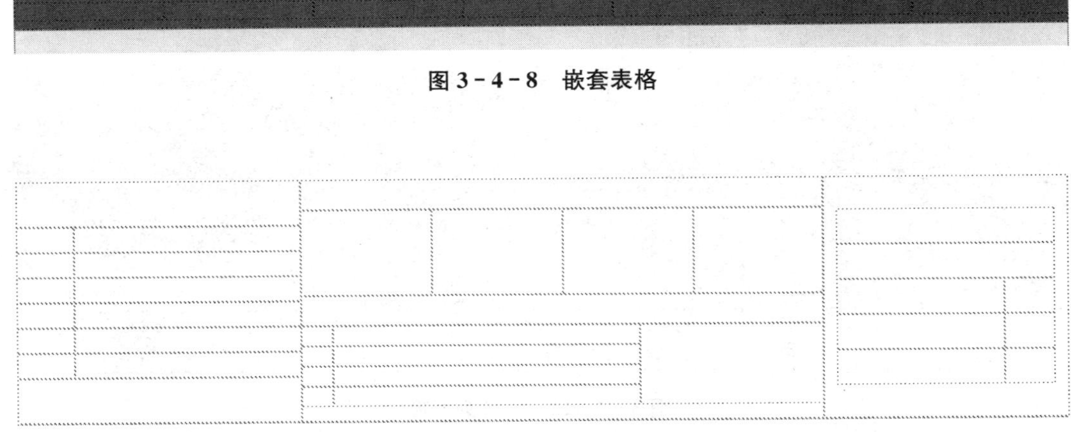

图 3-4-8　嵌套表格

图 3-4-9　第 4 行效果图

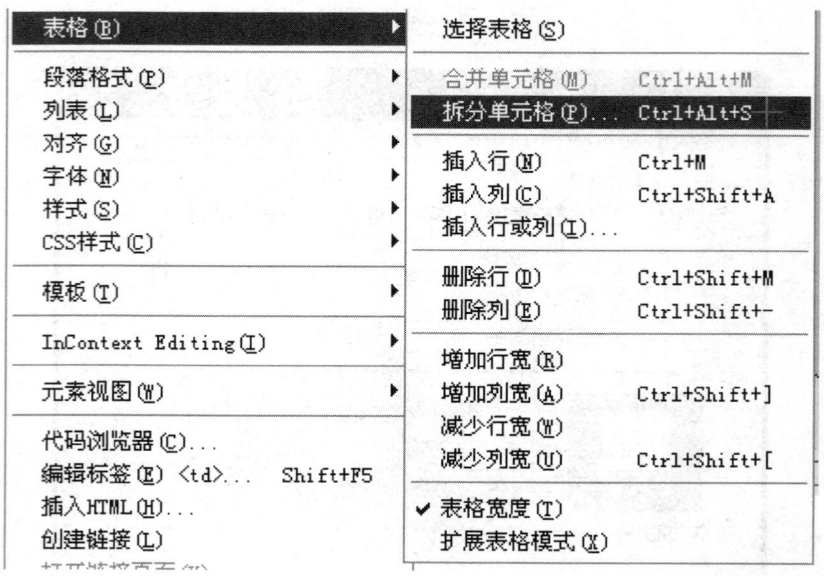

图 3-4-10　右键菜单

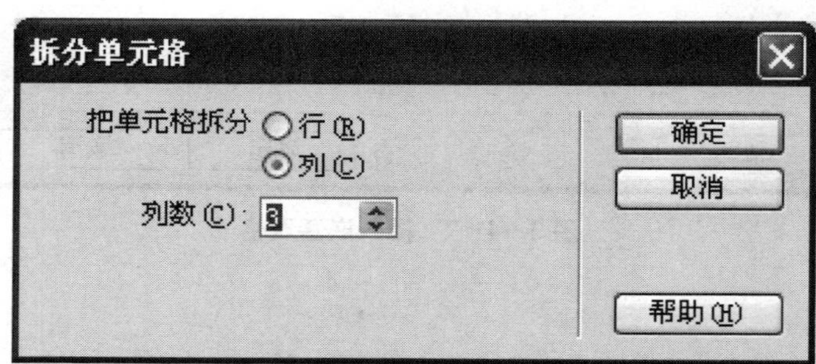

图 3-4-11　拆分单元格

图 3-4-12　设置列宽度

（10）移动光标到第四行中，点击状态栏中的<tr>标志，选中第四行，将第四行中的背景颜色还原设置为“白色（#FFFFFF)”。

（11）将光标移至第一列中，设置当前单元格的对齐方式为：水平左对齐，垂直顶端对齐，如图 3-4-13 所示。

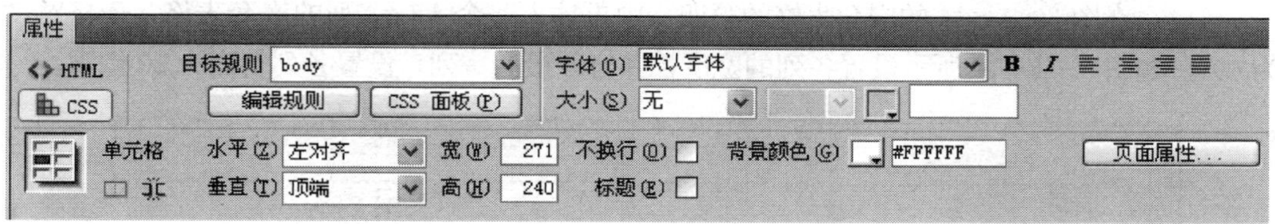

图 3-4-13　设置对齐方式

(12) 在其中插入一个 8 行 2 列，宽度为 271 像素的嵌套表格，设置嵌套表格的第一行与最后一行的高度为 45 像素，其余行高设置为 25 像素，拖动嵌套表格中的竖线，设置第一列的宽度为 55 像素，合并第一行和最后一行，如图 3-4-14 所示。

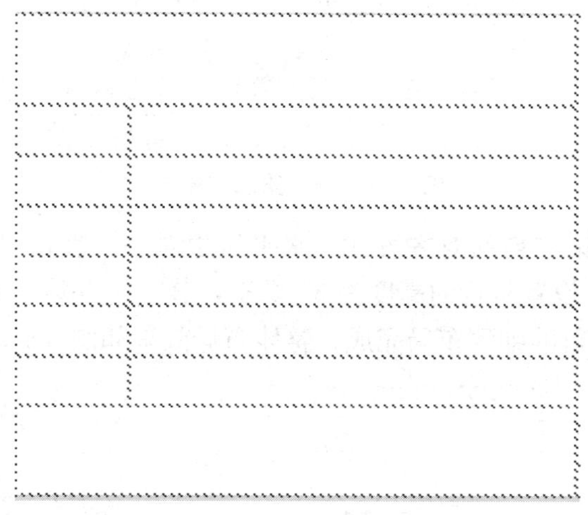

图 3-4-14　第一列布局

(13) 在第四行第二列中插入另一个 1 行 4 列，宽度为 498 像素的嵌套表格，依次设置行高为：30、85、30、95，拆分第二行为四列，如图 3-4-15 所示。

图 3-4-15　第二列初步布局

（14）在图 3－4－14 的嵌套表格的第四行中再插入一个 4 行 3 列的嵌套表格，表格宽度为 498，如图 3－4－16 所示设置各列的宽度，并合并最后一列，设置各列行高为 20 像素。

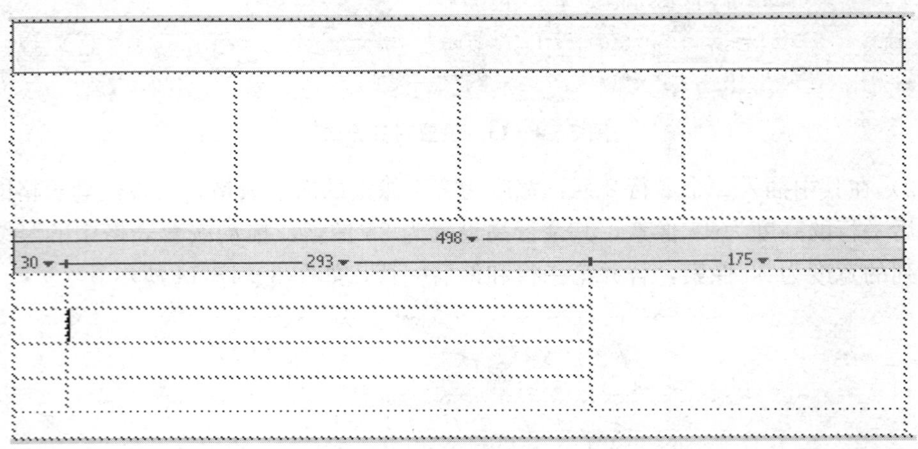

图 3－4－16　第二列布局

（15）设置第四行第三列的对齐方式：水平居中对齐，垂直居中对齐，在其中插入一个 5 行 2 列的表格，设置每行的高度为 35 像素，分别合并第一行和第二行，如图 3－4－17 所示，至此第四行的细致布局完成，整体布局效果如图 3－4－18 所示。

图 3－4－17　第三列布局

图 3－4－18　第四行整体布局

知识链接：表格相关要素

（1）ID：表格的 ID。

（2）行和列：表格中行和列的数量。

（3）宽：表格的宽度，以像素为单位或表示为占浏览器窗口宽度的百分比。通常不需要设置表格的高度，可以设置表格中单元格的行高。

（4）填充：单元格内容与单元格边框之间的像素数。

（5）间距：相邻的表格单元格之间的像素数。

（6）对齐：确定表格相对于同一段落中其他元素（例如文本或图像）的显示位置。

任务 5 网站子页版式设计

【任务目标】

本任务的目标是设计网站子页面的版式。

【任务实施】

本任务主要通过层标签来设计一个子页面的版式，通过层和表格的对比了解两种对齐方式的优缺点，运用时可根据自己的需要来进行选择。

AP Div 是网页设计中一个非常重要的元素，它可以随意放置于网页中的任意位置，不受任何限制。在 Dreamweaver CS6 中，可以通过拖拽鼠标的方式进行绘制，制作的 AP Div 之间可以互相重叠，但是在默认的情况下，所有的 AP Div 之间并没有嵌套关系，要利用 AP Div 实现页面布局，最好使得 AP Div 可以互相嵌套，这需要在首选参数中进行相应的设置。AP Div 可以包含文本、图像、媒体、表格等一切可以放置到 HTML 中的元素，甚至可以在 AP Div 内放置 AP Div，也可以与表格之间进行相互转换。

为了布局方便，在进行布局之前应进行整体的页面规划，如图 3－5－1 所示。

当在文档中插入 AP Div 时，其属性是默认的，如 AP Div 的宽度、高度、背景颜色等，当然这些参数也是可以修改的，选择“编辑→首选参数”，打开“首选参数”对话框，然后在“分类”列表框中选择“AP 元素”选项，在右边的设置框内就可以设置各类属性了，参数的设置可根据实际情况而定。为了方便起见，在此对话框中我们将“在 AP div 中创建以后嵌套”前的复选框进行勾选，表示在 AP Div 边界内绘制的 AP Div 是嵌套 AP Div，以方便布局过程中设置其相对位置，如图 3－5－2 所示。

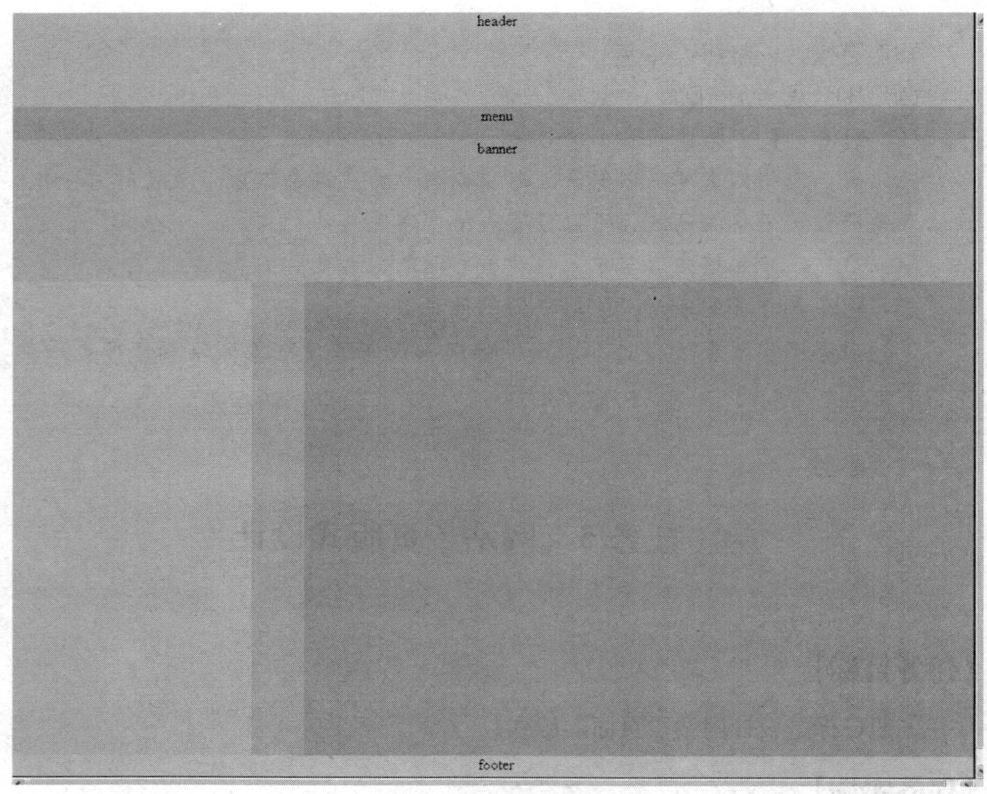

图 3-5-1　网页结构图

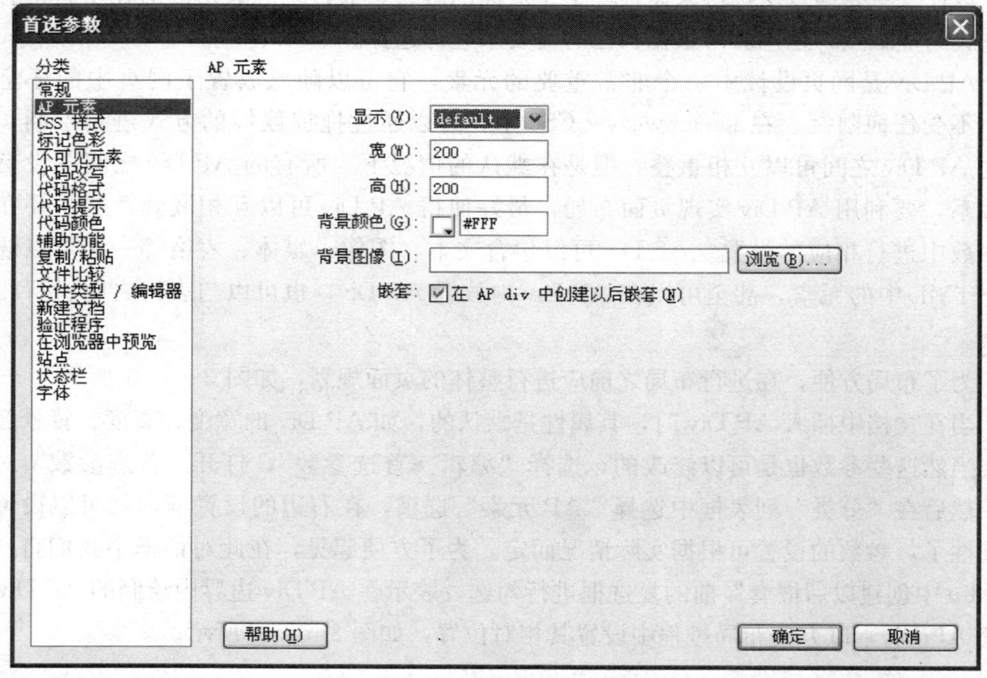

图 3-5-2　设置 AP Div 的默认参数

完成以上的准备工作后，在 Web 站点的根目录下新建一个名为“jianjie. html”的文件，双击后在文档编辑区打开此文件，并将网页的页面属性中的上、下、左、右边距设置为 0，然后就可以动手进行页面整体布局了。

（1）将光标定位到页面开始位置，选择“插入→布局对象→AP Div”命令，即可创建一个默认大小（200px×200px）的 AP Div，Dreamweaver CS6 将此 AP Div 自动命名为 apDiv1，如图 3－5－3 所示。

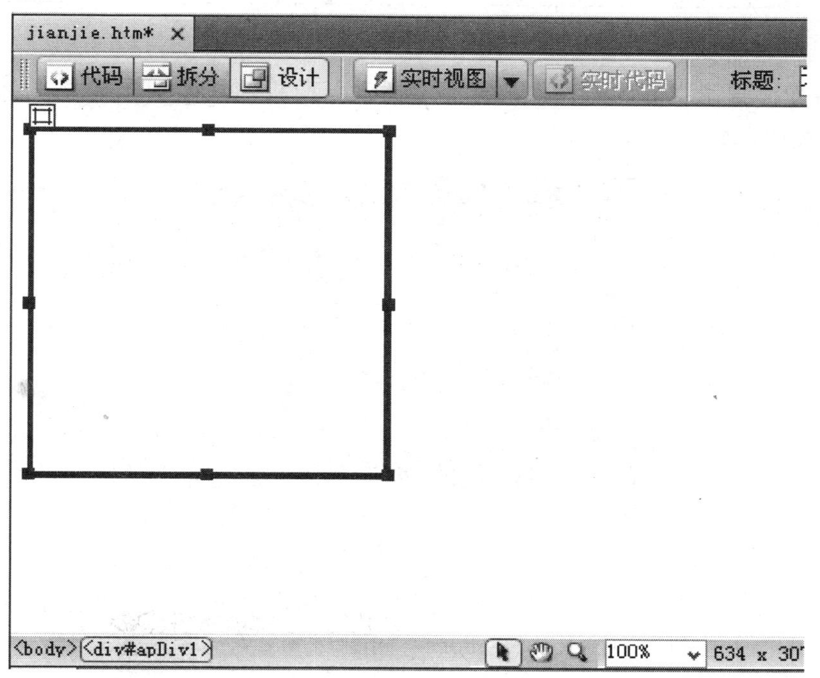

图 3－5－3　插入首个 AP Div

（2）选择“窗口→AP 元素”命令或按 F2 键，打开“AP 元素”面板，此时面板中只有上一步插入的 apDiv1，如图 3－5－4 所示。

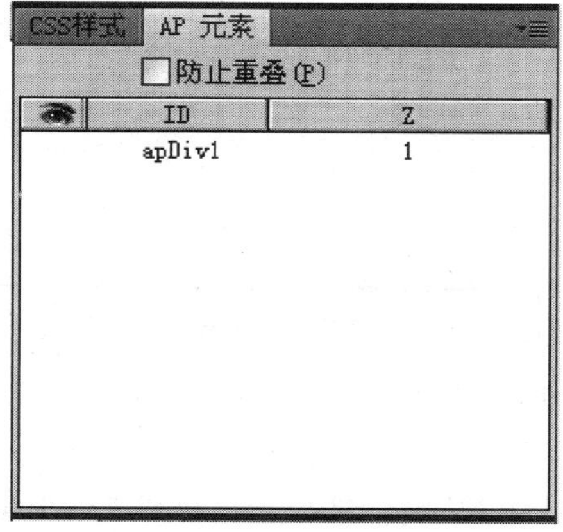

图 3－5－4　“AP 元素”面板

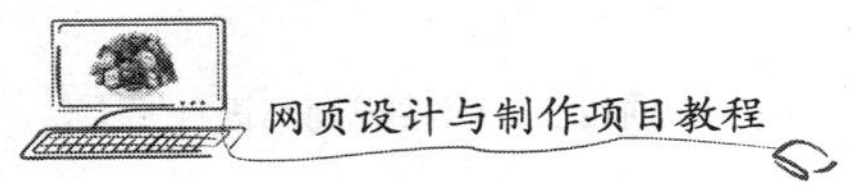

（3）在“AP 元素”面板上选择“apDiv1”，在下方显示的属性面板中进行属性设置，如图 3－5－5 所示。

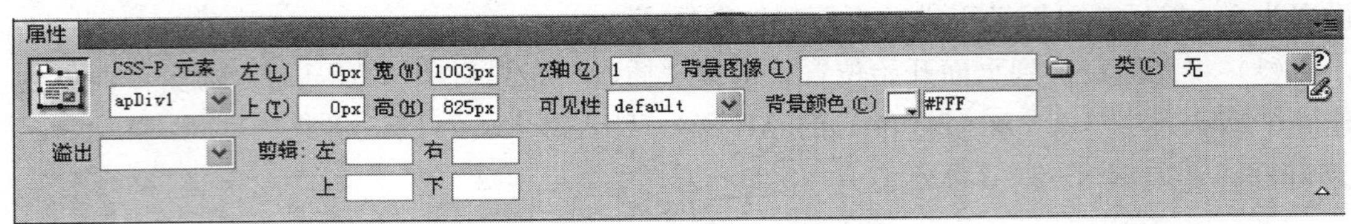

图 3－5－5　“AP 元素”属性

（4）将光标置于“apDiv1”内，打开“插入”面板，切换到布局栏，点击“插入 Div 标签”按钮，如图 3－5－6 所示。

图 3－5－6　插入面板

（5）打开“插入 Div 标签”对话框，然后在“插入”下拉列表中选择“在插入点”选项，在“ID”下拉列表中输入“Header”，如图 3－5－7 所示。

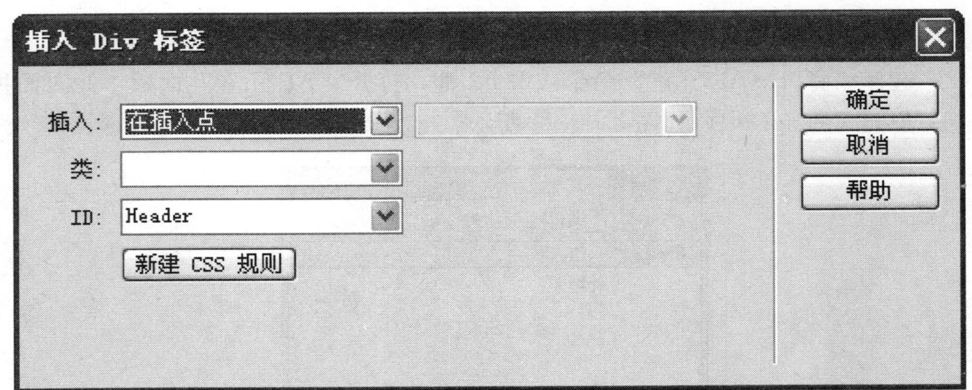

图 3－5－7　“插入 Div 标签”对话框

（6）单击“新建 CSS 规则”按钮，打开“新建 CSS 规则”对话框，如图 3－5－8 所示。

（7）保持默认参数，然后单击“确定”按钮，打开“#Header 的 CSS 规则定义”对话框，选择“定位”类型，设置“Position”为“absolute”，“Width”为“1003”，“Height”

为“100”，如图 3－5－9 所示，单击“确认”按钮后，此时文档效果如图 3－5－10 所示。

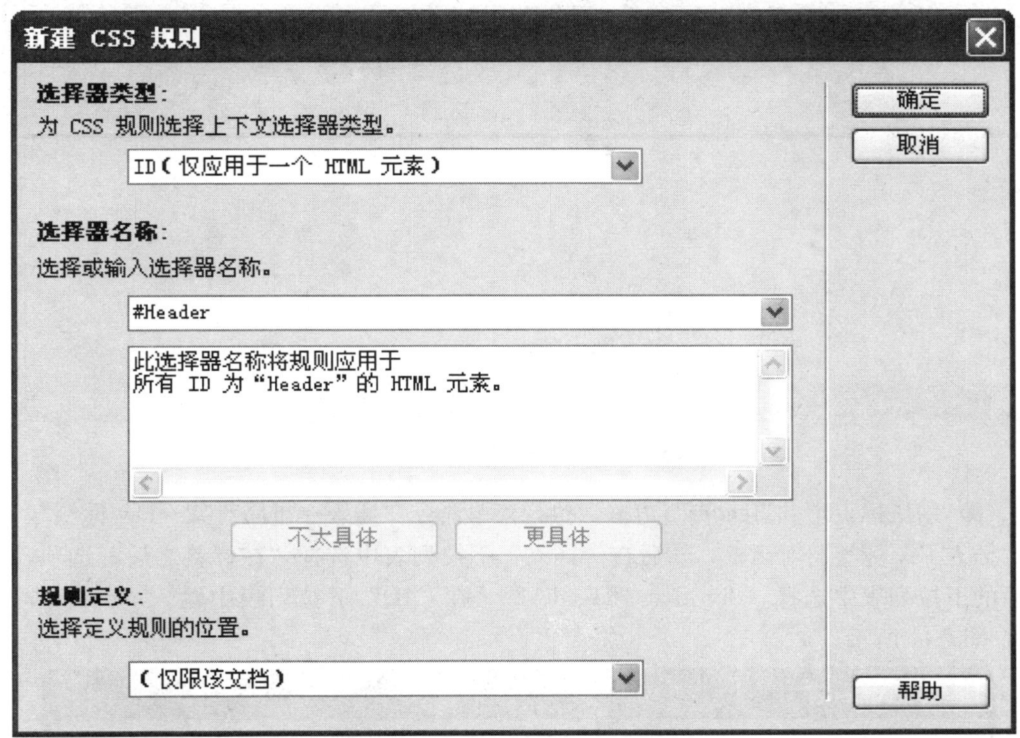

图 3－5－8　“新建 CSS 规则”对话框

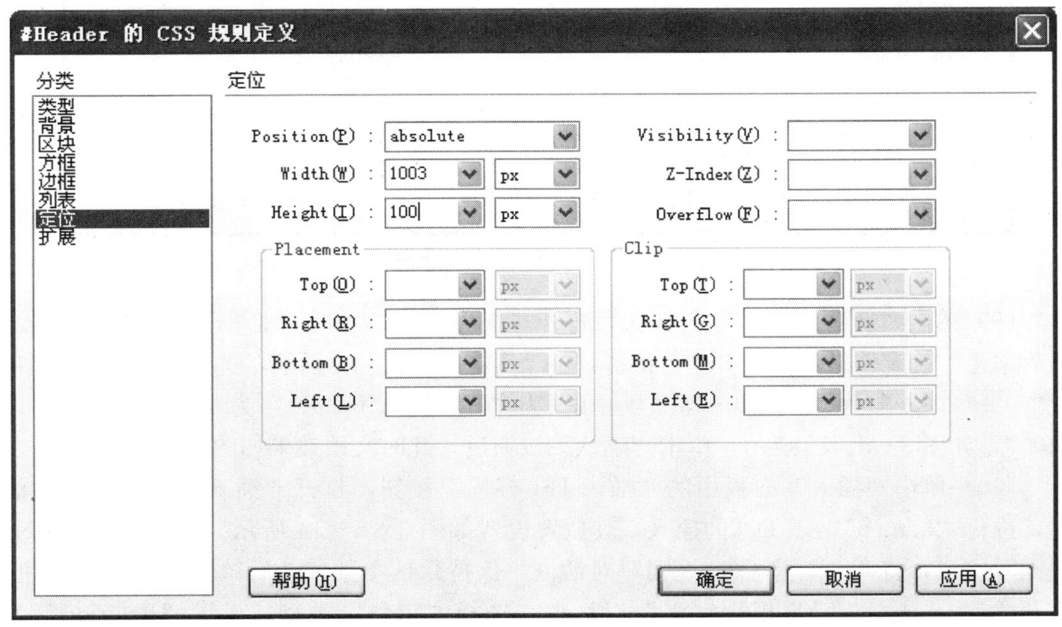

图 3－5－9　“#Header 的 CSS 规则定义”对话框

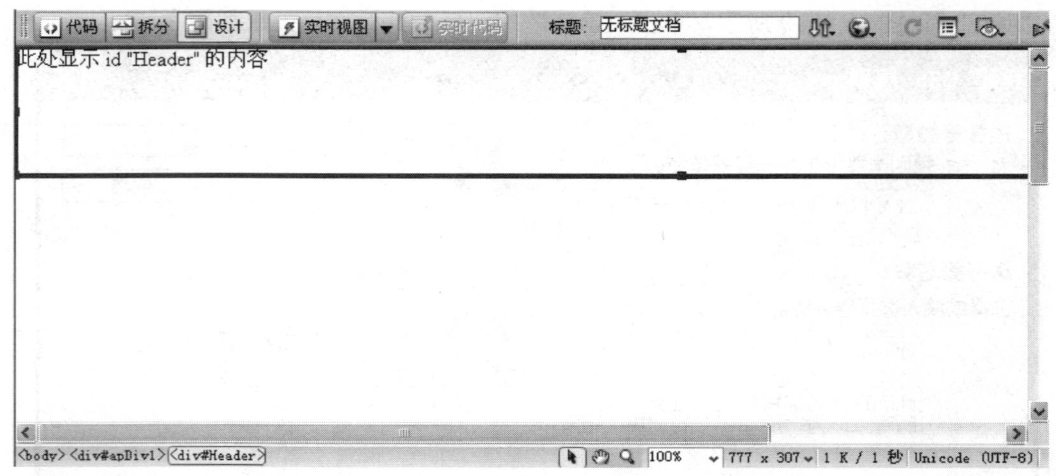

图 3-5-10　创建“Header” AP Div 后文档的效果

(8) 用鼠标点击“Header”边框，执行菜单命令“插入→布局对象→Div 标签”，打开“插入 Div 标签”对话框，然后在“插入”下拉列表中选择“在标签之后”选项，在随后的下拉列表中选择〈div id=“Header”〉，在“ID”下拉列表中输入“menu”，如图 3-5-11 所示。

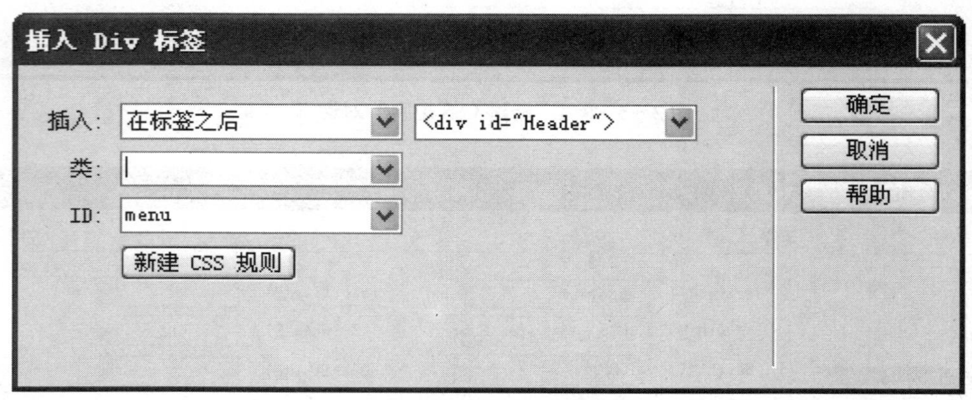

图 3-5-11　“插入 Div 标签”对话框

(9) 单击“新建 CSS 规则”按钮，打开“新建 CSS 规则”对话框。保持默认参数，然后单击“确定”按钮，打开“#menu 的 CSS 规则定义”对话框，选择“定位”类型，设置“Position”为“absolute”，“Width”为“1003”，“Height”为“35”，“Top”为“100”，如图 3-5-12 所示，单击“确认”按钮后，此时文档效果如图 3-5-13 所示。

(10) 单击“插入”面板中的“插入 Div 标签”按钮，打开“插入 Div 标签”对话框，进行“banner” AP Div 的插入，其位置设置如图 3-5-14 所示。单击“新建 CSS 规则”按钮，打开“新建 CSS 规则”对话框，保持默认参数，然后单击“确定”按钮，打开“#banner 的 CSS 规则定义”对话框，选择“定位”类型，设置“Position”为“absolute”，“Width”为“1003”，“Height”为“150”，“Top”为“135”，如图 3-5-15 所示，单击“确认”按钮后，此时文档效果如图 3-5-16 所示。

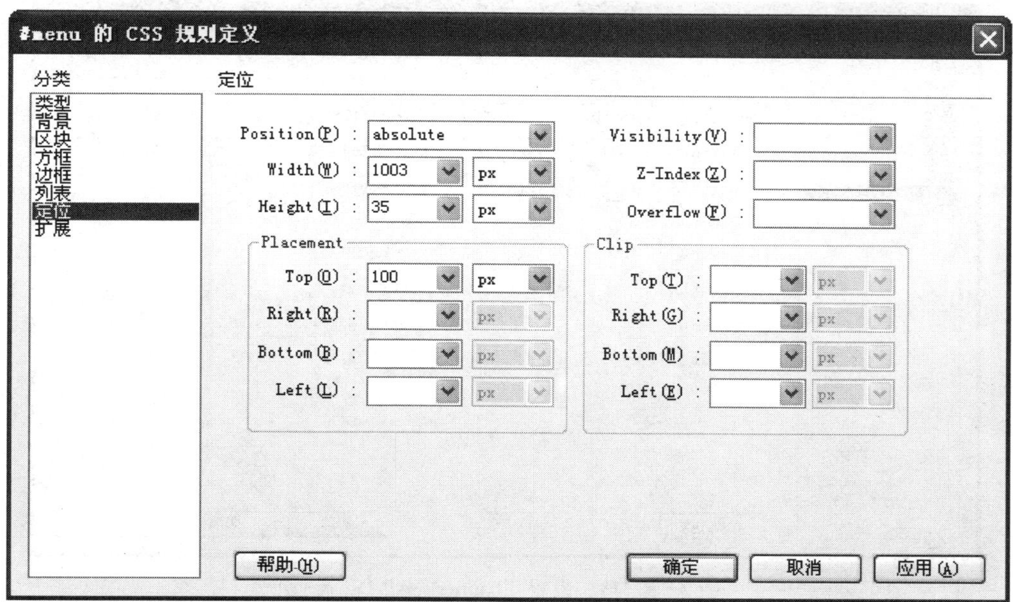

图 3－5－12　设置“menu”AP Div 属性

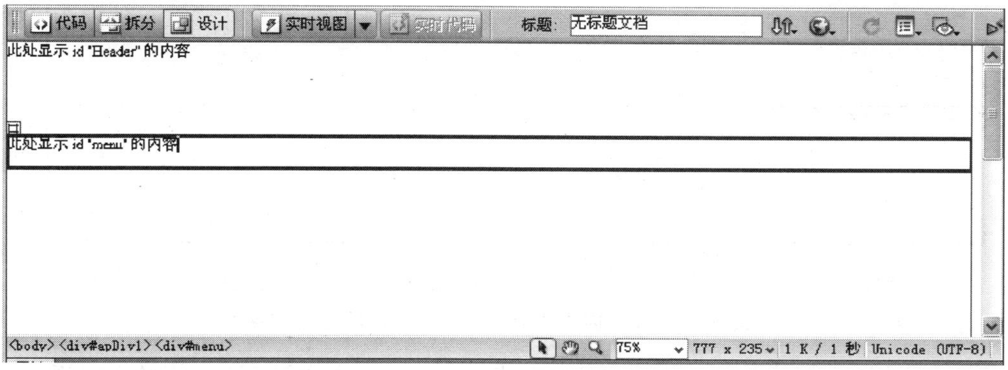

图 3－5－13　创建“menu”AP Div 后文档效果

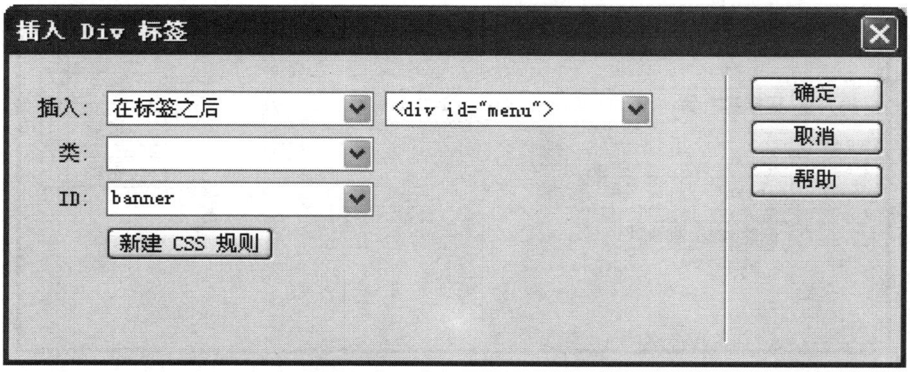

图 3－5－14　设置“banner”AP Div 位置

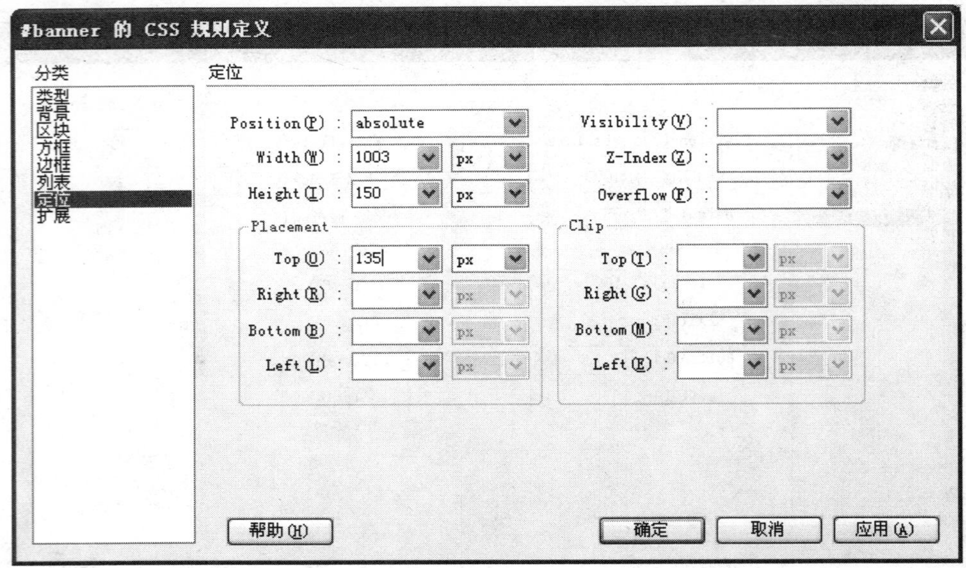

图 3-5-15　设置“banner”AP Div 属性

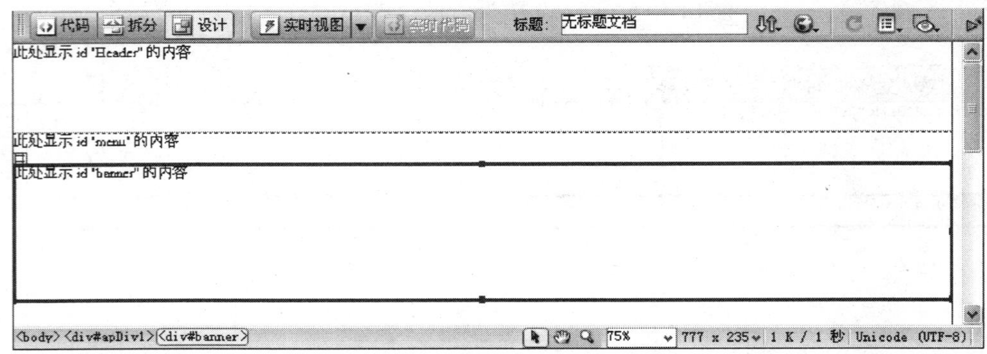

图 3-5-16　创建“banner”AP Div 后文档效果

（11）单击插入面板中的“插入 Div 标签”按钮，打开“插入 Div 标签”对话框，进行“content”AP Div 的插入，其位置设置如图 3-5-17 所示。单击“新建 CSS 规则”

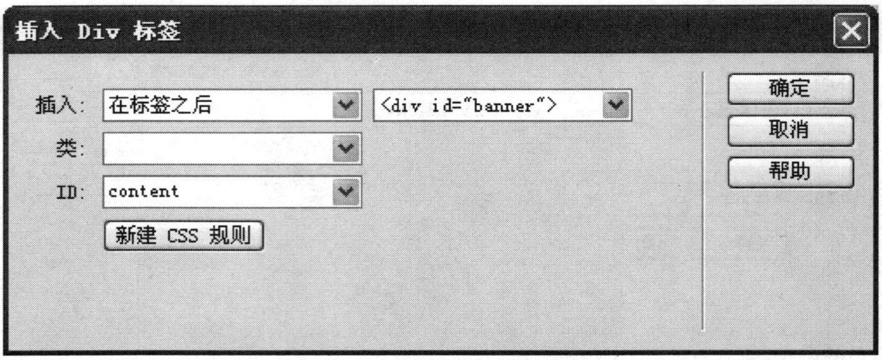

插入 Div 标签

插入：在标签之后　<div id="banner">

类：

ID：content

新建 CSS 规则

确定

取消

帮助

图 3-5-17　设置“content”AP Div 位置

按钮，打开“新建 CSS 规则”对话框，保持默认参数，然后单击“确定”按钮，打开“#content 的 CSS 规则定义”对话框，选择“定位”类型，设置“Position”为“absolute”，“Width”为“1003”，“Height”为“500”，“Top”为“285”，如图 3-5-18 所示，单击“确认”按钮后，此时文档效果如图 3-5-19 所示。

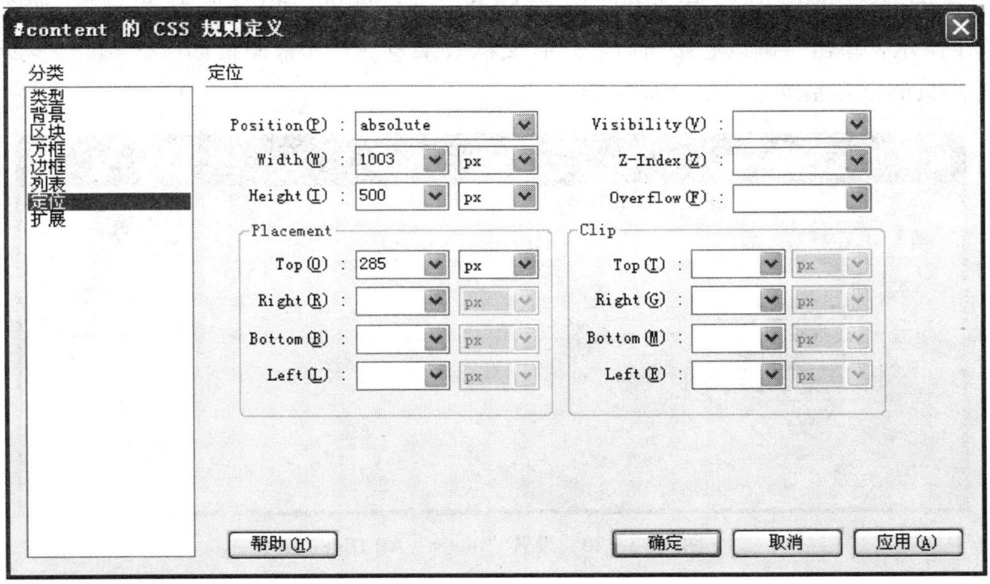

图 3-5-18　设置“content” AP Div 属性

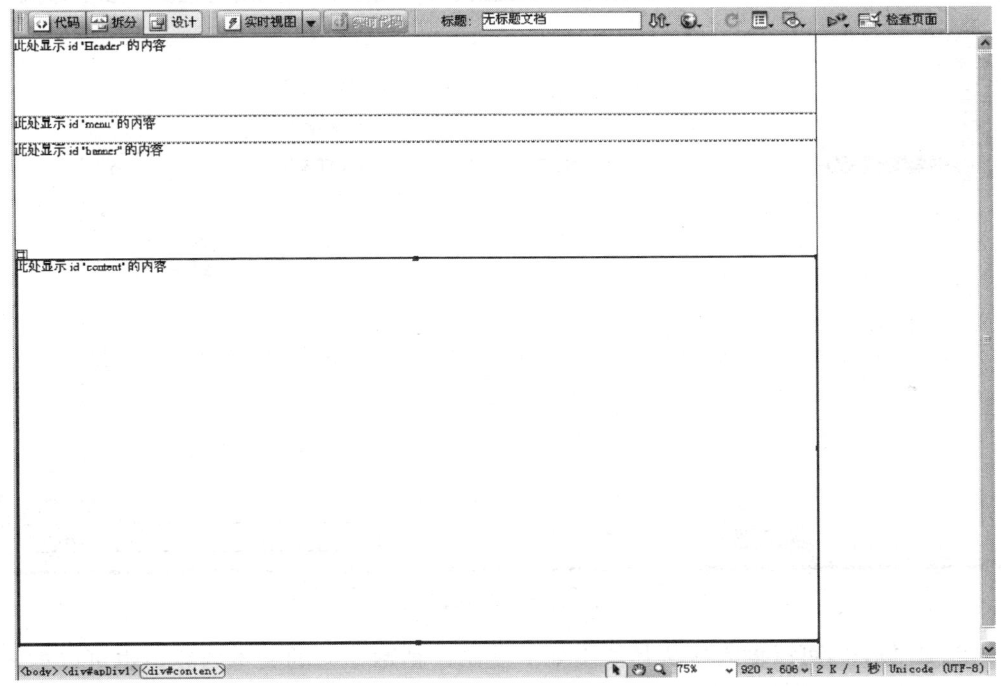

图 3-5-19　创建“content” AP Div 后的文档效果

(12) 单击“插入”面板中的“插入 Div 标签”按钮，打开“插入 Div 标签”对话框，最后进行“footer”AP Div 的插入，其位置设置如图 3-5-20 所示。单击“新建 CSS 规则”按钮，打开“新建 CSS 规则”对话框，保持默认参数，然后单击“确定”按钮；打开“#footer 的 CSS 规则定义”对话框，选择“定位”类型，设置“Position”为“absolute”，“Width”为“1003”，“Height”为“40”，“Top”为“785”，如图 3-5-21 所示，单击“确认”按钮后，此时文档效果及 AP 元素面板如图 3-5-22 所示。至此网页的整体基本结构已布局完毕。

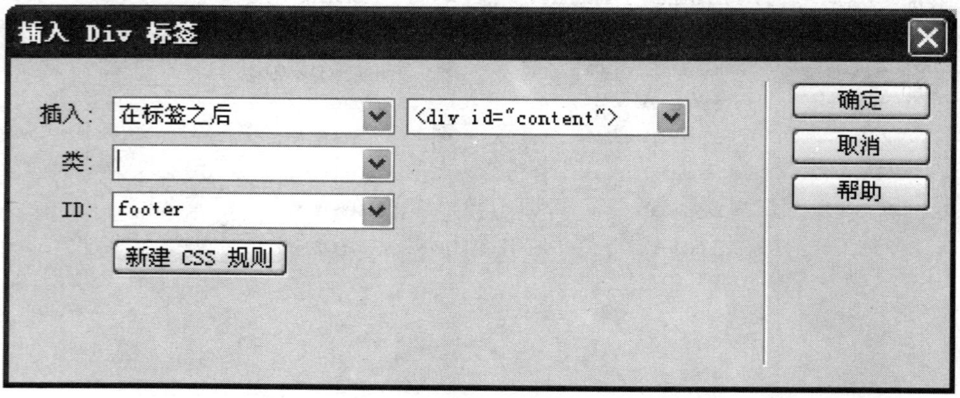

图 3-5-20　设置“footer”AP Div 位置

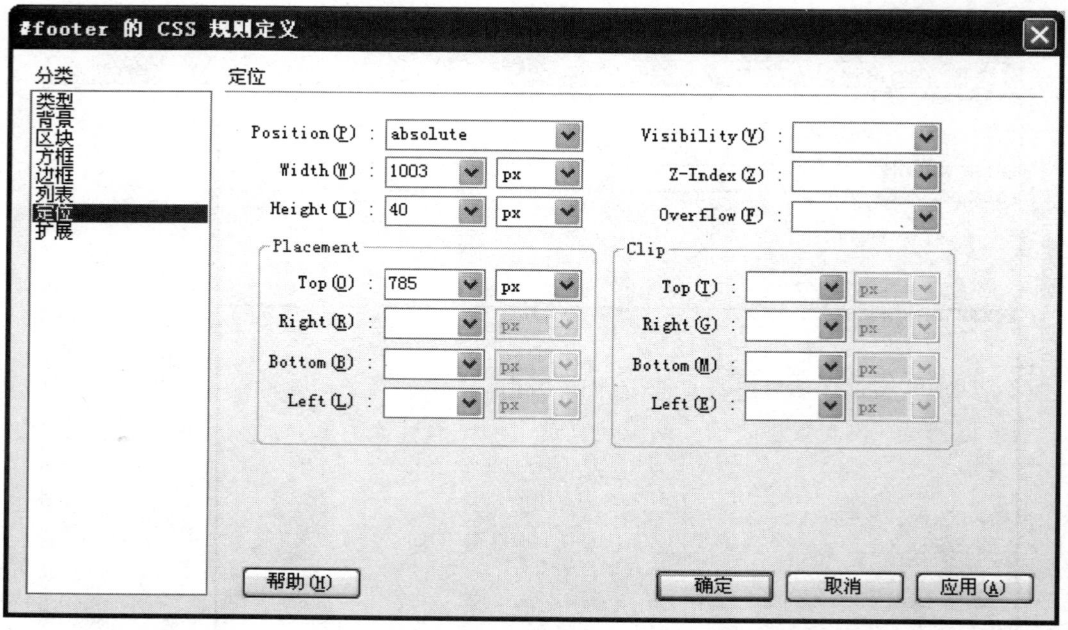

图 3-5-21　设置“footer”AP Div 属性

在 AP Div 内可以输入或从其他文件中复制、粘贴相应的文本内容，也可以插入图像、多媒体、表格、脚本等内容。

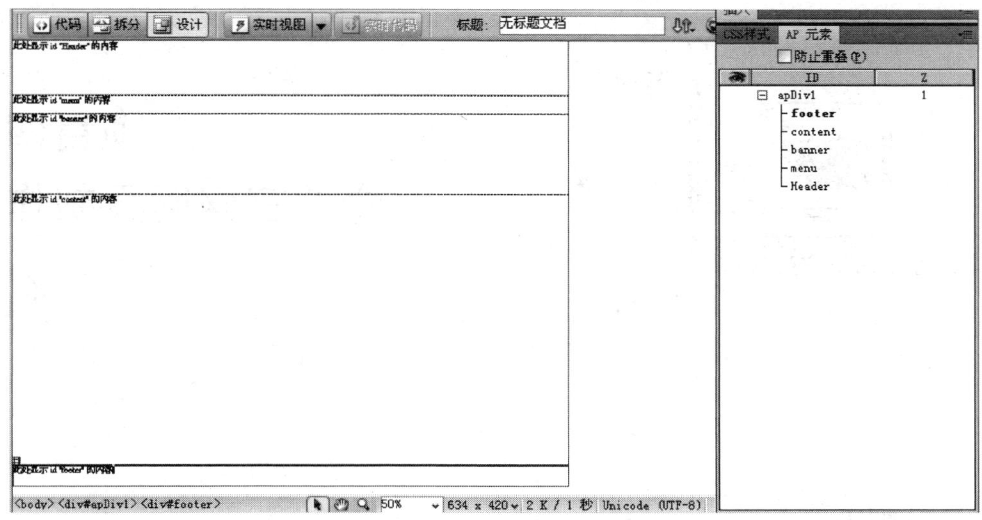

图 3-5-22 创建“footer”AP Div 后的文档效果及 AP 元素面板

知识链接：

溢出指的是 AP Div 内容超过 AP Div 大小时的显示方式，其下拉列表中包含 4 个选项，各个选项的功能如下：

（1）Visible：按照 AP Div 内容的尺寸向右、向下扩大 AP Div，以显示 AP Div 的全部内容。

（2）Hidden：只显示 AP Div 尺寸以内的内容。

（3）Scroll：不改变 AP Div 的大小，但增加滚动条，用户可以通过拖动滚动条来浏览整个 AP Div 中的内容。

（4）Auto：只在 AP Div 不够大时才出现滚动条。

项目总结

网页设计是根据企业希望向浏览者传递的信息（包括产品、服务、理念、文化等）进行网站功能策划，然后进行页面设计和美化的工作。一个优秀的网站要有一个明确的主题，也就是在网页设计之前要明确建立这个网站有什么目的，所有页面都要围绕这个主题来制作，网站前期规划与设计的好坏直接影响着网站的设计与实施。

项目检测

一、练习题

1. 调研一家小型实体花店对网店的需求。
2. 根据花店需求设计网页布局结构图。

二、拓展训练

请撰写一份介绍家乡的网站规划书，并为该网站设计首页版式。

项目四 企业官网网页制作

项目概述

好日子电器是一家生产、销售时尚家电的现代化企业，多年来为海内外客户加工生产各类家电产品。为了让客户更好地了解公司动态和展示企业形象，公司让小郭负责制作公司官网网页，小郭接到任务后，即着手网页素材的收集，然后制作公司简介、招聘、交流等页面，并建立了页面之间的链接。

项目目标

能力目标：

学完本项目后，学生应熟练掌握网页的一些制作技能：

(1) 能快速有效地收集所需的素材。

(2) 能制作信息完整的网页文件。

知识目标：

(1) 网站的图文混排方式。

(2) 网页信息的整合方法。

项目任务

任务 1　网站素材的收集与整理

　子任务 1　文本类素材的收集与整理

　子任务 2　图片类素材的收集与整理

任务 2　网站首页制作

任务 3　公司简介页面制作

　子任务 1　公司简介页面制作步骤

　子任务 2　鼠标经过图像制作

任务 4　公司在线留言页面制作

　子任务 1　用户在线留言页面制作步骤

子任务 2　表单对象验证

任务 5　商品展示页面制作

子任务 1　下拉式菜单制作

子任务 2　可折叠式面板——选项卡区制作

子任务 3　Spry 选项卡式面板——内容区制作

任务 1　网站素材的收集与整理

【任务目标】

网页素材的获取对于网页制作是非常重要的。网页素材大致分为以下几种：图片类、文本类、视频音频类、swf 类，需要收集的主要是图片类及文本类这两方面的素材。本任务的目标是收集整理好网站的素材，包括图片素材及文本素材。

【任务实施】

本任务主要是根据要制作的网站主题，有针对性地在网上收集对应的文本以及图片等素材。获取素材的方法有很多，可以利用搜索引擎在 Internet 上找现成的素材库，也可以在平时浏览网站时发现并积累好素材，还可以通过购买商店出售的网站素材库专用光盘来获取素材。

子任务 1　文本类素材的收集与整理

文本类素材的主要来源有：键盘输入、扫描印刷品、从网络电子资源中获取。如果文字数量多，也可从一些电子书籍或网页中获取，在相关网站的网页中，就可以很方便地找到许多文本类素材，一般采用“复制→粘贴”的方法获取。网页可以直接用“保存网页”的方法把所需要的内容保存下来。

(1) 打开百度搜索页面，在搜索栏键入“网页文本素材”，如图 4－1－1 所示。

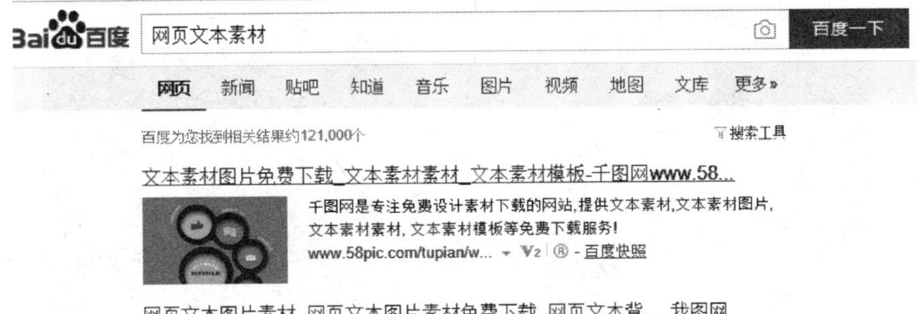

图 4－1－1　搜索页面

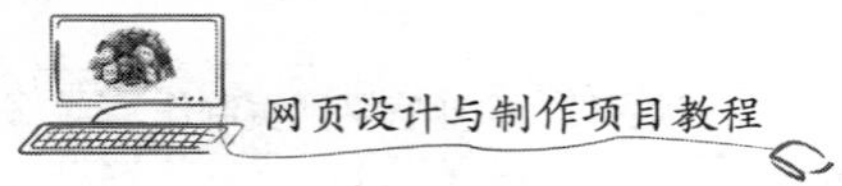

（2）进入第一个超链接，可以看到搜索结果页面（当然也可以进入其他的超链接中寻找）。

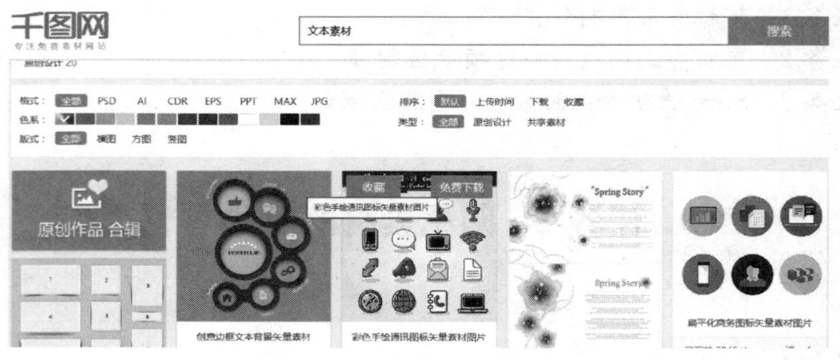

图 4-1-2　文字素材页面

（3）上面找到的是一些艺术字体，编辑后可在网页中使用，如果单纯找文本，只要键入需要寻找内容的关键字即可，比如“招聘启事”，如图 4-1-3 所示。

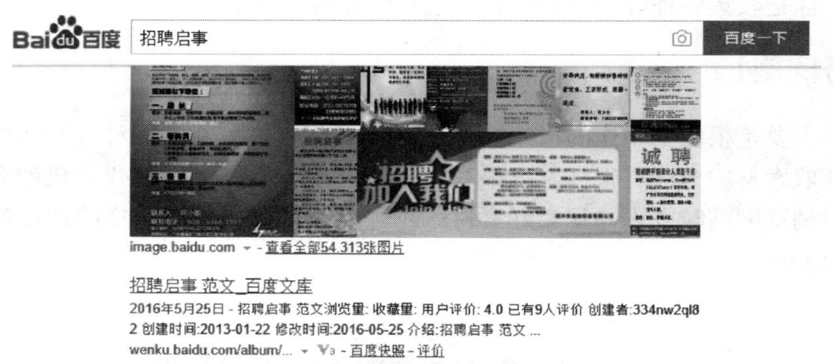

图 4-1-3　搜索“招聘启事”页面

（4）进入“招聘启事范文”链接，可以找到需要的文本内容，如图 4-1-4 所示。如果可以直接下载，则下载即可，如果不可以直接下载，可先复制到记事本中，在网页中需要用到时，再粘贴到网页中。

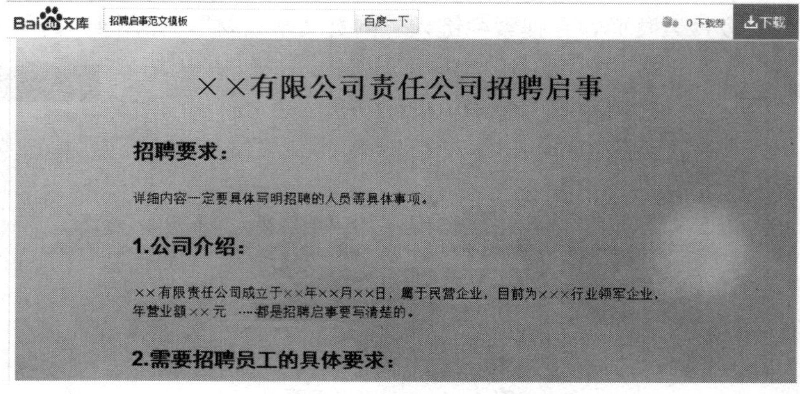

××有限公司责任公司招聘启事

招聘要求：

详细内容一定要具体写明招聘的人员等具体事项。

1.公司介绍：

××有限责任公司成立于××年××月××日，属于民营企业，目前为×××行业领军企业，年营业额××元 ……都是招聘启事要写清楚的。

2.需要招聘员工的具体要求：

图 4-1-4　招聘启事范文

在网站文件夹下建立一个新的 text 文件夹，将收集到的文本类素材专门放入网站 web 文件夹的 text 文件夹中，以便日后使用和查找。

子任务 2　图片类素材的收集与整理

网页中的图像，按用途可分为背景图、按钮图、产品图等。图像获取的途径，一般有以下几种：第一种，素材光盘。背景图可以在网页素材的背景图中寻找，按钮图在网页素材中的按钮类图中寻找。第二种，网上查找。网络是一个巨大的资源库，充分利用网络就能查找到大量的图片素材。第三种，从电子书籍中获取。第四种，扫描获取。从画报、画册中扫描可得到大量的图片。

（1）打开百度搜索页面，在搜索栏键入“网页图片素材”，如图 4－1－5 所示。

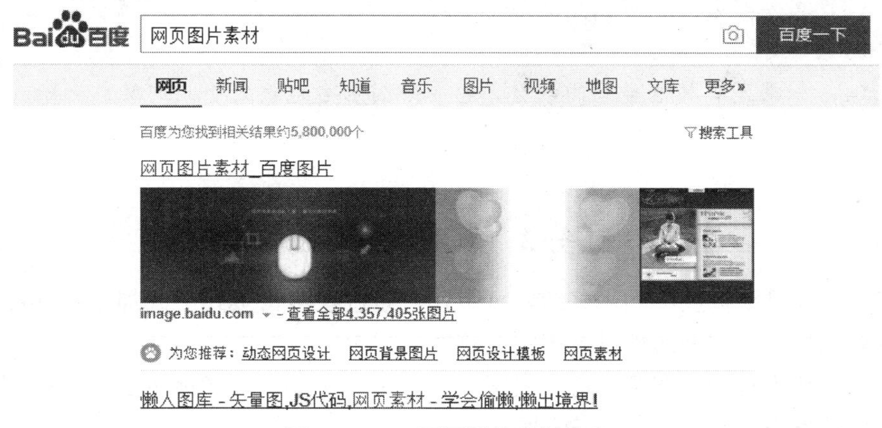

图 4－1－5　网页图片素材搜索

（2）单击进入任意一个搜索链接页面，在要保存的图片上单击右键选择“图片另存为”命令，将下载的图片存放在我们网站文件夹中已经建好的 image 文件夹中，如图 4－1－6 所示。

图 4－1－6　图片另存为方式

（3）可以直接在打开的网页上选择保存网页，在保存下来的网页文件夹中可以找到该网页相关的图片，再将所需要的图片命名，放入网站文件夹的 image 文件夹中。

除了通过网上搜索获得素材以外，网站开发者也可以自己原创素材，通过 PS 等软件来创作自己的素材。

知识链接：素材的整理

（1）图片必须放在专门的图片文件夹中，而且这个文件夹必须在网站内。

（2）从网站上下载的图片名一般都不规范，需要重新进行命名，命名时可以根据图片的用途来命名，不要用中文名，一般用英文名称，用一些字母的组合也可以，但是要有意义，这样便于以后的维护。

（3）文字类素材也可以用记事本或者 Word 文档分类放好，要用时直接复制、粘贴即可。

（4）如果还有其他类型的素材，也要分门别类地放到不同的文件夹中。

任务 2　网站首页制作

本任务主要是根据已经制作好的首页版式，通过在网页版式中添加文字和图片等对象，并对对象进行相应的属性设置来完成首页的制作。

（1）以红色为背景，在第二行的嵌套表格中输入文字，将光标定位到第一列中，并依次输入导航条文字，如图 4-2-1 所示。

图 4-2-1　输入导航条文字

（2）设置表格属性，调整文字在表格中的位置：将光标定位到第一列中，设置每一列的列宽为 143 像素，并设置各列的水平对齐方式为“居中对齐”，如图 4-2-2 所示。

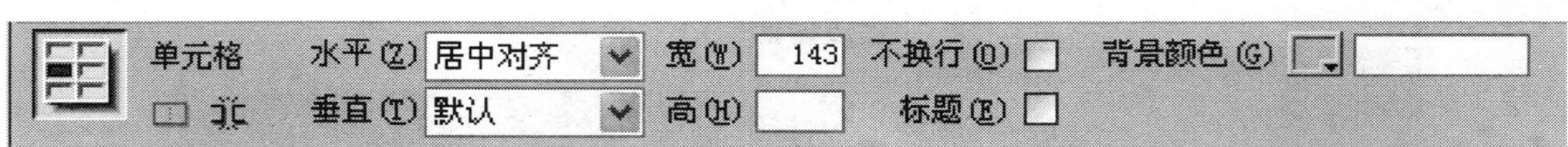

图 4-2-2　调整文字在表格中的位置

（3）设置文字属性：选中第一列中的“首页”二字，在下方的属性栏中点击“大小”后面的下拉箭头，选择“14”，将弹出如图 4-2-3 所示的对话框，这是对文字进行 CSS 样式设置，详细的知识点见后面章节的介绍，请参照图片中所示输入样式名称，并点击“确定”按钮，则文字属性栏如图 4-2-4 所示。

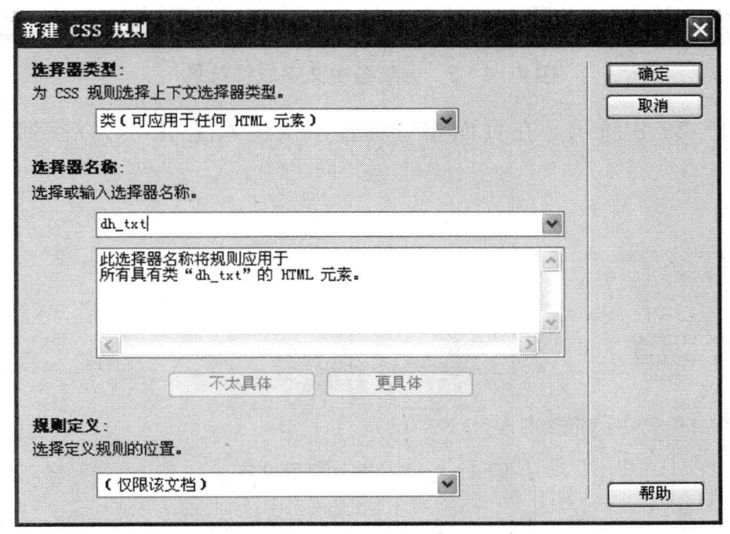

图 4-2-3　新建 CSS 规则

图 4-2-4　文字属性栏

(4) 在文字属性栏中再进行各项设置：选择文字颜色为“白色”，点击 **B** 按钮，设置为粗体。

(5) 点击字体后的下拉菜单，设置字体为“宋体”，最终的文字属性栏如图 4-2-5 所示。

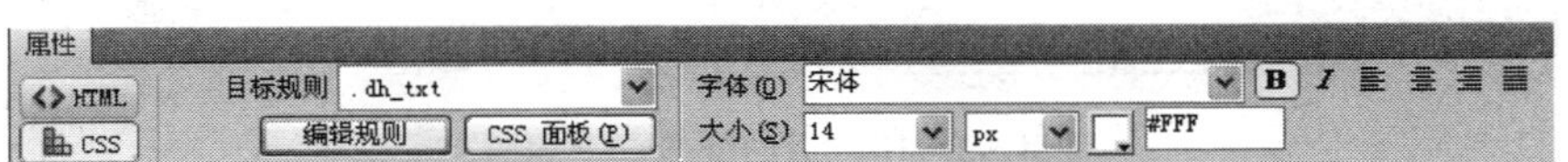

图 4-2-5　最终的文字属性栏

(6) 选取其余列中的文字，在属性栏中的目标规则后的下拉菜单中选择已经建好的“dh_txt”样式名称，如图 4-2-6 所示，导航条中文字最终效果如图 4-2-7 所示。

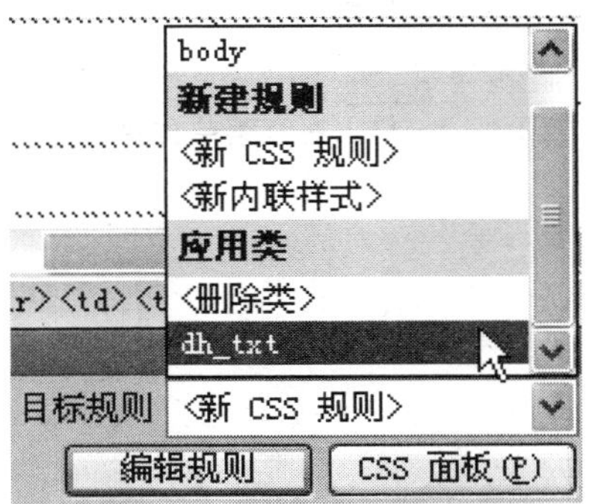

图 4-2-6　选取目标规则

图 4-2-7　导航条中文字最终效果

（7）如图 4-2-8 所示，在页面相对位置依次输入文字，可以按照自己的构思来输入。

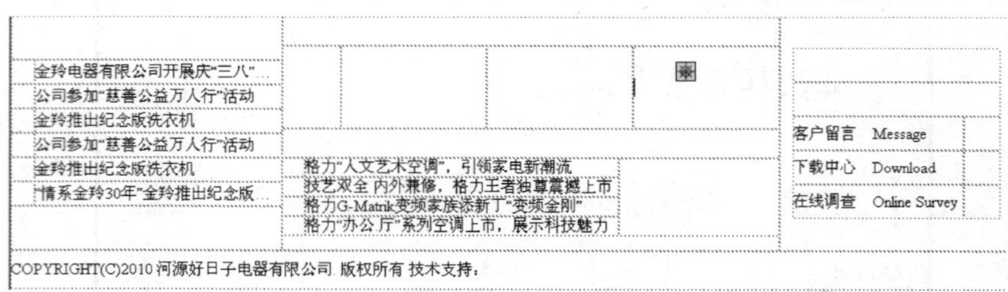

图 4-2-8　输入页面文字

（8）如图 4-2-9 所示，设置相对位置中文字的格式，文字属性栏如图 4-2-10 所示。

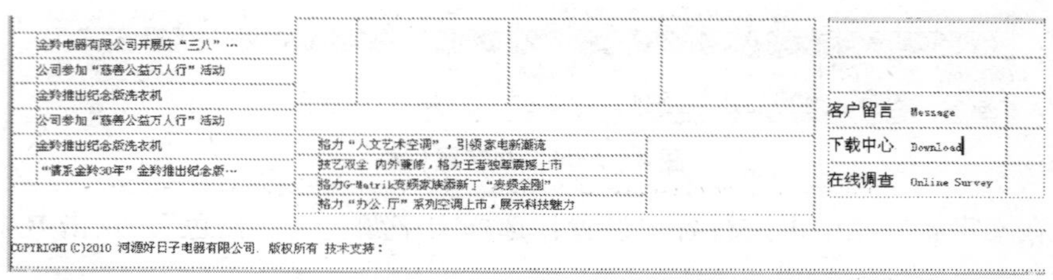

图 4-2-9　页面部分文字设置

图 4-2-10　页面部分文字属性

（9）对右侧的“客户留言”“下载中心”“在线调查”设置文字属性，属性栏如图 4-2-11 所示，设置完成后的效果如图 4-2-12 所示。

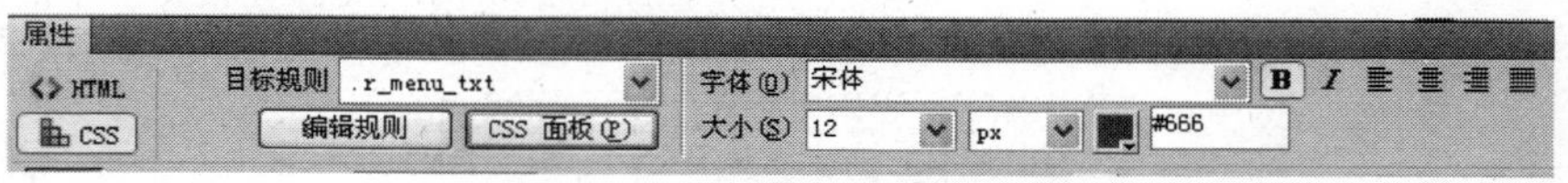

图 4-2-11　右侧菜单文字属性

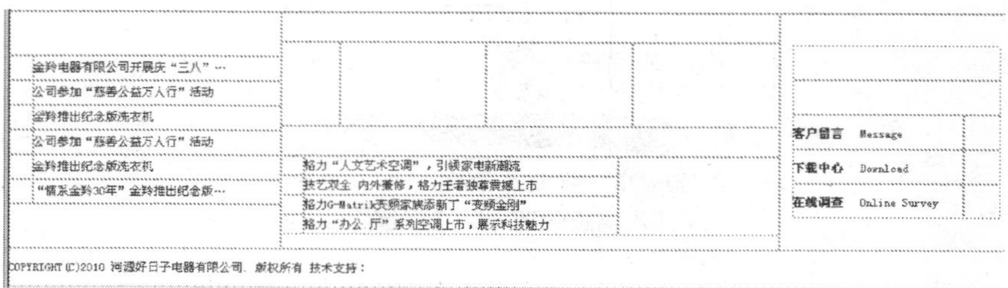

图 4-2-12　文字格式设置效果图

（10）将光标定位到首页的第一行，设置第一行的对齐方式：水平左对齐、垂直顶端对齐，选择“插入→图像”，或用鼠标点击“插入”面板中的按钮，弹出如图4-2-13所示的对话框。

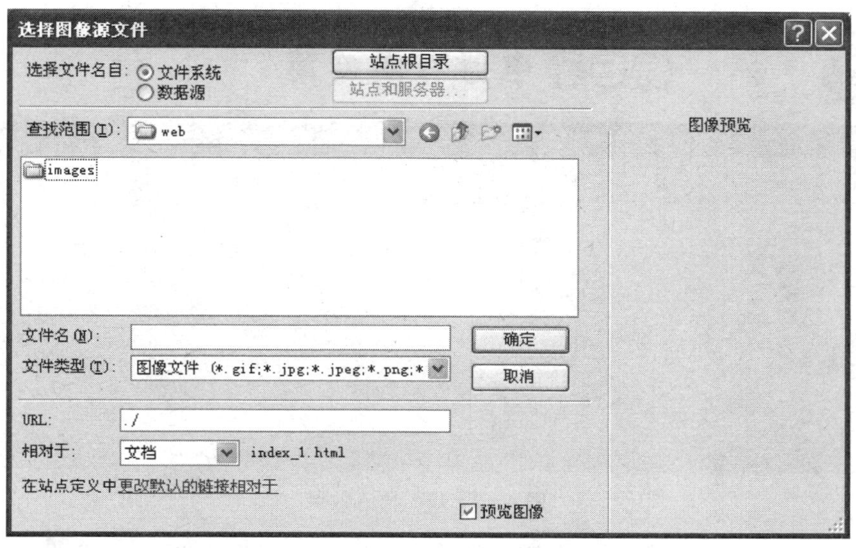

图4-2-13　插入图像

（11）在“images”目录中选择已经存在的“top.jpg”文件，点击“确定”完成插入。

（12）将光标定位到第三行，第三行中插入的是一个Flash动画，同样设置第三行的对齐方式：水平左对齐、垂直顶端对齐，选择“插入→媒体→SWF”，出现如图4-2-14所示的对话框。

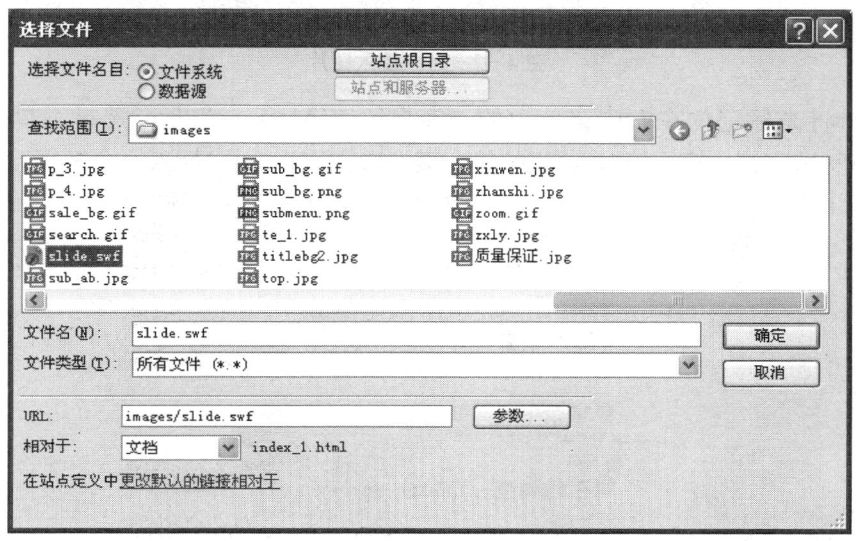

图4-2-14　插入Flash动画

（13）选择“images”下的“slide. swf”文件，点击“确定”按钮完成 Flash 动画的插入，完成后页面将出现 Flash 标志，只能在进行浏览时才能看到 Flash 影片，如图 4-2-15 所示。

图 4-2-15　插入效果

（14）如图 4-2-16 所示，在第四行中的布局表格中插入“images”目录下的对应图片，请按照图片放置的要求适当调整表格单元格的对齐方式。

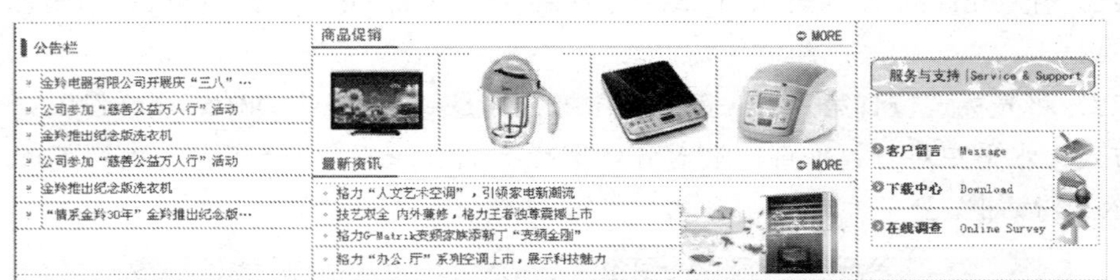

图 4-2-16　插入图片

（15）将光标定位在右侧菜单中的“客户留言 Message”后，选择菜单“插入→HTML→特殊字符→换行符”，或者按组合键“Shift＋Enter”插入一个换行符，然后将“images”目录下的“index_03. gif”图片文件插入，下一行用相同的方法，插入后效果如图 4-2-17 所示。

图 4-2-17　插入特殊字符辅助布局

（16）将光标定位到导航条所在的单元格（也就是整体布局表格的第二行，注意不能定位到嵌套表格中），点击“拆分”按钮，出现如图 4-2-18 所示的画面。

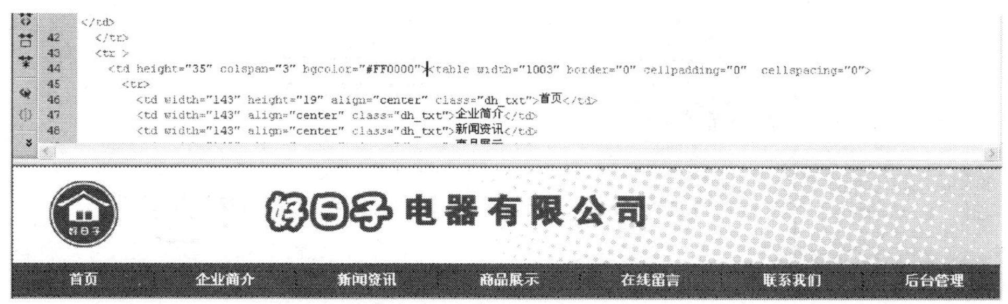

图 4-2-18　拆分视图

（17）将光标定位到代码视图中的〈td〉标签内（将当前光标位置往左移一个位置），敲击空格按钮，出现如图 4-2-19 所示的画面，点击其中的“background”选项，再点击“浏览”按钮，在出现的对话框中选择“images”文件夹中的“menubg. gif”文件，点击“确定”按钮即可完成设置。

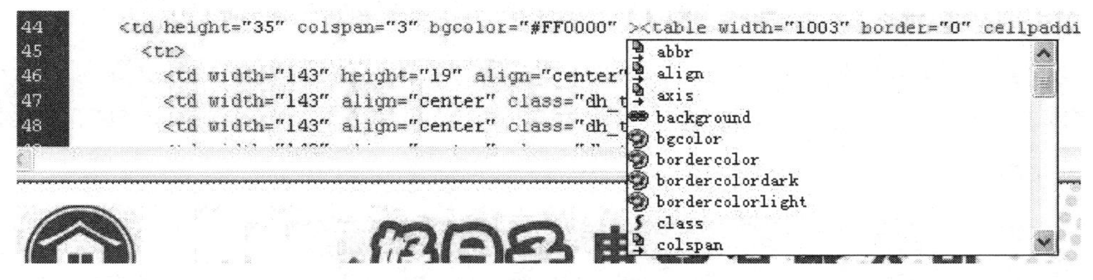

图 4-2-19　代码提示

（18）点击其中的“background”选项，再点击“浏览”按钮，在出现的对话框中选择“images”文件夹中的“menubg. gif”文件，点击“确定”按钮即可完成设置。

（19）在如图 4-2-20 所示的页面位置，插入一个 1 行 2 列的表格，宽度为 268 像素，高度为 19 像素。

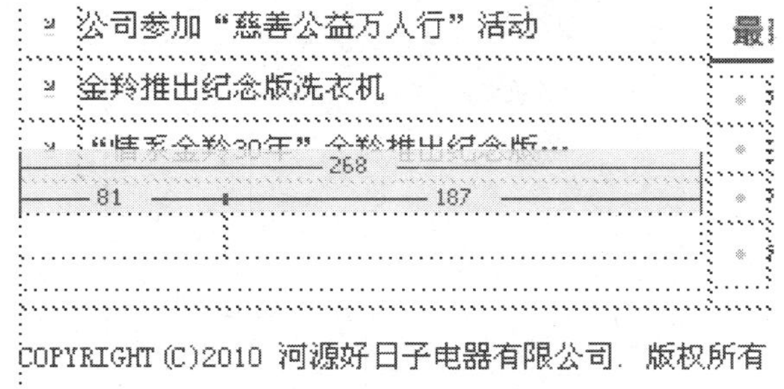

图 4-2-20　插入表格

（20）将光标定位到上图表格的第一列中，点击“拆分”按钮，按照上述相关步骤设置背景图片，图片文件名为“index _ 05. gif”，点击“确定”按钮后效果如图 4-2-21 所示。

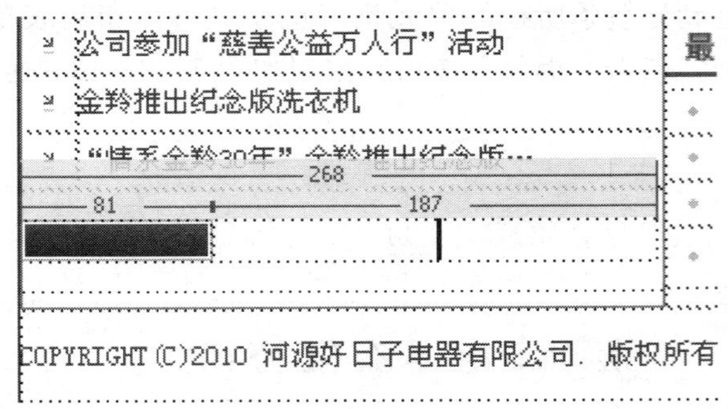

图 4-2-21　设置效果

(21) 设置表格第一列单元格的水平对齐方式为“居中对齐”，输入文字“友情链接”，并按图 4-2-22 所示的文字属性栏设置其文字格式。

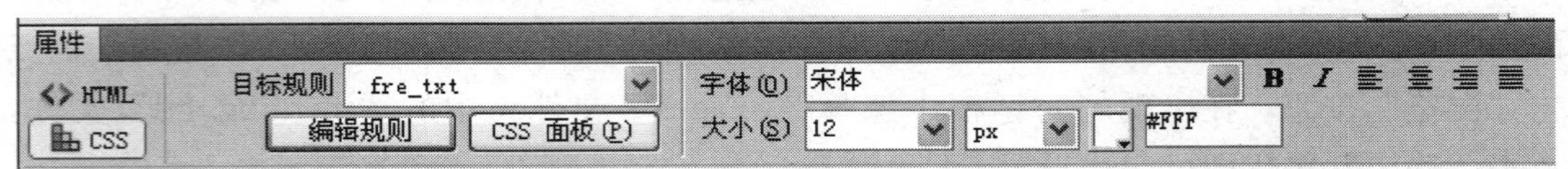

图 4-2-22　“友情链接”文字属性

(22) 将光标定位到本项目任务二表格中的第二列，将水平对齐方式设置为“居中对齐”，展开“插入”面板，选择其中的“表单”类型，点击其中的“跳转菜单”，如图 4-2-23 所示。

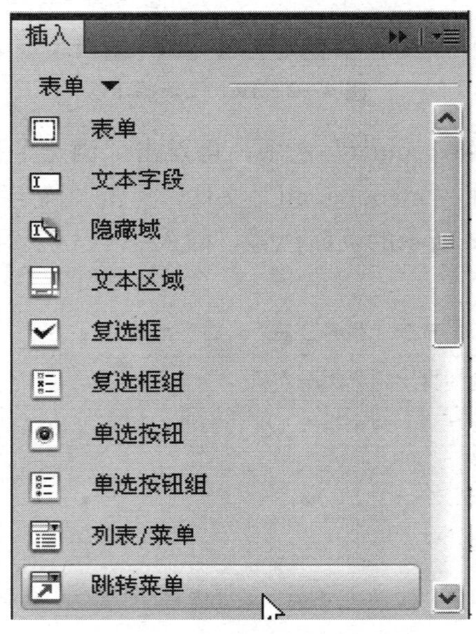

图 4-2-23　插入“跳转菜单”

(23) 在弹出的对话框中输入及选择，其中文本中输入的是各项目名称，“选择时，转到 URL”表示要跳转到的网页，可以是已经存在的网址，也可以点击“浏览”按钮选择站点中的文件，如图 4-2-24 所示。

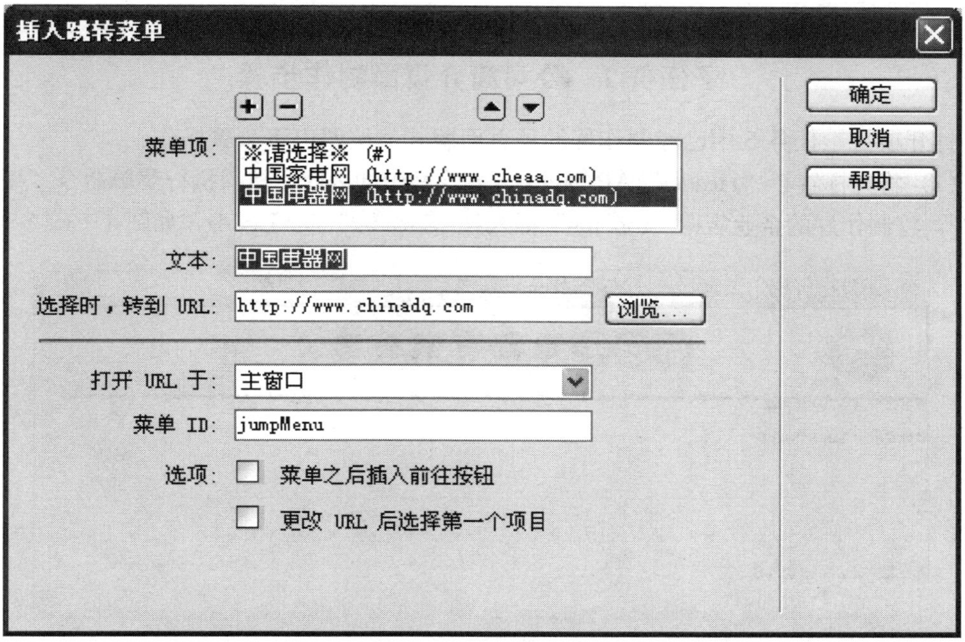

插入跳转菜单

菜单项：
※请选择※ (#)
中国家电网 (http://www.cheaa.com)
中国电器网 (http://www.chinadq.com)

文本：中国电器网

选择时，转到 URL：http://www.chinadq.com 浏览...

打开 URL 于：主窗口

菜单 ID：jumpMenu

选项：菜单之后插入前往按钮

更改 URL 后选择第一个项目

确定 取消 帮助

图 4-2-24 跳转菜单设置

（24）点击“确定”按钮，效果如图 4-2-25 所示。

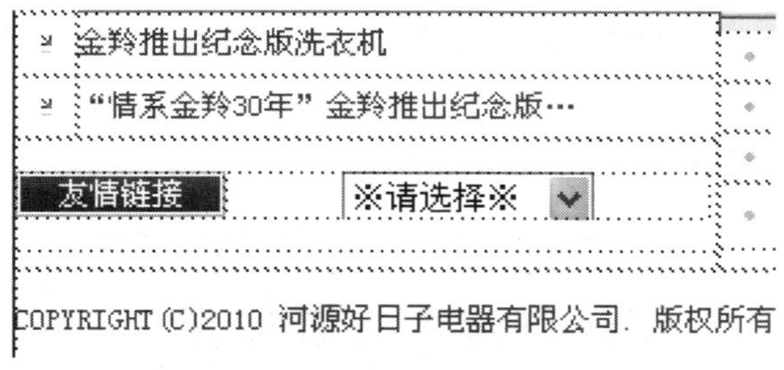

图 4-2-25 插入效果

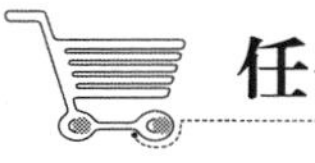

任务 3 公司简介页面制作

【任务目标】

本任务的目标是制作一个公司简介页面。

【任务实施】

本任务主要是根据已经制作好的子页版式，在上面添加相应的图片和文字来制作一个简介页面。

子任务 1　公司简介页面制作步骤

打开项目三任务 5 中已经制作好的子页面版式。按照以下步骤操作：

(1) 将光标置于“Header” AP Div 中，删除其中的内容，然后执行菜单命令“插入→图像”，将制作好的企业店招“top.jpg”插入到“Header” AP Div 中，如图 4-3-1 所示。

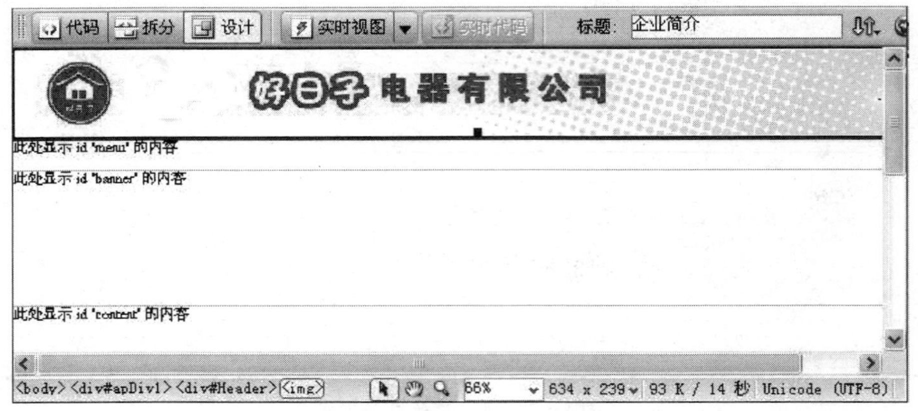

图 4-3-1　在“Header” AP Div 中插入顶部图片

(2) 将光标置于“menu” AP Div 中，删除其中的内容，然后在“AP 元素”面板中选中“menu” AP Div，在文档编辑区下方出现的“属性”面板中单击“背景图像”文本框右侧的按钮🗀，将本站点中 images 文件夹中的“menubg.png”设置为“menu” AP Div 的背景图像，如图 4-3-2 所示。

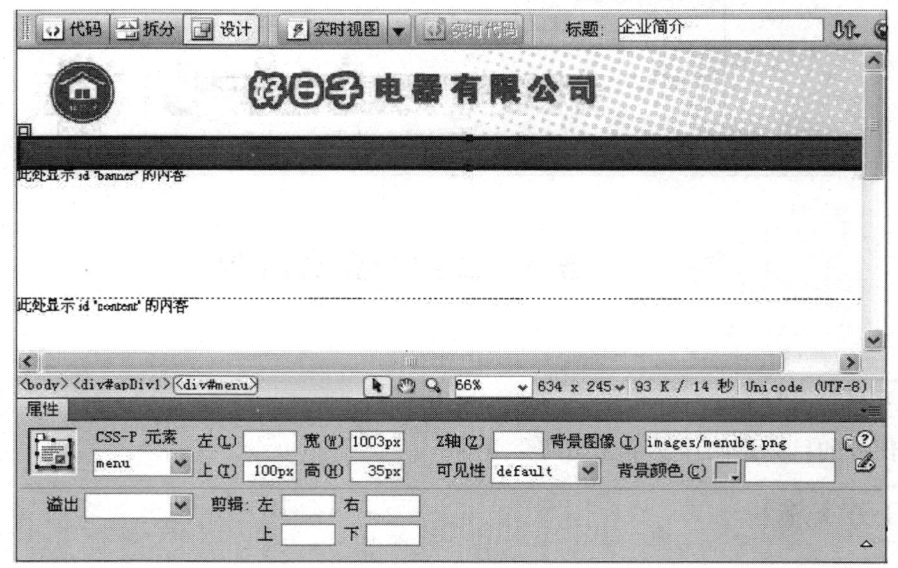

图 4-3-2　设置“menu” AP Div 的背景图像

（3）将光标置于“menu” AP Div 中，执行菜单命令“插入→表格”，由于导航条中有七个导航点，所以插入的表格属性如图 4-3-3 所示。

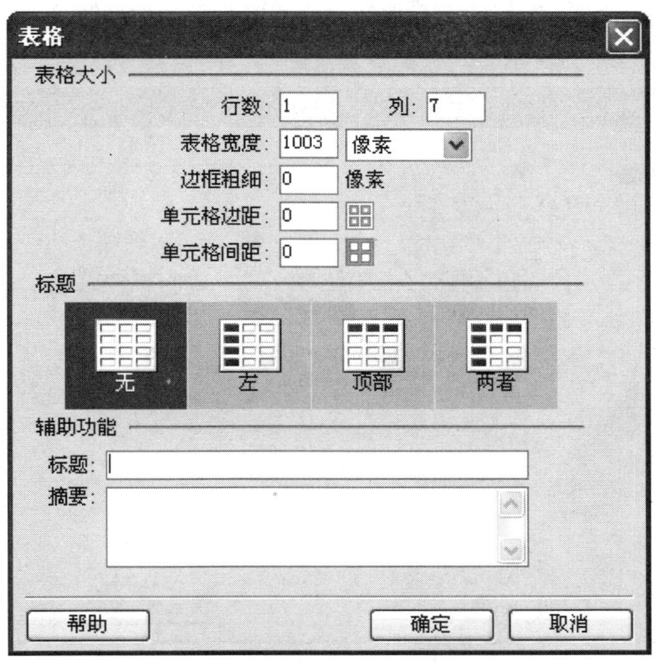

图 4-3-3　在“menu” AP Div 中插入表格的属性对话框

（4）选取表格中所有的单元格，设置表格单元格的宽度为“143”，高度为“35”，单元格的水平与垂直方向都居中对齐，如图 4-3-4 所示。

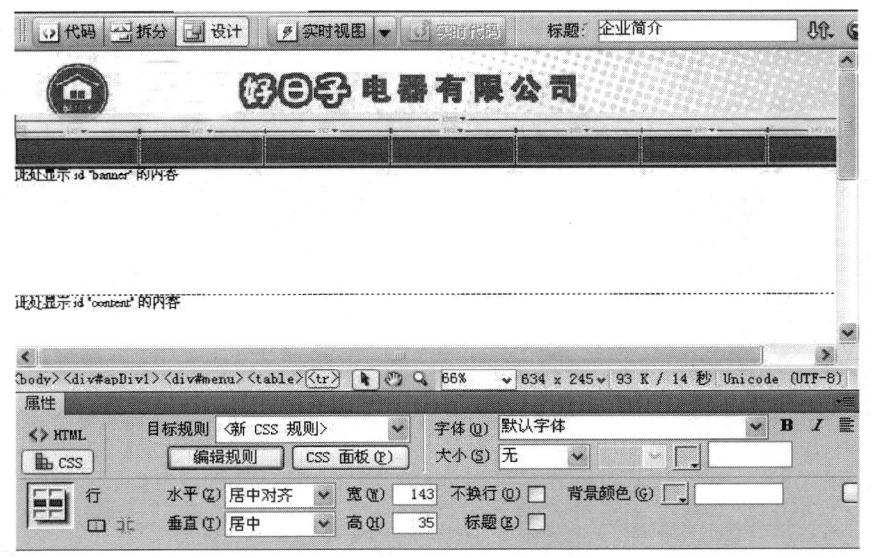

图 4-3-4　设置表格属性

(5) 将光标置于“menu”AP Div 中的表格中，依次输入导航条中所有的导航文字，然后将光标置于第一个单元格内，点击下方“属性”面板中的“编辑规则”按钮，出现“#menu 的 CSS 规则定义”对话框，选择“分类”中的“类型”选项，设置其中的文字属性参数，如图 4-3-5 所示。

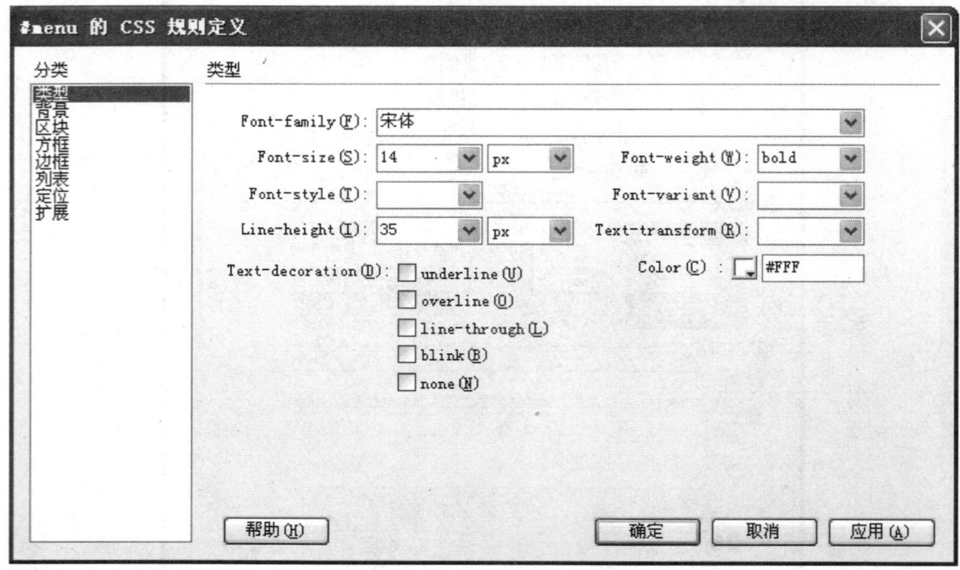

图 4-3-5　定义“menu”AP Div 中的文字属性

(6) 将光标置于“banner”AP Div 中，删除其中的内容，然后执行菜单命令“插入→图像”，将本站点中 images 文件夹中的“jj. jpg”插入到“banner”AP Div 中，如图 4-3-6 所示。

图 4-3-6　在“banner”AP Div 中插入图像

（7）将光标置于“content”AP Div 中，删除其中的内容，然后单击“插入”面板中的 绘制 AP Div 按钮，将光标移至“content”AP Div 中，当指针形状变为“十”字状时，按下 Ctrl 键同时按住鼠标左键拖动，在“content”AP Div 内连续绘制 3 个 AP Div，如图 4-3-7 所示。

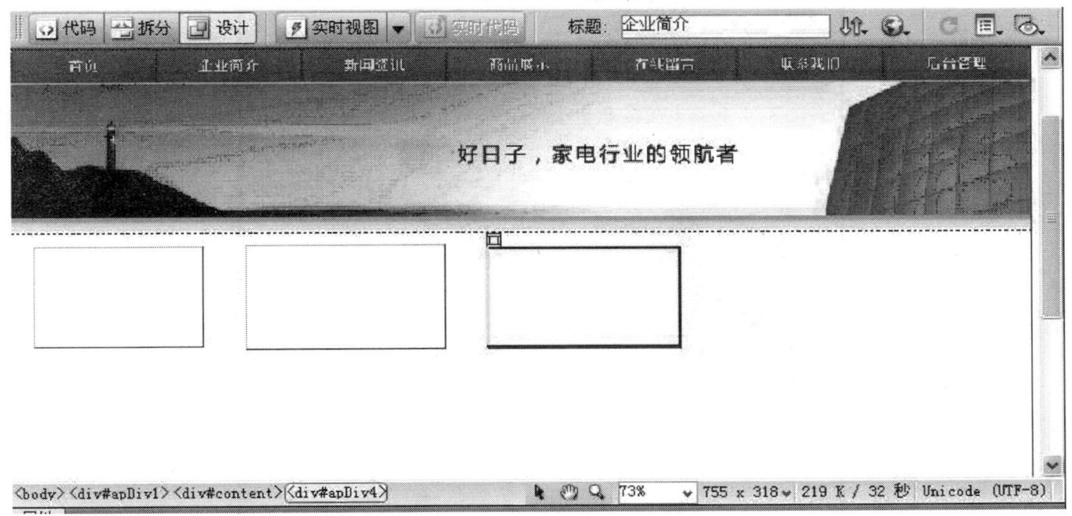

图 4-3-7　连续绘制 3 个 AP Div

（8）分别选中左、中、右三个 AP Div 并设置其属性，如图 4-3-8、图 4-3-9、图 4-3-10 所示。

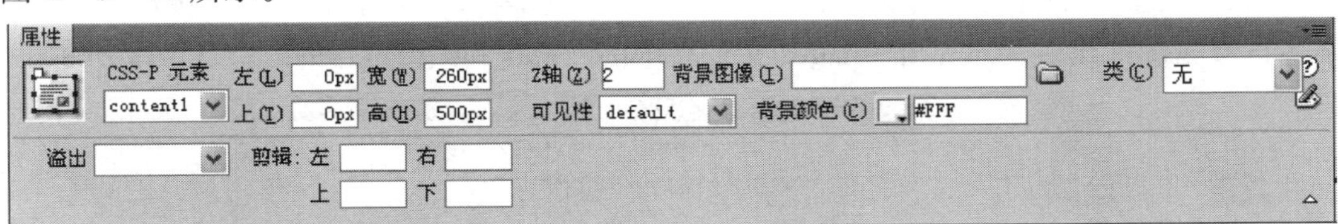

图 4-3-8　左边 AP Div 属性

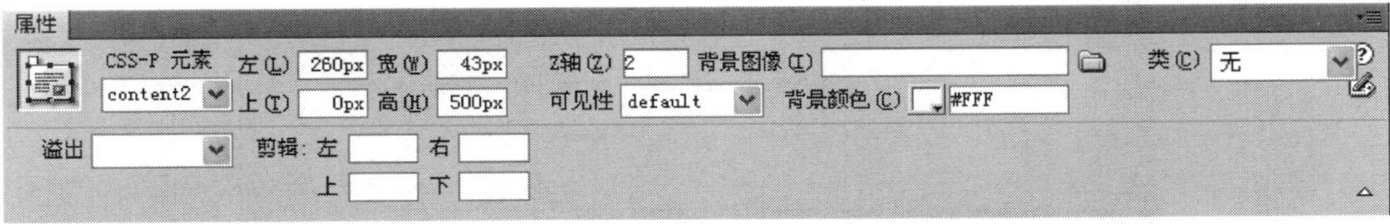

图 4-3-9　中间 AP Div 属性

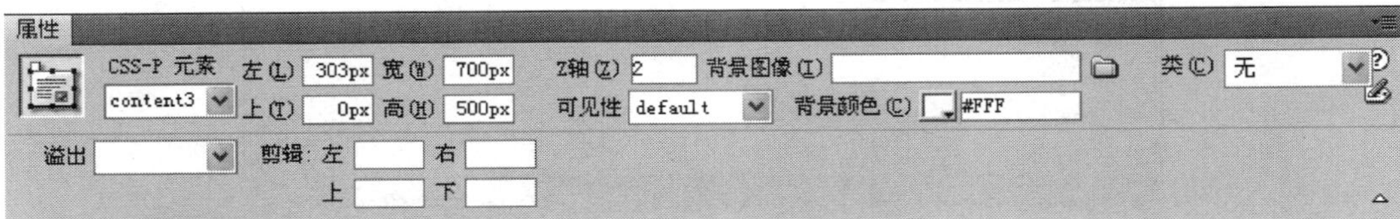

图 4-3-10　右边 AP Div 属性

(9) 将光标置于左侧的“content1”AP Div 中，进行左侧导航栏的插入，执行菜单命令“插入→表格”，插入一个 6 行 1 列的表格，表格属性如图 4-3-11 所示，然后依次设置每一行的行高为：50、35、35、35、35、35，并设置表格居中对齐。

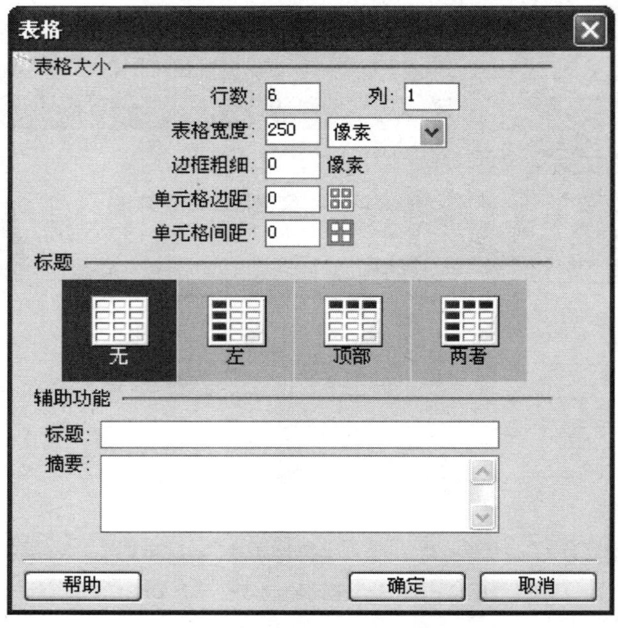

图 4-3-11　插入左侧导航布局表格

(10) 设置表格的第一行背景图片为本站点 images 文件夹中的“sub_bg.png”，其余各行背景图片设置为本站点 images 文件夹中的“sub_bg.gif”，如图 4-3-12 所示。

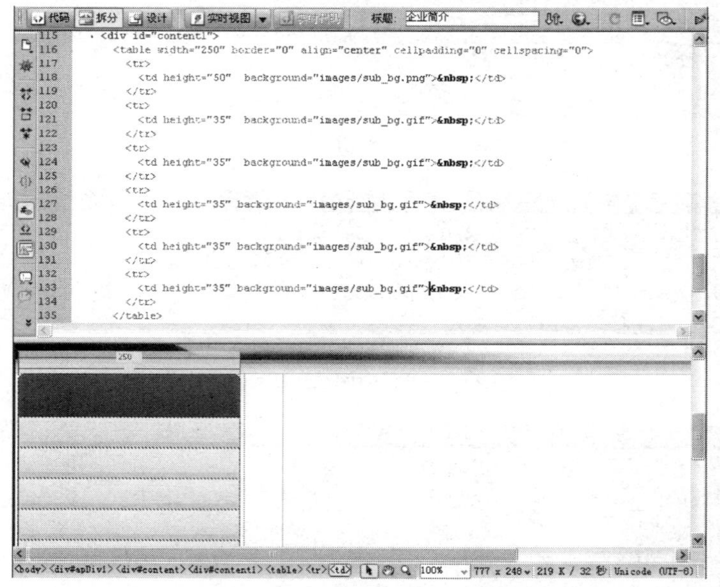

图 4-3-12　单元格背景图片设置

（11）在表格底部增加一行，由于在设计视图中进行设计难以得到需要的效果，所以需要在代码视图中表格最后一行的代码后加入如图 4－3－13 所示的代码，最后左侧导航布局表格的效果如图 4－3－14 所示，然后在相应的位置加入对应的文字，并设置好格式，这里不再赘述。

```
<tr>
  <td height="35" background="images/sub_bg.gif"> </td>
</tr>
<tr>
  <td  height="1" bgcolor="#FF0000"></TD>
</tr>
</table>
```

图 4－3－13　表格最后一行代码

图 4－3－14　左侧导航布局表格的效果图

（12）将光标置于右侧的“content3”AP Div 中，进行右侧内容的插入，执行菜单命令“插入→表格”，插入一个 3 行 3 列的表格，宽度为 700，然后设置三列的宽度依次为：52、103、545，第一行的高度为 30，第二行合并为一个单元格，设置高度为 20，第三行合并为一个单元格，设置高度为 448，设置后文档效果如图 4－3－15 所示。

（13）进入代码视图，在右侧表格第一行的代码下增加以下方框中所标出的代码，如图 4－3－16 所示。

（14）根据效果图所示，在右侧布局表格的第一行插入图片及文字，并设置好文字格式，方法不再赘述。

（15）在右侧表格的最后一行加入文字资料，并为此单元格创建一个名为“right_3td”的 CSS 规则，对单元格中的文字进行修饰，如图 4－3－17 所示。

（16）将光标置于底部的“footer”AP Div 中，插入相应的文字及图片，并进行文字格式的设置，效果如图 4－3－18 所示。

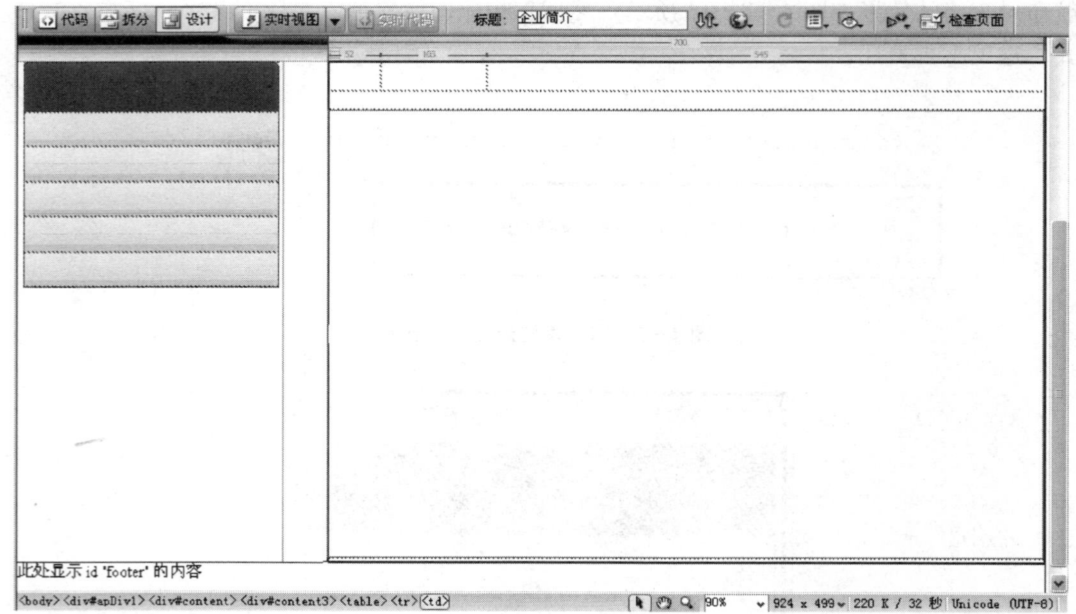

图 4-3-15　右侧布局图

```
<div id="content3">
  <table width="700" border="0" cellspacing="0" cellpadding="0">
    <tr>
      <td width="52" height="30"> </td>
      <td width="103"> </td>
      <td width="545"> </td>
    </tr>
    <tr>
      <td height="2" bgcolor="#627aba"></td>
      <td height="2" colspan="2" bgcolor="#dedede"></td>
    </tr>
    <tr>
      <td height="20" colspan="3"> </td>
    </tr>
    <tr>
      <td height="448" colspan="3"> </td>
    </tr>
  </table>
</div>
```

图 4-3-16　添加右侧表格代码

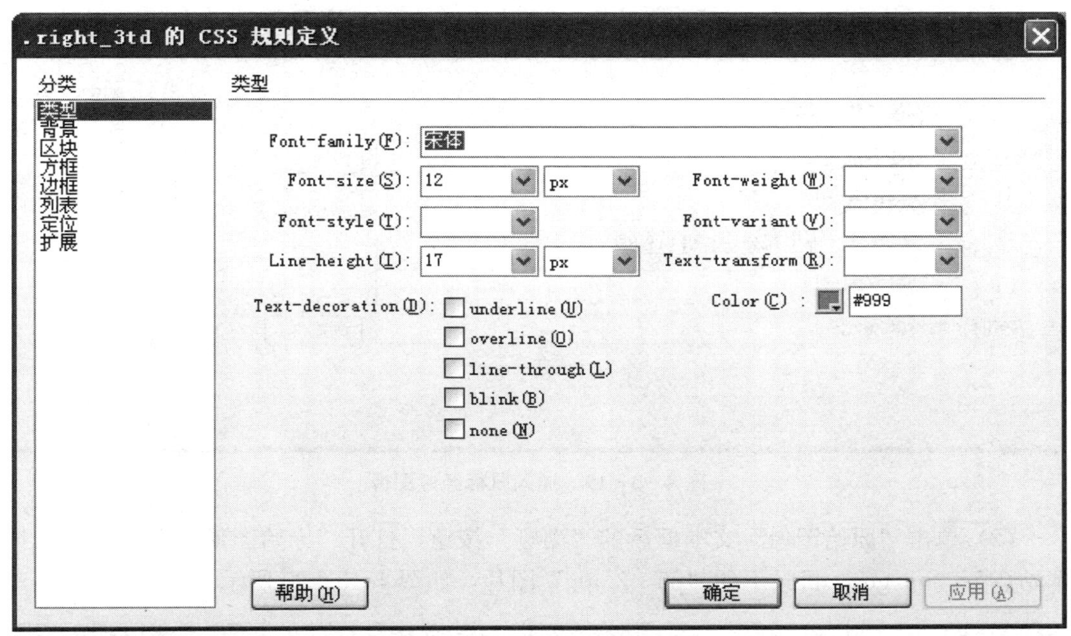

图 4-3-17　右侧文字属性设置

COPYRIGHT(C)2010 河源好日子电器有限公司. 版权所有　技术支持：　友情链接　※请选择※

图 4-3-18　底部效果图

知识链接：

插入 AP Div 的两种方法：

（1）将插入点放置在“文档”窗口中，然后执行“插入→布局对象→AP Div”菜单命令。

（2）打开“插入”面板，切换到布局栏，点击“绘制 AP Div”按钮。

连续绘制一个或多个 AP Div 时，在“插入”面板的“布局”类别中，单击“绘制 AP Div”按钮。在“文档”窗口的“设计”视图中，执行下列操作之一：

（1）拖动以绘制一个 AP Div。

（2）通过按住 Ctrl 并拖动鼠标来连续绘制多个 AP Div。

（3）只要不松开 Ctrl，就可以继续绘制新的 AP Div。

子任务 2　鼠标经过图像制作

（1）执行菜单命令“插入→图像对象→鼠标经过图像”，打开“插入鼠标经过图像”对话框，并设置图像名称为“ad1”，如图 4-3-19 所示。

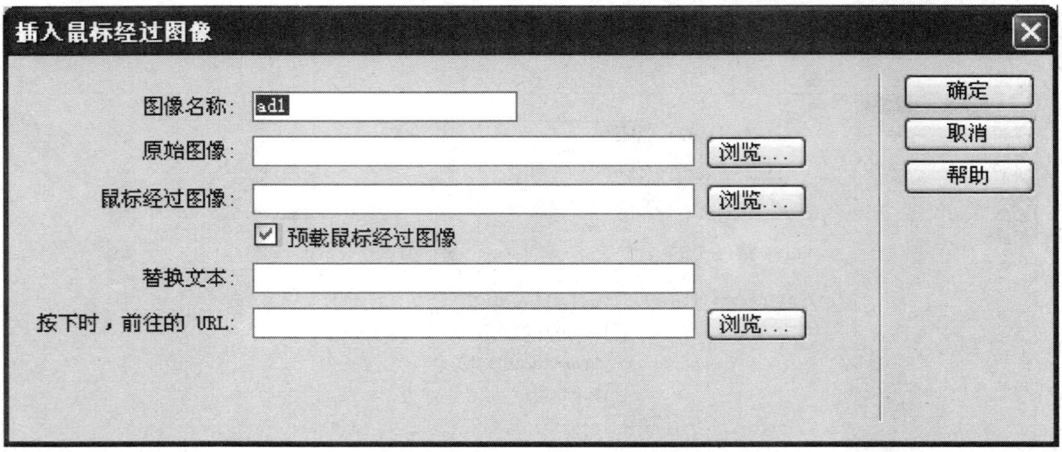

图 4-3-19　插入鼠标经过图像

（2）单击“原始图像”文本框后的“浏览”按钮，打开“原始图像”对话框，选择本站点下“images”目录下的“p5-2.jpg”图片，如图 4-3-20 所示。

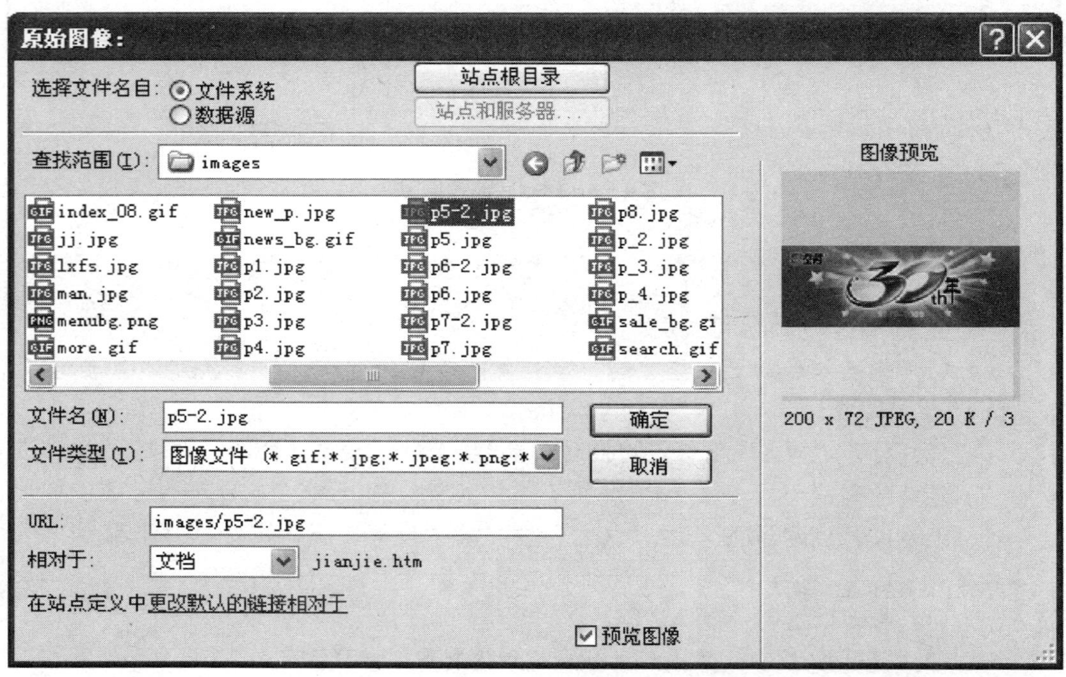

图 4-3-20　选择原始图像

（3）单击“确定”按钮，返回“插入鼠标经过图像”对话框。

（4）单击“鼠标经过图像”文本框后的“浏览”按钮，打开“插入鼠标经过图像”对话框，选择本站点下“images”目录下的“p5.jpg”图片，如图 4-3-21 所示。

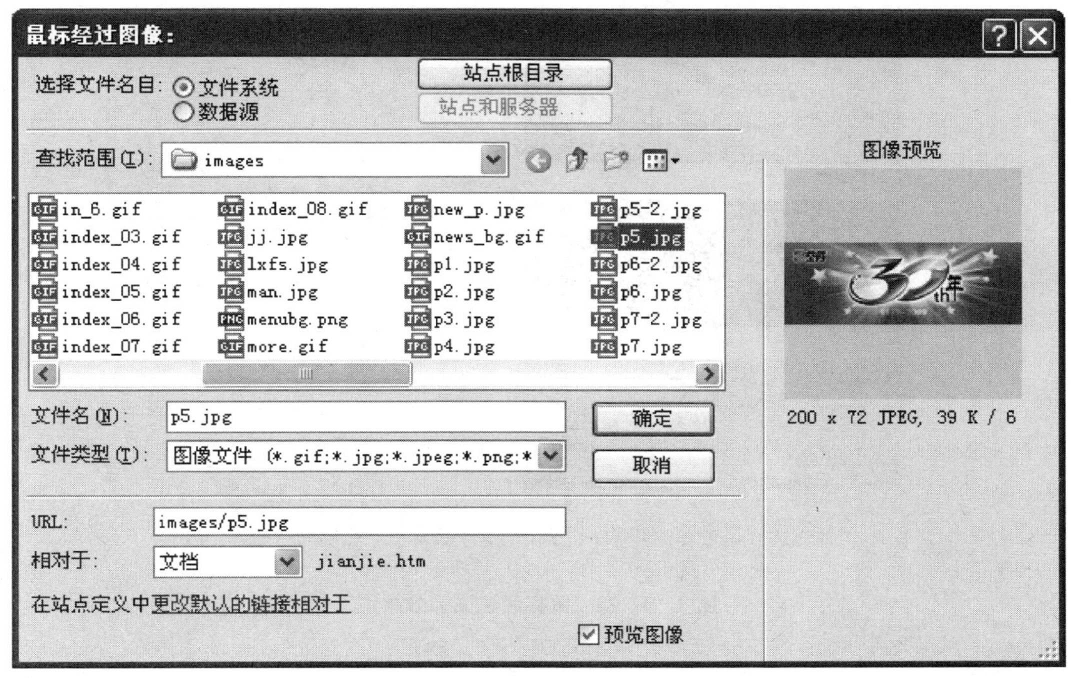

图 4-3-21　选择替换图像

（5）单击“确定”按钮，返回“插入鼠标经过图像”对话框，然后设置“替换文本”为“公司 30 年”，“按下时，前往的 URL”设置的则为按下鼠标左键将跳转到的页面，这里设置为“#”，如图 4-3-22 所示。

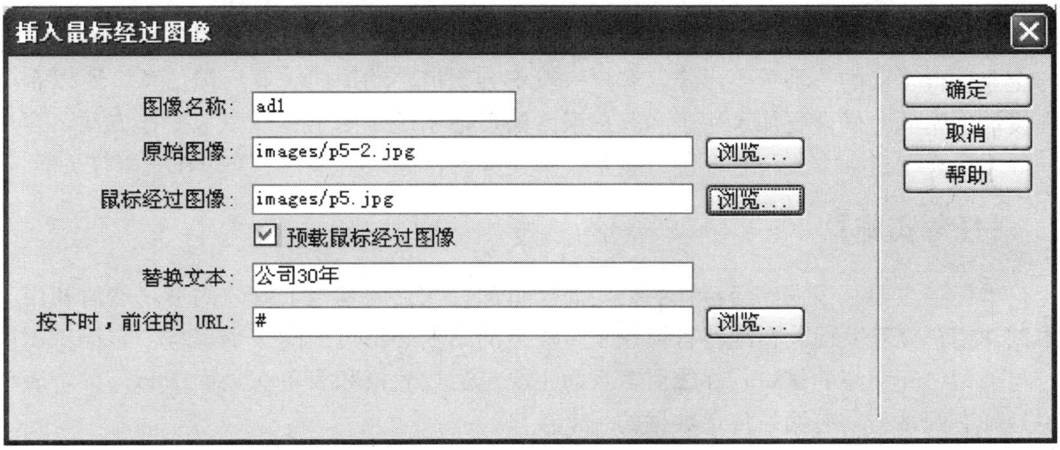

图 4-3-22　插入鼠标经过图像对话框

（6）按照前五步的方法进行另外两个鼠标经过图像的效果制作，第一对原始图像与鼠标经过图像为 p6-2.jpg 和 p6.jpg，第二对原始图像与鼠标经过图像为 p7-2.jpg 和 p7.jpg，调整三个图像的高度都为 70px，并以回车符进行间隔，最后效果如图 4-3-23 所示。

图 4-3-23　鼠标经过图像效果图

任务 4　公司在线留言页面制作

【任务目标】

对于一个企业而言，在线留言模块是必不可少的。登录留言板是用户在网络平台上与企业进行互动的一种重要形式，客户一般不会积极主动地向企业反馈信息，所以企业在设计网站的时候，要加入用于和客户联系的反馈系统。由于在线留言操作方便，客户一般较乐意用这种方式与企业进行联系。本任务的目标是制作一个公司在线留言页面。

【任务实施】

本任务主要是根据已经存在的公司简介页面，在它的基础上修改内容，然后利用表单制作用户交互页面。在线留言模块是企业型网站上必不可少的一个模块，它提供了用户与公司之间交流的接口，在线留言页面主要是通过表格和表单在页面中布局的，表单也是静态网站与动态网站传递数据的一个接口。

子任务 1　用户在线留言页面制作步骤

表单是提供者和浏览者交流信息的网络桥梁，它一般分为两个部分：表单和表单元素。其中表单是添加表单元素的范围，表单元素是输入信息的文本内容。

打开已经建立好的网站，将站点下已经建立好的新闻简介页面复制一份放置在站点目录下，并将其改名为 zxly. htm。

以下是页面布局的操作步骤：

(1) 在 Dreamweaver CS6 中打开 zxly. htm 页面，如图 4-4-1 所示，因为是复制于新闻简介页面，所以我们要做一些改动。

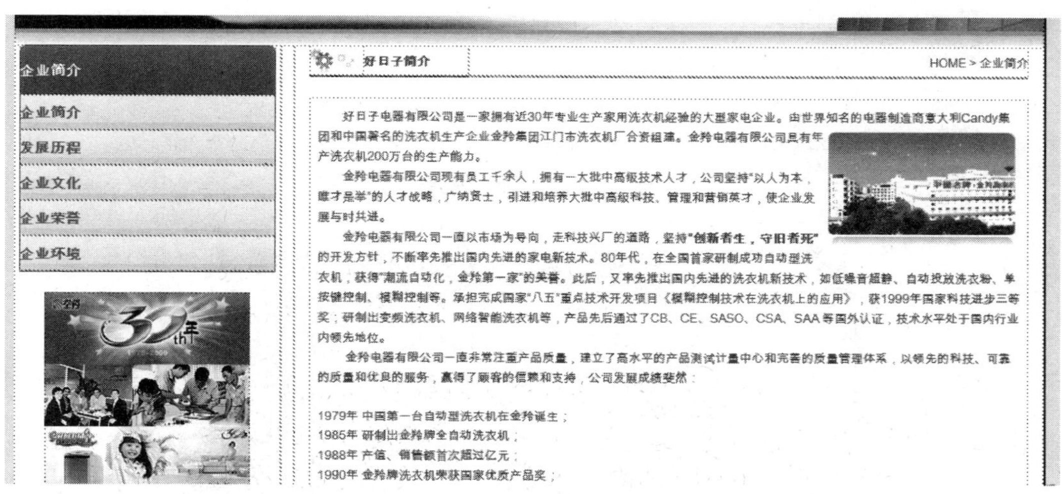

图 4-4-1　简介页面

(2) 首先将图 4-4-1 左上角的文字（如图 4-4-2 所示）替换为如图 4-4-3 所示的文字。

企业简介
企业简介
发展历程
企业文化
企业荣誉
企业环境

图 4-4-2　企业简介菜单

图 4-4-3　在线留言菜单

(3) 将导航栏下的图片替换为 zxly. jpg，将右下角部分文字删除，"好日子简介"改为"客户留言"，"企业简介"改为"在线留言"，并将右下角的新闻标题所在表格全部删除，最后的框架效果如图 4-4-4 所示。

(4) 在右下角空白区域内插入一个 3 行 1 列的表格，宽度为 700 像素，填充为 5，具体参数如图 4-4-5 所示。

图 4-4-4　框架效果

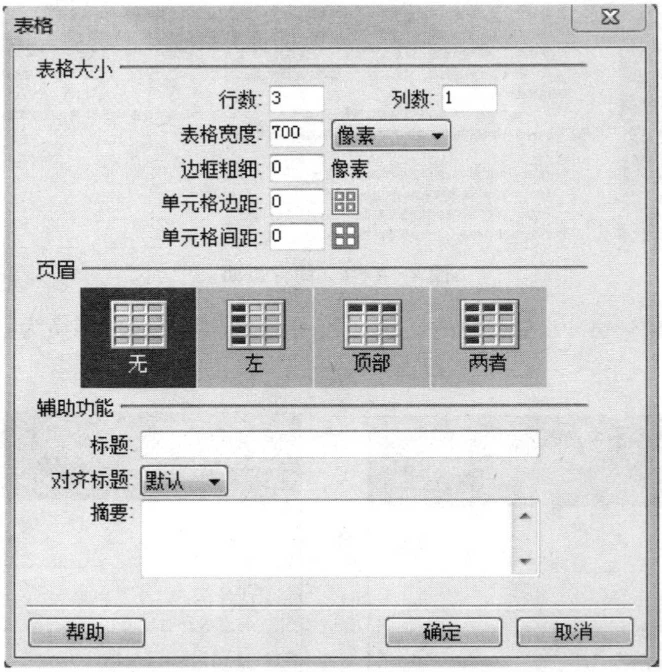

表格

表格大小

行数: 3　　列数: 1

表格宽度: 700　像素

边框粗细: 0　像素

单元格边距: 0

单元格间距: 0

页眉

无　左　顶部　两者

辅助功能

标题:

对齐标题: 默认

摘要:

帮助　　确定　取消

图 4-4-5　插入表格

（5）在该表格的第一个行内输入文字，如图 4-4-6 所示，调整一下字体的大小及颜色。具体的字体设定在后面详细讲述。

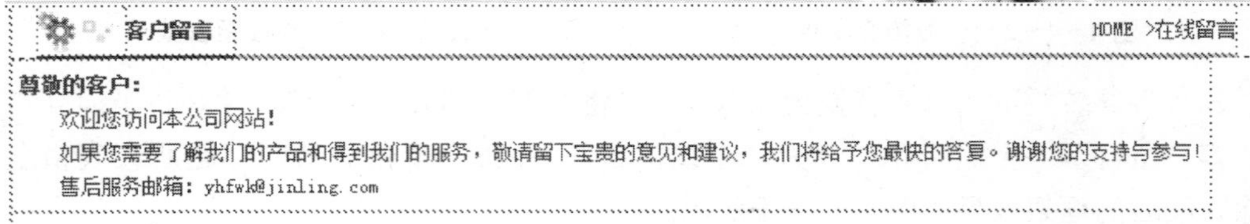

图 4-4-6　文字输入

（6）选中嵌套表格的第二行，打开代码视图，可以看到该行代码已被选中，如图 4-4-7 所示。首先将 td 标签内的 ；删去，并将该单元格的高度设置为 1，背景色设置为＃CCCCCC，代码设置如图 4-4-8 所示。这一步的效果是利用表格的单元格制作一个有颜色的水平线。

<tr>
<td> </td>
</tr>
<tr>
<td> </td>
</tr>
</table>
都是好日子的大事
在线留言
发表留言
查看留言
客户反馈
尊敬的客户：
欢迎您访问本公司网站！
如果您需要了解我们的产品和得到我们的服务，敬请留下宝贵的意见和建议，我们将给予您最快的答复。谢谢您的支持与参与！
售后服务邮箱：yhfwk@jinling.com

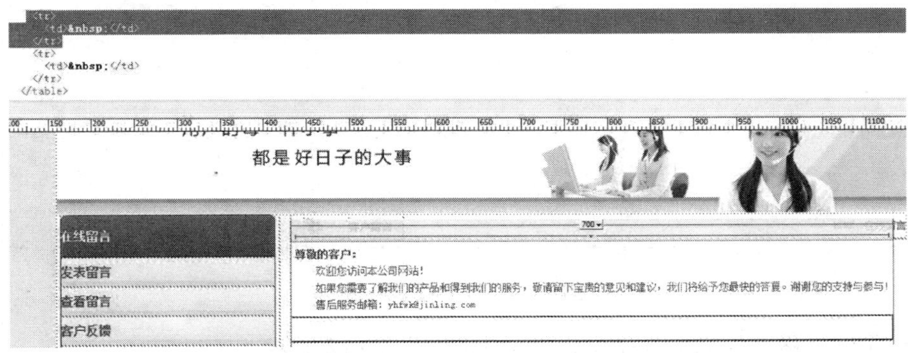

图 4-4-7　嵌套表格

```
<tr>
  <td height="1" bgcolor="#CCCCCC"></td>
</tr>
```

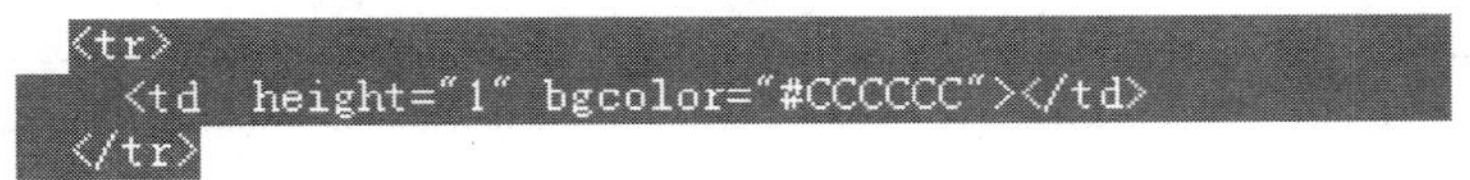

图 4-4-8　水平线设置

（7）布局好页面后，将光标停在嵌套表格的第三行内，点击"插入记录→表单→表单"（如图 4-4-9 所示），插入后在单元格内有一个红色的虚线框，虚线框内就是表单区域，效果如图 4-4-10 所示。

插入记录(I)
修改(M)
文本(T)
命令(C)
站点(S)
窗口(W)
帮助(H)
标签(G)... Ctrl+E
图像(I) Ctrl+Alt+I
图像对象(G)
媒体(M)
表格(T) Ctrl+Alt+T
表格对象(A)
布局对象(Y)
表单(F)
表单(F)
检查页面

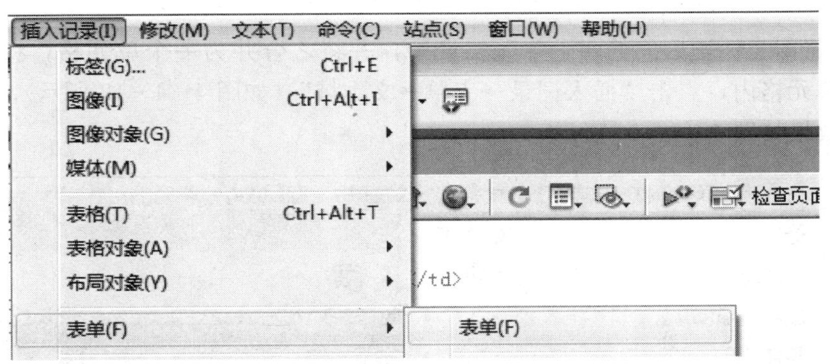

图 4-4-9　插入表单

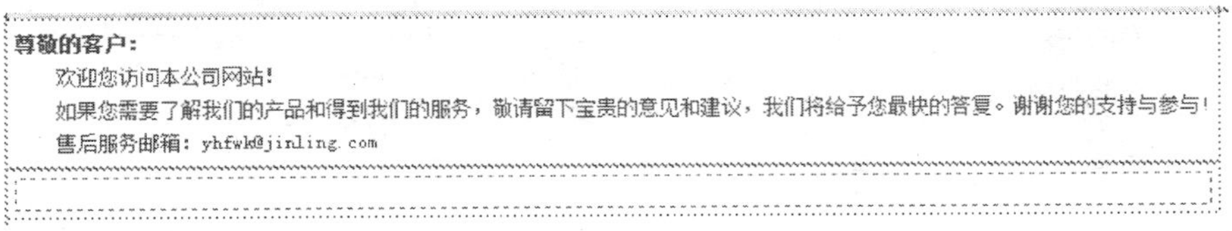

尊敬的客户：
欢迎您访问本公司网站！
如果您需要了解我们的产品和得到我们的服务，敬请留下宝贵的意见和建议，我们将给予您最快的答复。谢谢您的支持与参与！
售后服务邮箱：yhfwk@jinling.com

图 4-4-10　表单

（8）将光标定位在红色表单区域内，插入一个 7 行 3 列，宽度为 690 像素，填充为 4 的一个嵌套表格，在这里插入嵌套表格主要是起到布局的作用，效果如图 4－4－11 所示。

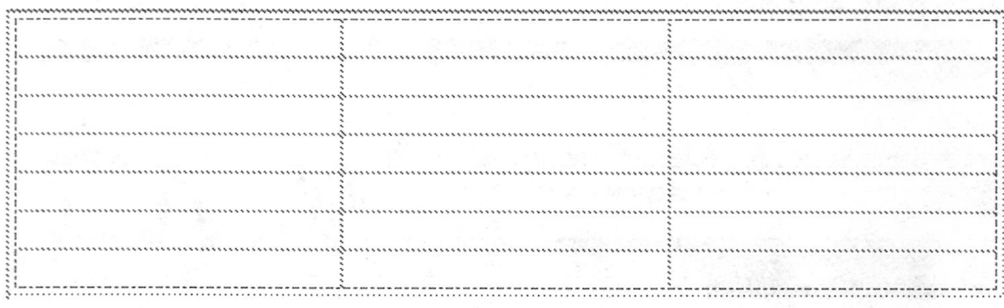

图 4－4－11　嵌套表格

（9）在该表格第一列输入文字，效果如图 4－4－12 所示。

留言标题：		
姓　　名：		
联系电话：		
所 在 地：		
E-mail：		
留言内容：		

图 4－4－12　输入文字

（10）将留言标题后面的两个单元格选中，并将之合并为一个单元格，将光标置于合并后的单元格内，点击“插入记录→表单→文本域”（如图 4－4－13 所示），插入一个文本域，效果如图 4－4－14 所示。

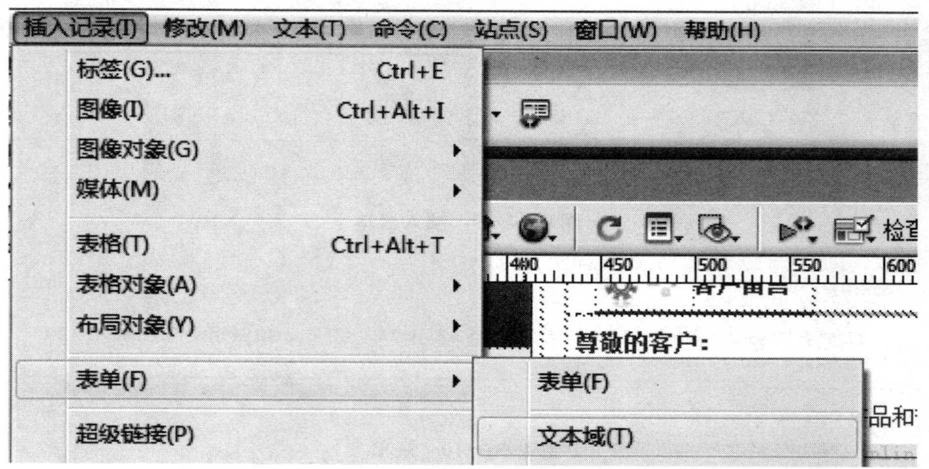

图 4－4－13　插入文本域

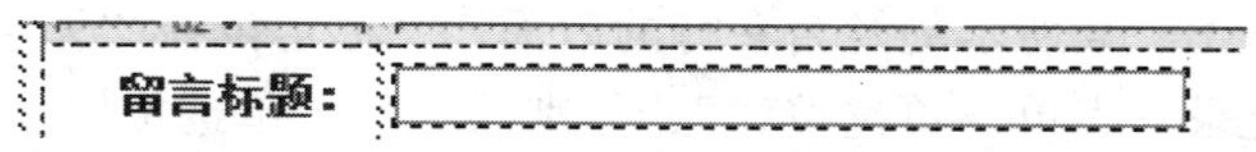

图 4－4－14 文本域

(11) 选中该文本域，在属性面板设置其属性，如图 4－4－15 所示。

图 4－4－15 属性设置

(12) 以下的 4 行操作与上述步骤相同，最后效果如图 4－4－16 所示。文本域的属性可以自己设置，名称以及字符宽度都可以自定义。

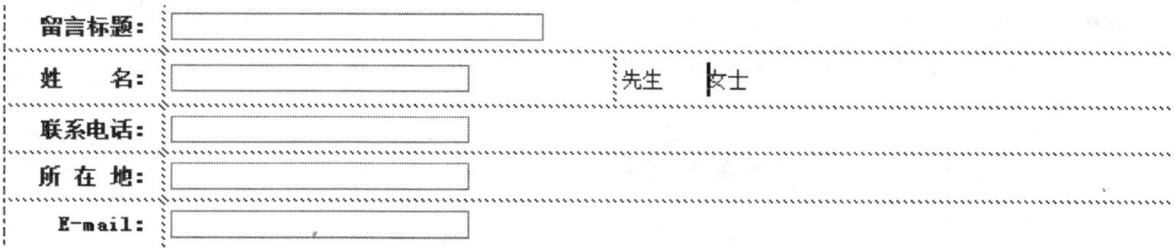

留言标题：

姓　　名：　　先生　女士

联系电话：

所 在 地：

E-mail：

图 4－4－16 插入文本域

(13) 在留言内容后面先合并单元格，点击“插入记录→表单→文本域”，并设置属性，效果如图 4－4－17 所示。

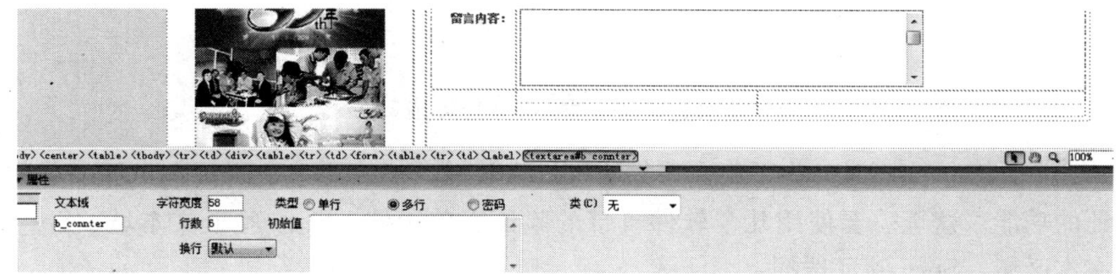

图 4－4－17 文本域效果

(14) 在最后单元格内插入一个按钮，方法是点击“插入记录→表单→按钮”，最后效果如图 4－4－18 所示。

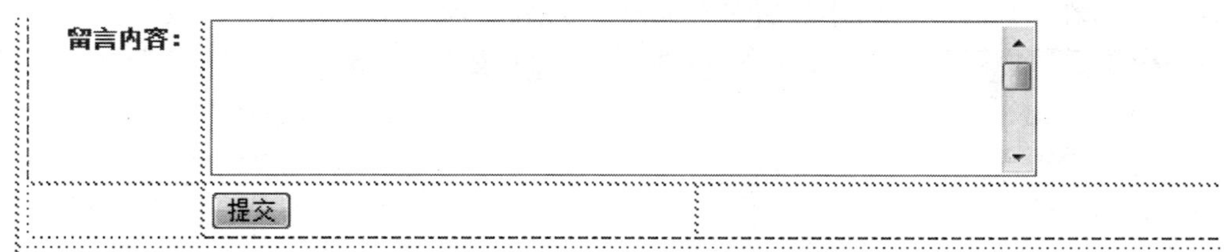

图 4－4－18 插入按钮

(15) 在图 4－4－16 所示的姓名一行的后面，光标定位在“先生”“女士”两个词前，点击“插入记录→表单→单选按钮”，分别插入两个单选按钮，在其中一个单选按钮上设置其状态为“已勾选”即可，效果如图 4－4－19 所示。

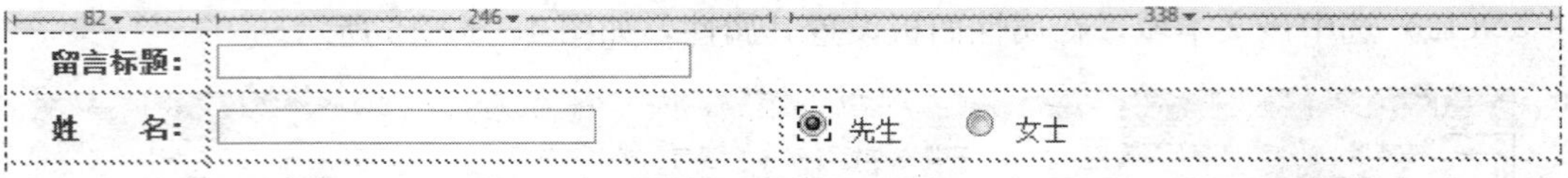

图 4－4－19　单选按钮效果

知识链接：

(1) 表单名称：用于设置能够标识该表单的唯一名称，命名表单后就可以使用脚本语言引用或者控制该表单。如果不命名，它有一个自己默认的名称。

(2) 动作：用于设置一个在服务器端处理表单数据的页面或脚本，也可以输入电子邮件地址。

(3) 方法：用于设置将表单内的数据传送给服务器的传送方式，其下拉列表中包括 3 个选项。

(4) 目标：用于指定一个窗口来显示应用程序或者脚本程序将表单处理完后的结果。

(5) MINE 类型：用于设置提交给服务器进行处理的数据的编码类型。

子任务 2　表单对象验证

在制作表单页面时，为了确保采集信息的有效性，往往要求在网页中实现表单数据验证的功能。这里需要使用几个软件自带的验证表单构件：Spry 验证文本域、Spry 验证文本区域、Spry 验证选择。

(1) 打开 zxly. htm 页面，将原文件中所有表单区域先删除，因为 Spry 验证表单是直接带有表单的域的，所以要将原来普通的表单区域删除。将光标停放在“留言标题：”右侧的单元格中，点击“插入→表单→Spry 验证文本域”命令，插入一个 Spry 验证文本域，然后在“属性”面板中设置各项属性，如图 4－4－20 所示。

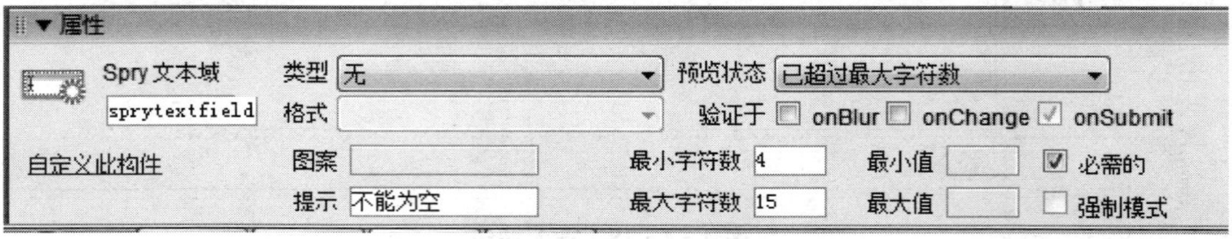

图 4－4－20　Spry 验证文本域

（2）按照 Spry 默认的选项选择，以此类推，在姓名、电话、E-mail 等后面文本框中后点击“插入→表单→Spry 验证文本域”命令，插入 Spry 的验证文本域，最后预览效果如图 4－4－21 所示。当点击“提交”按钮后，所有的文本框后都有提示。

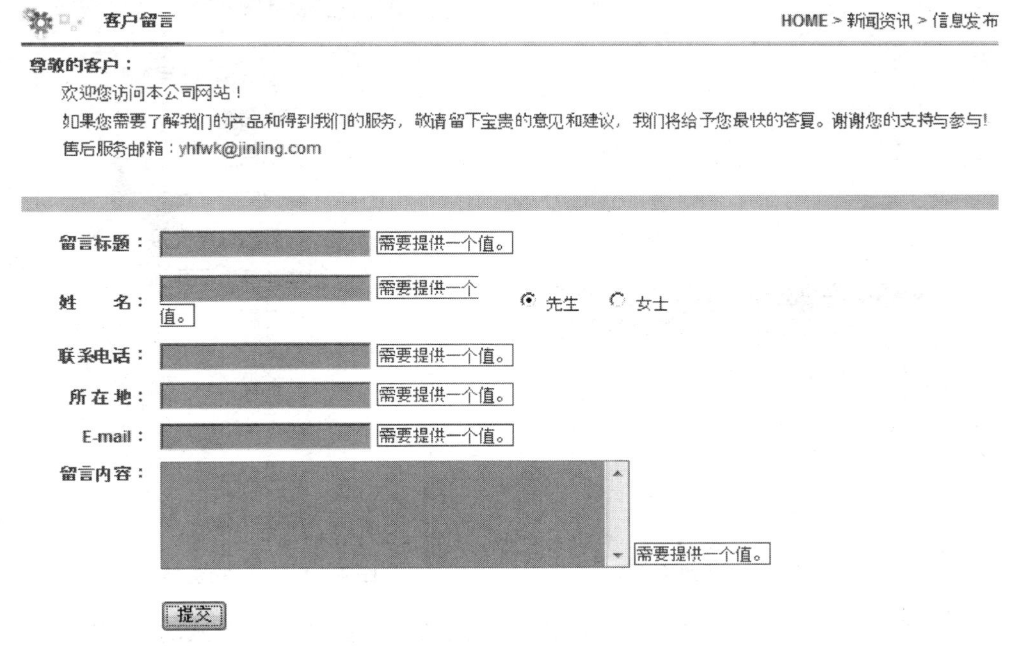

图 4－4－21　最后效果

（3）在“姓名”后的文本域上点击一下，可以在“属性”面板上看见该 Spry 的属性设置，在“提示”一栏写入提示文字，如图 4－4－22 所示。在预览后可以看到此提示文字在输入框内。

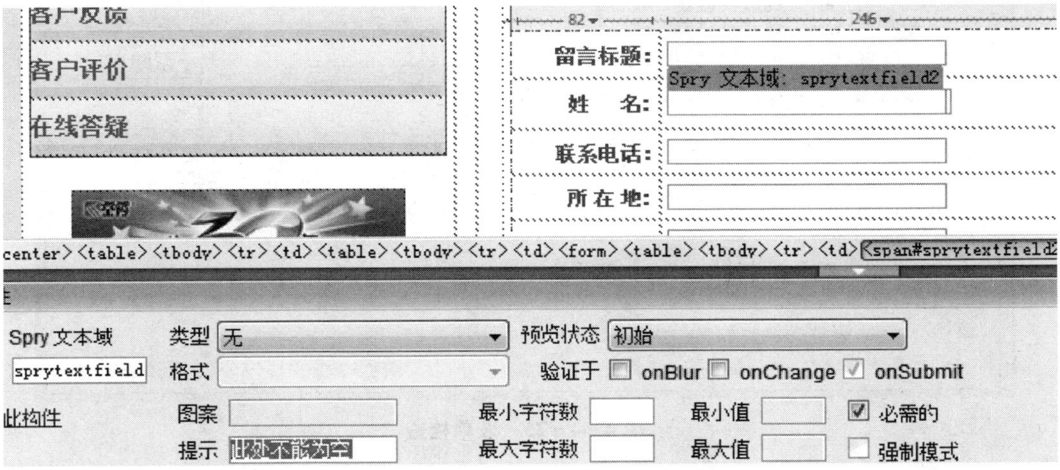

图 4－4－22　属性设置

(4) 在打开的网页文件 zxly. htm 中，单击 提交 按钮，在“窗口”下拉列表中选择“行为”，打开“行为”面板。如图 4-4-23 所示。

(5) 为面板上的“+”号添加行为，选择“检查表单”。如图 4-4-24 所示。

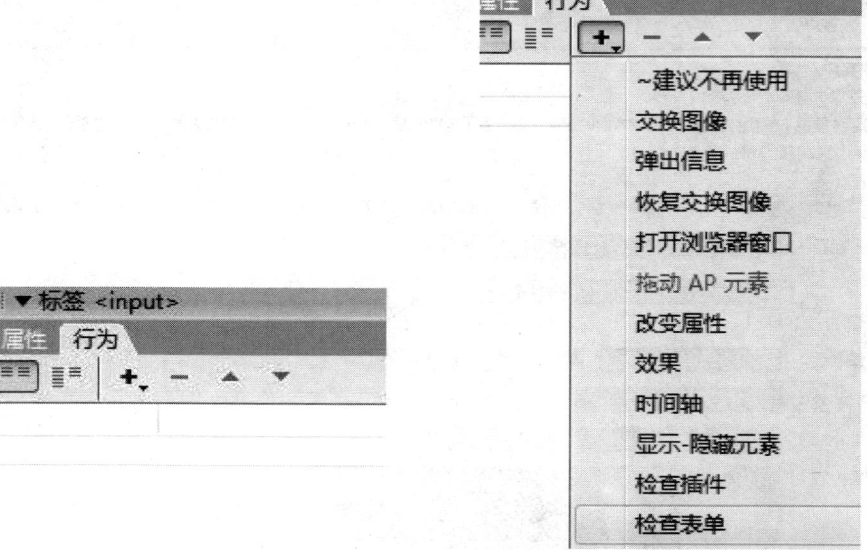

图 4-4-23　行为面板　　　　图 4-4-24　检查表单

(6) 在对话框中分别选择每个域的条件，在这里我们设置每个域的值都是必需的。如图 4-4-25 所示。

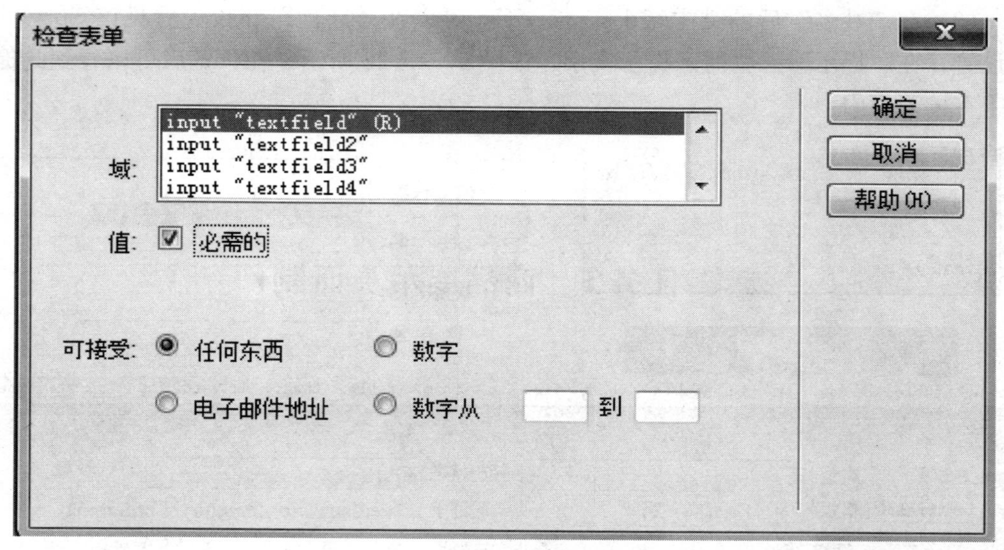

图 4-4-25　表单检查

(7) 此时会弹出一个如图 4-4-26 所示的对话框，提示所出现的错误。

图 4-4-26

知识链接：

文本域面板各项参数的含义如下：

(1) 文本域：用于设置文本域的唯一名称。

(2) 字符宽度：用于设置文本域的宽度。

(3) 最多字符数：当文本域的类型设置为单行或密码时，该属性用于设置最多可向文本域中输入的单行文本或密码字符数。

(4) 类型：用于设置文本域类型，当选择多行时，文本域即转变为文本区域。

(5) 初始值：用于设置文本域中默认状态下填入的信息。

(6) 禁用：用于设置此选项是否可用，勾选后文本域处于不可用状态。

(7) 只读：用于设置此选项是否只读，勾选后文本域可以显示内容但不能更改。

任务 5 商品展示页面制作

【任务目标】

本任务的目标是设计与制作商品展示模块，包括商品展示页面与商品详细信息展示页面。

【任务实施】

本项目中的页面版式与前几个项目中的版式相同，只是在一些效果上有出入，本项目加入了Spry菜单栏、Spry折叠式面板及Spry选项卡式面板，这些效果的加入可以使页面容纳更多的内容。由于商品种类繁多，利用Spry对象制作效果可以更好更多地展示商品，使商品分类更加清楚明了。

在这个模块制作中，我们先要做一些准备工作，利用表格或层完成商品展示页面的布局，并在其中插入一些公共的对象，其中标有文字注释的三个部分将分步完成，第一部分为菜单区，第二部分为商品选项卡区，第三部分为内容区。制作前期准备效果图见图4-5-1。

图4-5-1　制作前期准备效果图

子任务1　下拉式菜单制作

下拉式菜单是菜单的一种表现形式，具体表现为：当用户选中一个菜单后，该菜单会向下延伸出具有其他菜单的另一个子菜单。我们通常把一些具有相同分类的菜单项放在同一个下拉式菜单中，并把这个下拉式菜单置于主菜单的一个菜单下，本网页效果如图 4－5－2 所示。

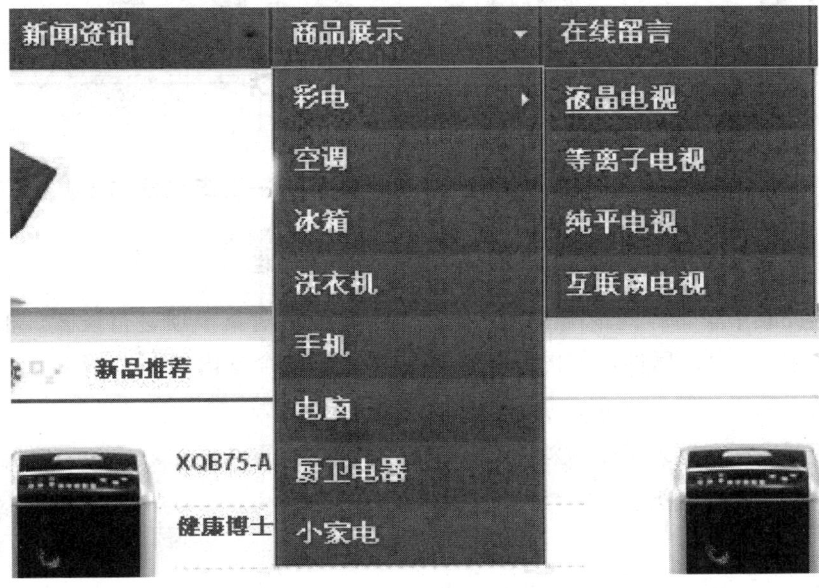

图 4－5－2　下拉式菜单实现效果图

（1）将光标定位到菜单区位置，并设置当前单元格的水平方向左对齐，垂直方向顶端对齐，并将“插入”面板中的选项卡设置为“Spry”，点击其中的“Spry 菜单栏”（如图 4－5－3 所示）或者选择“插入→Spry→Spry 菜单栏”命令。

图 4－5－3　插入 Spry 菜单栏

（2）在弹出的对话框中选择需要的排列方式，这里我们选择“水平”，点击“确定”按钮后，出现如图 4－5－4 所示效果，此时已经插入了一个默认的菜单栏。

图 4-5-4　插入的默认菜单栏

(3) 在选取了菜单栏的情况下，点击“属性”面板对菜单项进行设置。根据网站的实际情况修改项目 1，属性框如图 4-5-5 所示，第一个框内填写一级菜单，第二个框内填写二级子菜单，第三个框内填写三级子菜单。

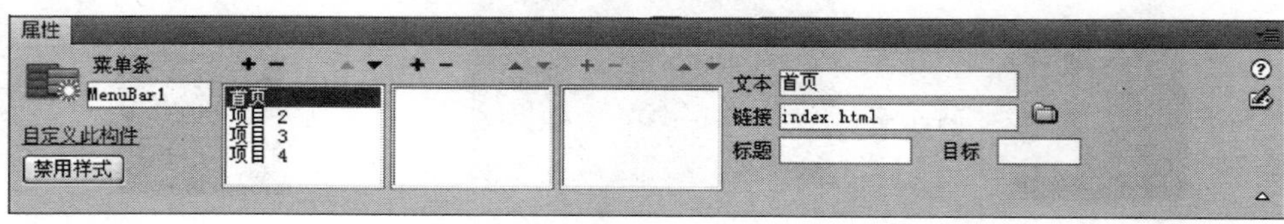

图 4-5-5　修改项目 1

(4) 根据网站的实际情况修改项目 2，属性框如图 4-5-6 所示。

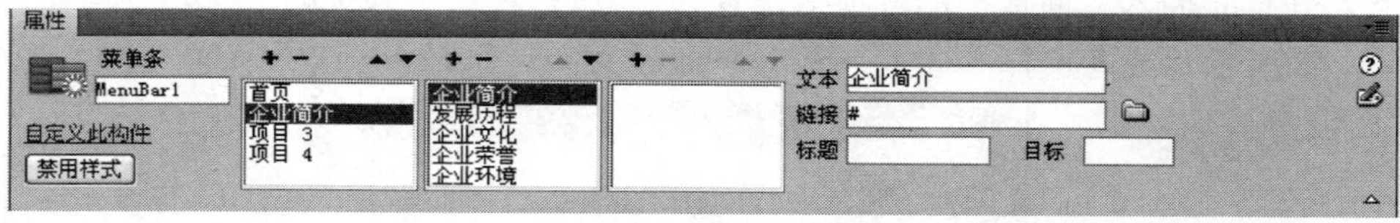

图 4-5-6　修改项目 2

(5) 根据网站的实际情况修改项目 3，属性框如图 4-5-7 所示。

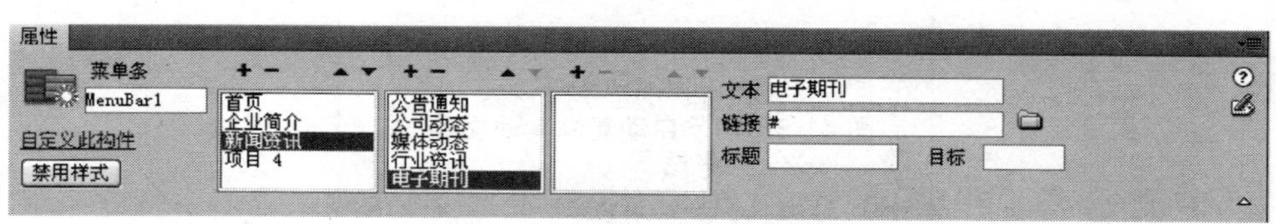

图 4-5-7　修改项目 3

(6) 根据网站的实际情况修改项目 4，此项目中“彩电”选项有三级子菜单，属性框如图 4-5-8 所示。

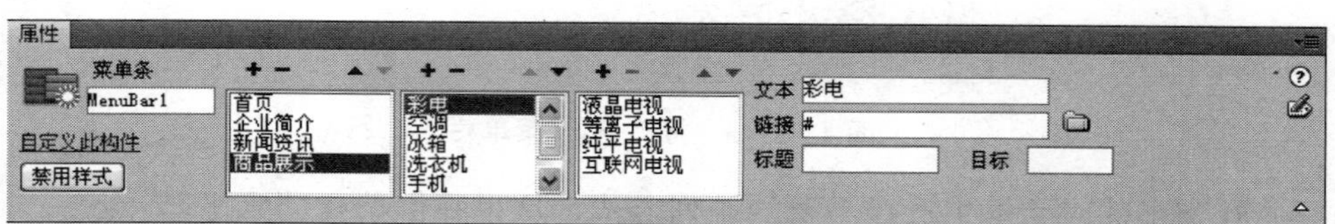

图 4-5-8　修改项目 4

（7）在一级菜单栏框中再添加三个菜单项“在线留言”“联系我们”“后台管理”，如图 4－5－9 所示。

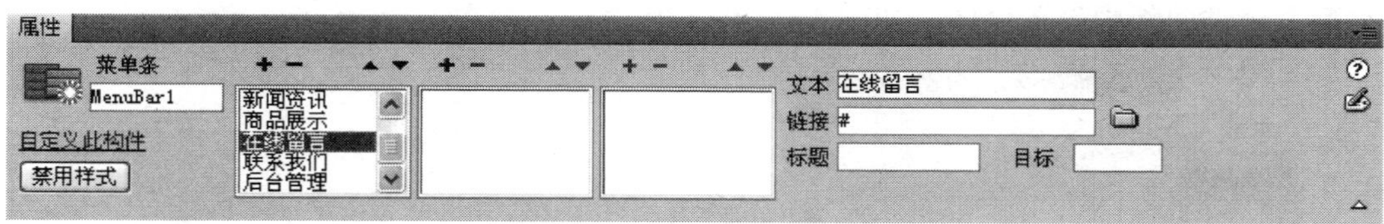

图 4－5－9　添加一级菜单栏

（8）基础菜单项设置完成后，保存文件，然后会弹出如图 4－5－10 所示对话框，这是制作菜单所需要的其他文件，点击“确定”按钮，则在我们网站站点下将自动生成一个名为“SpryAssets”的文件夹，其中包含的就是所显示的所有文件。

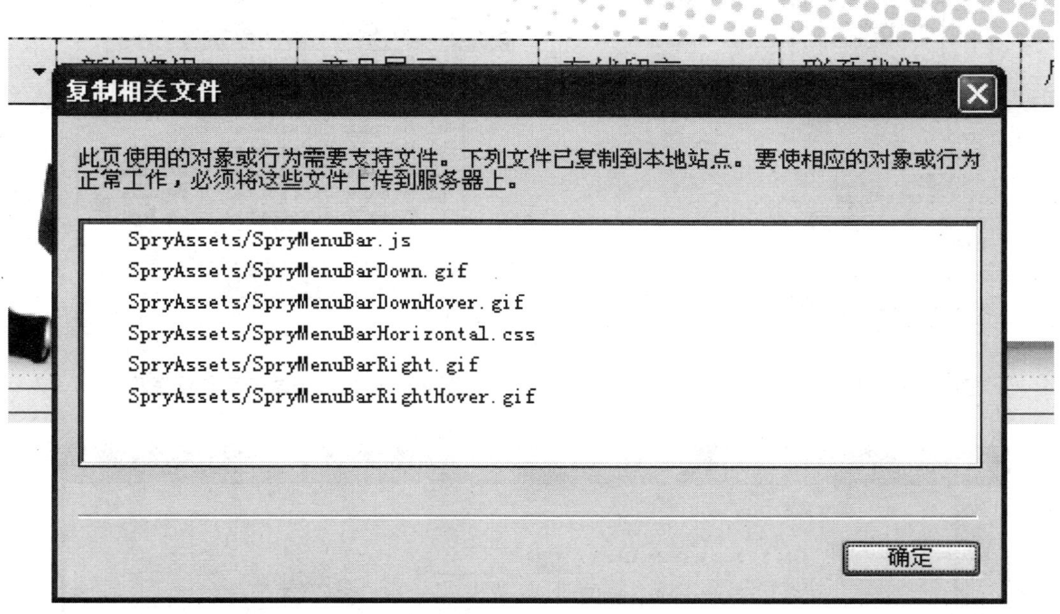

图 4－5－10　自动复制其他文件

（9）生成的菜单项有默认的宽度，但是为了整体的网站美观，我们要修改菜单项的宽度。打开“CSS 样式”面板，展开“SpryMenuBarHorizontal.css”，找到其中的“ul.MenuBarHorizontal li”项，设置其中的“width”项目值为“143px”，如图 4－5－11 所示。

（10）除了一级菜单项的宽度要修改外，我们还要修改子菜单的菜单项宽度。打开“CSS 样式”面板，展开“SpryMenuBarHorizontal.css”，找到其中的“ul.MenuBarHorizontal ul li”项，设置其中的“width”项目值为“143px”，如图 4－5－12 所示。

（11）为了能与整体网站的风格进行组设置，我们还要修改菜单栏的背景图片。打开“CSS 样式”面板，展开“SpryMenuBarHorizontal.css”，找到其中的“ul.MenuBar-

Horizontal a”项，双击，在弹出的对话框中找到“背景”分类，去掉背景颜色值，设置背景图片为“images”文件夹中的“submenu. png”文件（如图 4－5－13 所示），并在“类型”分类面板中设置字体，如图 4－5－14 所示。

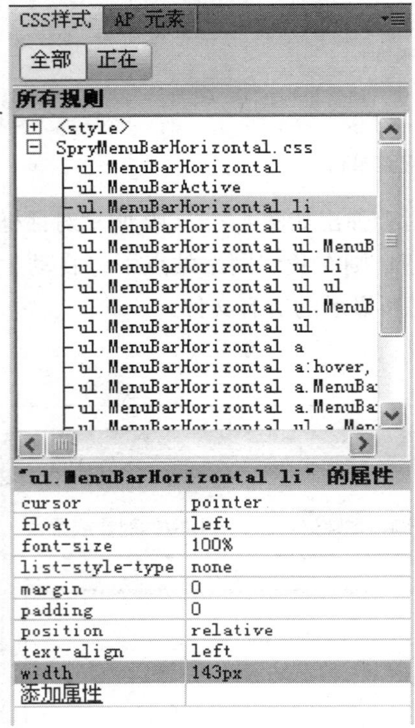

图 4－5－11　修改一级菜单项宽度

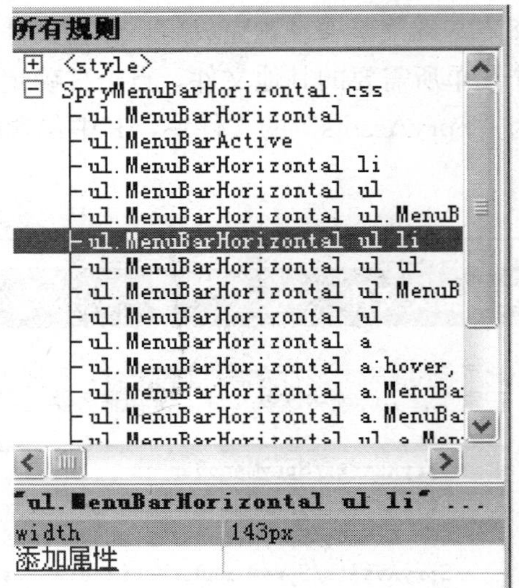

图 4－5－12　修改子菜单项宽度

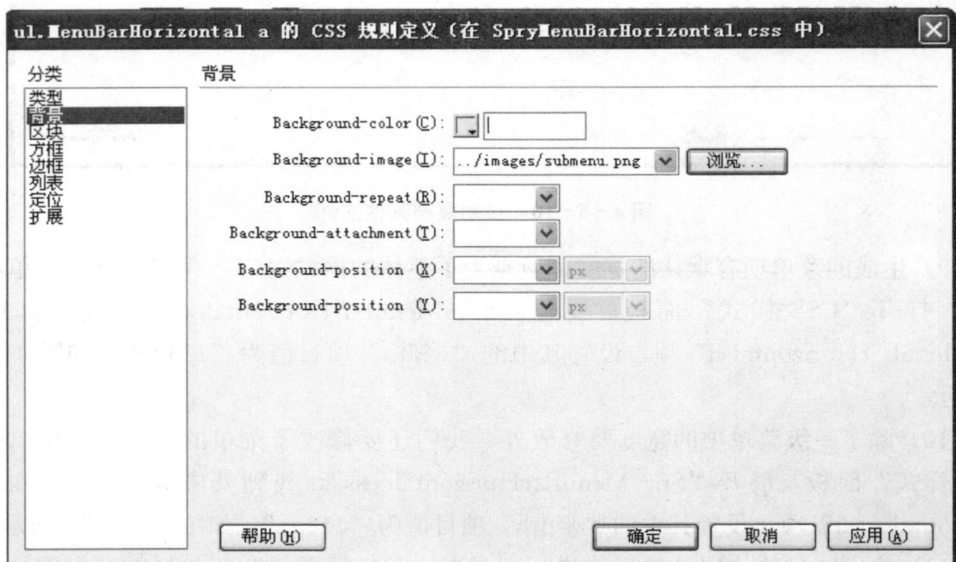

图 4－5－13　背景设置

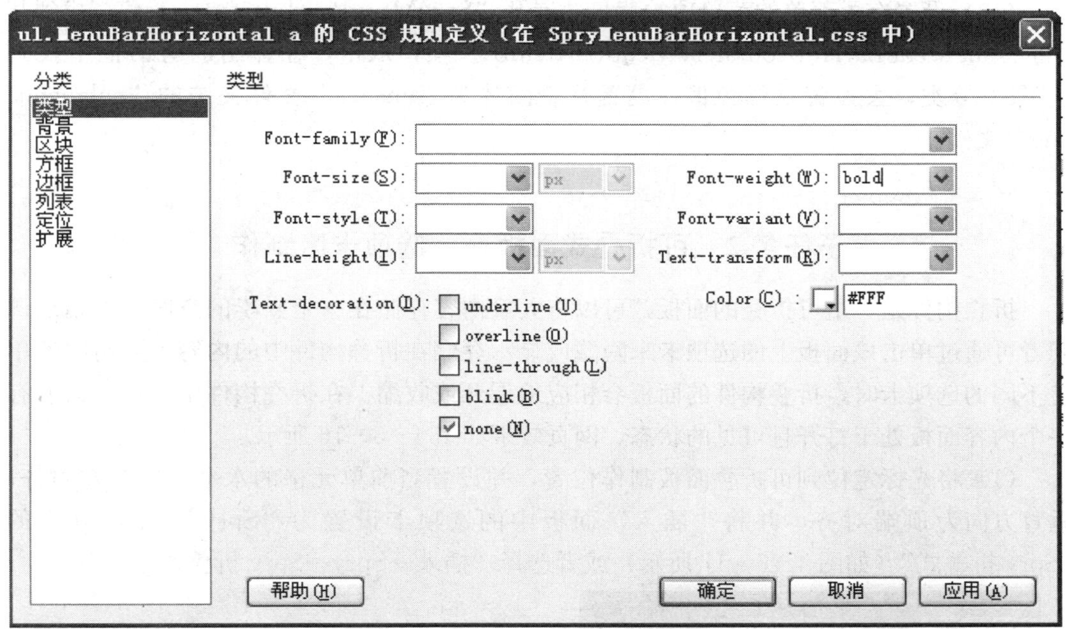

图 4-5-14 字体设置

（12）打开“CSS 样式”面板，展开“SpryMenuBarHorizontal. css”，找到其中的“ul. MenuBarHorizontal a. MenuBarItemHover，ul. MenuBarHorizontal a. Menu...”项，将下方的“background-color”属性删除（如图 4-5-15 所示），去除鼠标移动到选项时的背景颜色。

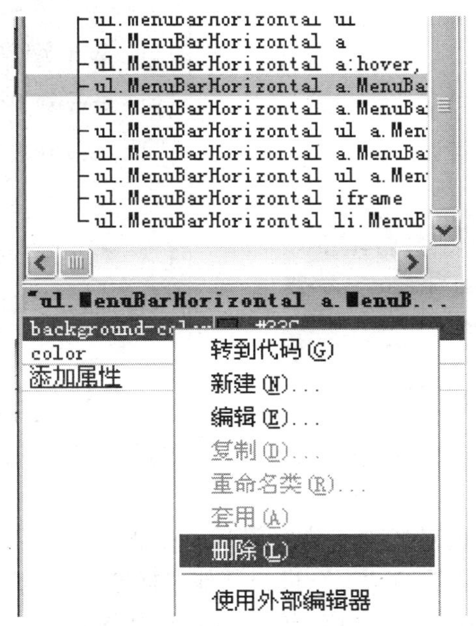

图 4-5-15 删除鼠标移动到选项时的背景颜色

（13）设置有子菜单的菜单项的背景。展开“SpryMenuBarHorizontal. css”，找到其中的“ul. MenuBarHorizontal li. MenuBarItemIE”项，双击，在弹出的对话框中找到“背景”分类，去掉背景颜色值，设置背景图片为“images”文件夹中的“submenu.png”文件。

子任务 2　可折叠式面板——选项卡区制作

折叠构件是一组可折叠的面板，可以将大量内容存储在一个紧凑的空间中。站点访问者可通过单击该面板上的选项卡来隐藏或显示存储在折叠构件中的内容。当访问者单击不同的选项卡时，折叠构件的面板会相应地展开或收缩。在折叠构件中，每次只能有一个内容面板处于打开且可见的状态，网页效果如图 4－5－16 所示。

（1）将光标定位到可折叠面板制作位置，并设置当前单元格的水平方向为左对齐，垂直方向为顶端对齐，并将“插入”面板中的选项卡设置为“Spry”，点击其中的“Spry 折叠式”（如图 4－5－17 所示）或者选择“插入→Spry→Spry 折叠式”命令。

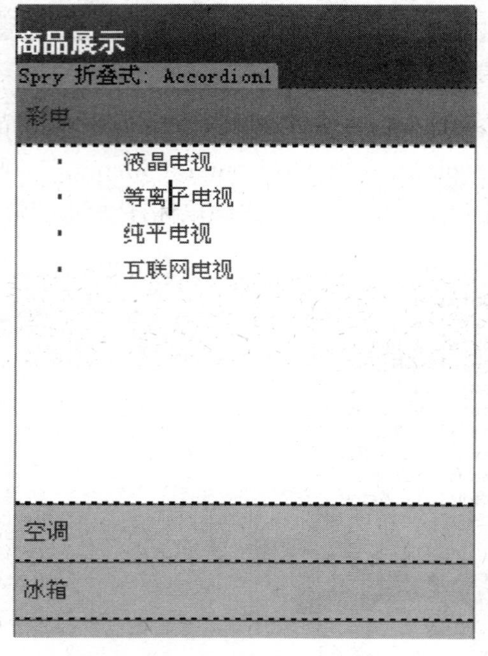

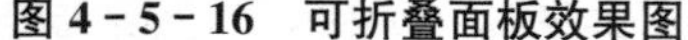
图 4－5－16　可折叠面板效果图

图 4－5－17　插入 Spry 折叠式

（2）此时在对应的位置已出现一个默认建立好的折叠式选项卡，如图 4－5－18 所示。

（3）点击“属性”面板对选项卡进行设置。根据网站的实际情况修改“标签”名称，并利用列表框上的“＋”与“－”进行其他“标签”的增减，面板上方右侧的上下“倒三角”可以进行项目名的上下顺序调整，属性框如图 4－5－19 所示。

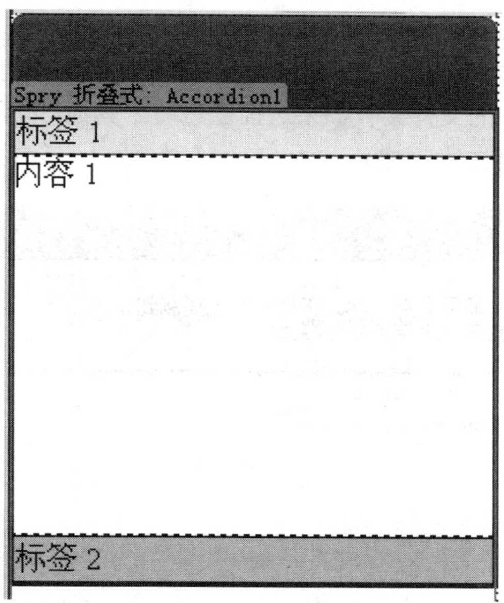

图 4-5-18　插入的默认折叠式选项卡

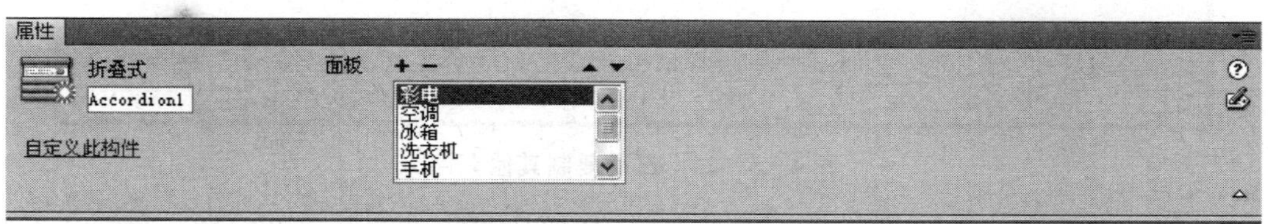

图 4-5-19　Spry 折叠式属性框

（4）单击折叠式面板标签名右侧的图标，可展开对应的选项卡进行内容的修改，这里我们展开“彩电”选项卡进行内容的修改，如图 4-5-20 所示，其他选项卡内容根据实际情况利用同样的方法操作即可。

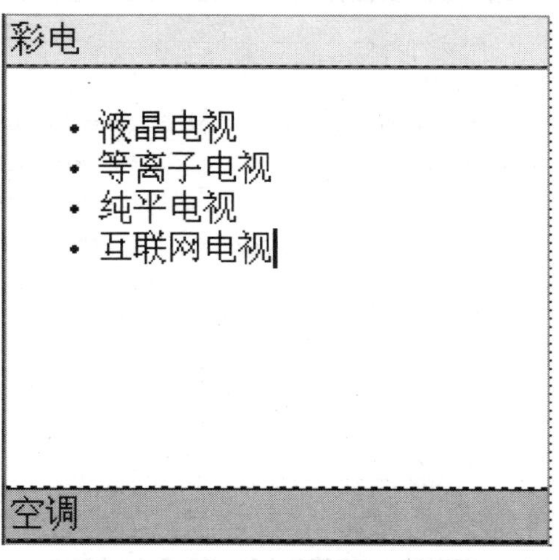

图 4-5-20　修改标签内容

（5）基础内容设置完成后，保存文件，然后会弹出如图 4－5－21 所示的对话框，这是制作折叠式菜单所需要的其他文件，点击确定按钮，则在我们网站站点下将自动生成一个名为“SpryAssets”的文件夹（如果之前已进行了其他 Spry 对象的插入，则都保存在同一个文件夹中，不会二次生成）。

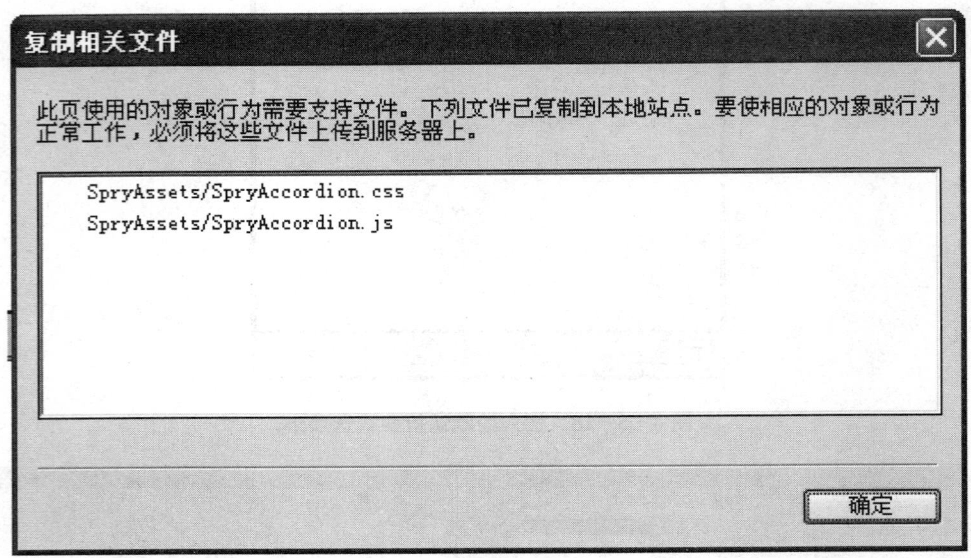

图 4－5－21　自动复制其他文件

（6）生成的折叠式面板宽度是根据所插入位置的空间大小自动设定的，并默认设置好了字体类型。打开“CSS 样式”面板，展开“SpryAccordion.css”，找到其中的“Accordion”项，双击，在弹出的对话框中设置“类型”分类中的各个项目，如图 4－5－22 所示，然后设置“方框”分类中的“Width”为“250”px，如图 4－5－23 所示。

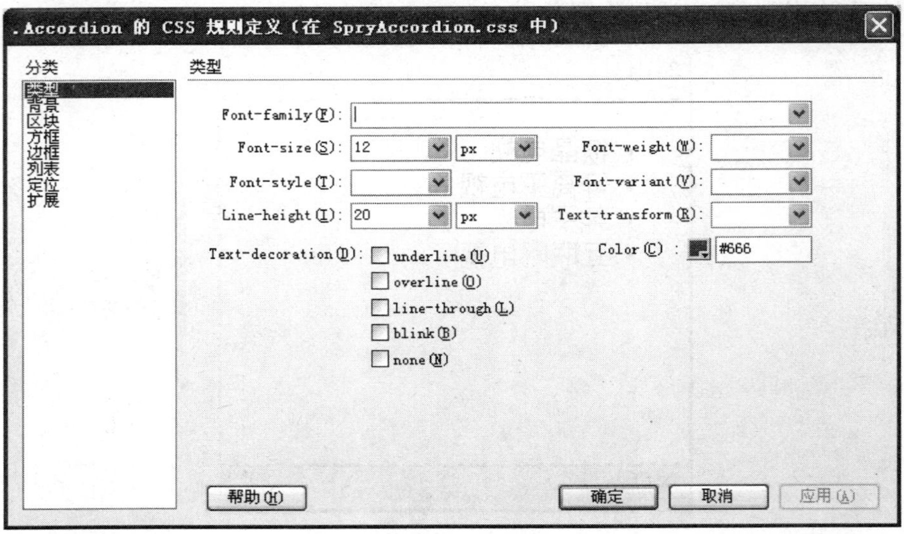

图 4－5－22　“类型”分类设置字体

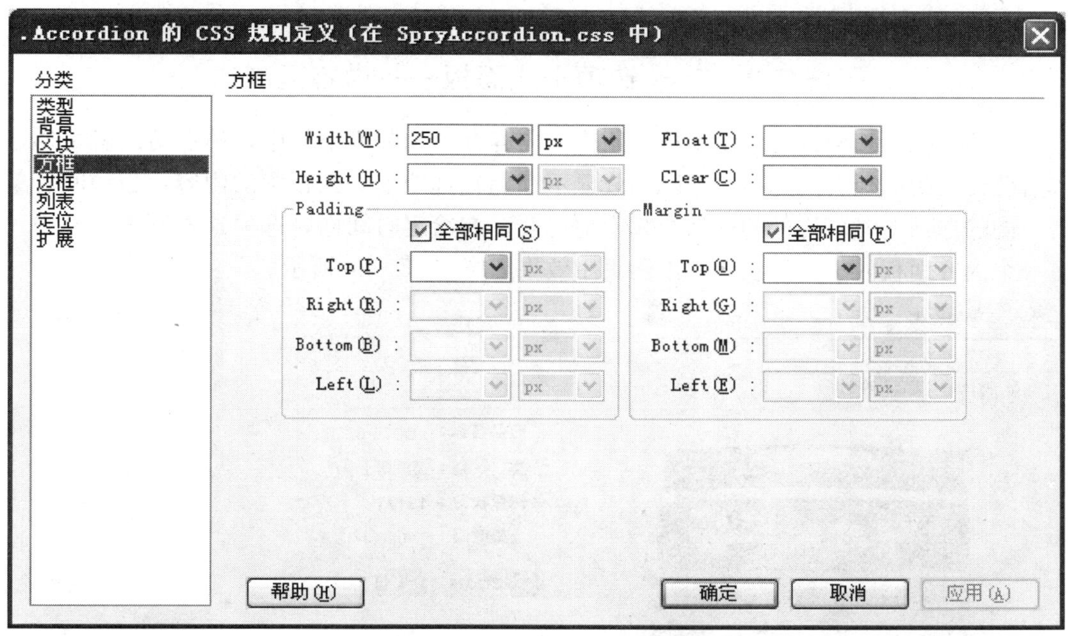

图 4-5-23　“方框”分类设置宽度

（7）打开“CSS 样式”面板，展开“SpryAccordion.css”，找到其中的“.Accordion-Focused.AccordionPanelTab”项，在下方出现的“background-color”项中修改颜色为“#999”，此操作设置的是当鼠标停留以外的选项卡标签栏的背景颜色，如图 4-5-24 所示。

（8）打开“CSS 样式”面板，展开“SpryAccordion.css”，找到其中的“.Accordion-Focused.AccordionPanelOpen.AccordionPanelTab”项，在下方出现的“background-color”项中修改颜色为“#ccc”，此操作设置的是当鼠标停留时当前选项卡标签栏的背景颜色，如图 4-5-25 所示。

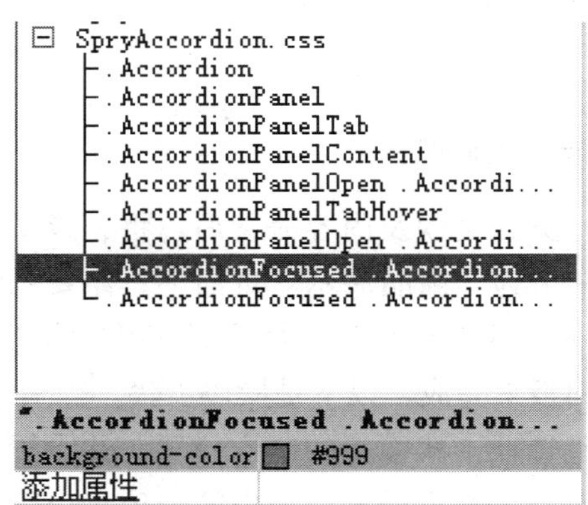

图 4-5-24　当鼠标停留以外的选项卡标签栏的背景颜色

图 4-5-25　当鼠标停留时当前选项卡标签栏的背景颜色

子任务3 Spry选项卡式面板——内容区制作

选项卡式面板构件是一组面板，用来将内容存储到紧凑空间中，站点访问者可通过单击要访问的面板上的选项卡来隐藏或显示存储在选项卡式面板中的内容，当访问者单击不同的选项卡时，构件的面板会相应地打开。在给定时间内，选项卡式面板构件中只有一个内容面板处于打开状态。本网页中效果如图4-5-26所示。

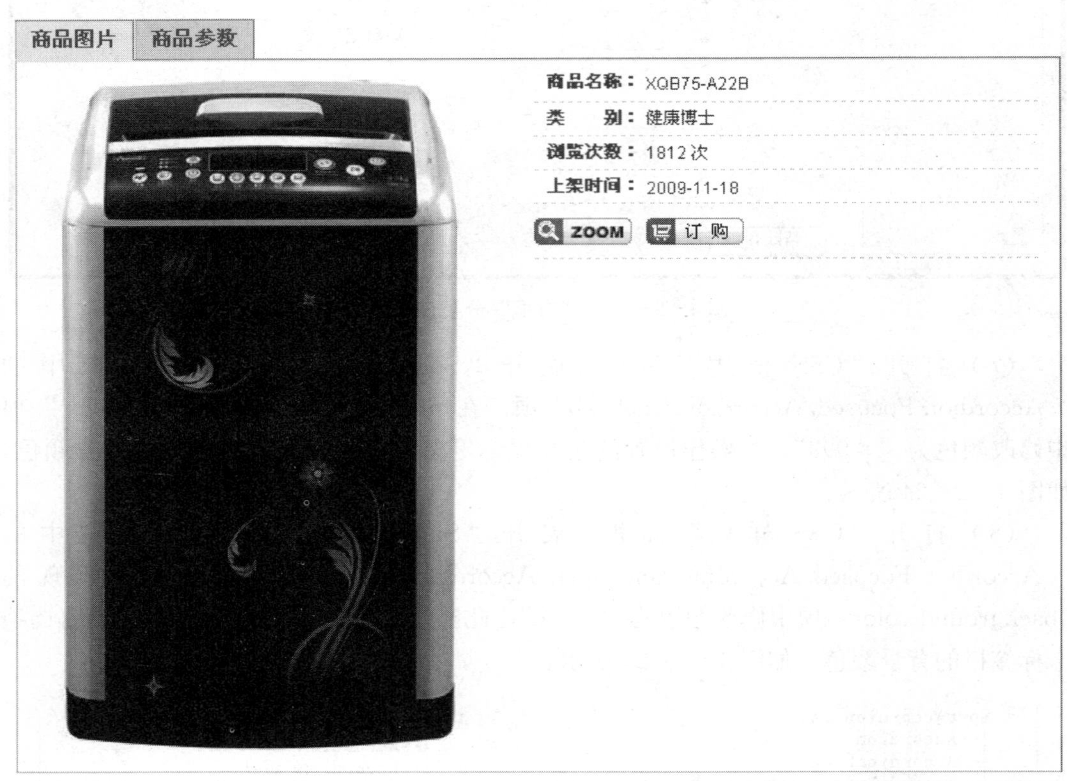

图4-5-26 选项卡式面板效果图

在“商品展示”模块中，有两个页面要完成，页面结构及内容完善后，将完成了两个Spry对象的页面另存为另外一个文件，其中一个为“商品展示”页面，只需要添加如图4-5-26商品展示页面效果图中一样的图片及文字，而另外一个网页（可称为“商品详细展示”页）的内容区则需要利用选项卡式面板来完成，以下是操作步骤。

(1) 打开“商品详细展示”页，将光标定位到选项卡式面板的制作位置，并设置当前单元格的水平方向为左对齐，垂直方向为顶端对齐，并将插入面板中的选项卡设置为“Spry”，点击其中的“Spry选项卡式面板”（如图4-5-27所示），或者执行“插入→Spry→Spry选项卡式面板”命令。

图 4－5－27　插入 Spry 选项卡式面板

（2）此时在对应的位置上已出现一个默认建立好的选项卡式面板，如图 4－5－28 所示。

图 4－5－28　插入的默认选项卡式面板

（3）在选取了选项卡式面板的情况下，点击“属性”面板对选项卡进行设置。根据网站的实际情况修改“面板”名称，将两个面板的名称设定为“商品图片”与“商品名称”，默认选择“商品图片”面板，属性框如图 4－5－29 所示。

图 4－5－29　选项卡面板属性框

（4）基础内容设置完成后保存文件，然后会弹出如图 4-5-30 所示的对话框，这是制作折叠式菜单所需要的其他文件，点击“确定”按钮，则在我们网站站点下将自动生成一个名为“SpryAssets”的文件夹（如果之前已进行其他 Spry 对象的插入，则都保存在同一个文件夹中，不会二次生成）。

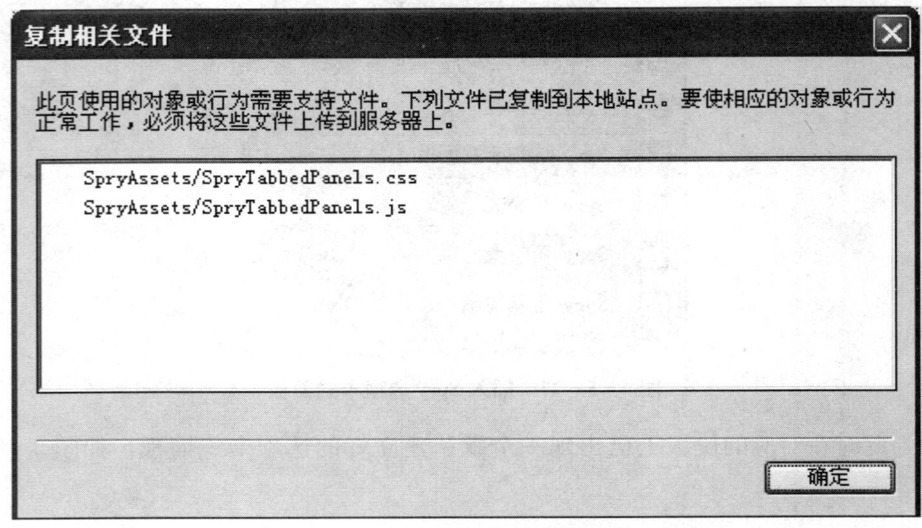

图 4-5-30　自动复制其他文件

（5）修改“商品图片”面板的内容，删除“内容 1”三个文字，并在对应的位置插入一个 1 行 2 列的表格，表格宽度为 700，插入后设定行高为“500”，对“商品参数”面板进行相同的操作，浏览效果如图 4-5-31 所示。

图 4-5-31　修改内容后效果图

(6) 在“商品图片”与“商品参数”面板中分别插入如图 4－5－32 及图 4－5－33 所示的内容，制作并添加相应的参数内容。

商品名称：XQB75-A22B

类　　别：健康博士

浏览次数：1812 次

上架时间：2009-11-18

ZOOM　订 购

图 4－5－32　商品图片面板中的内容

商品说明：

系　　列：	健康博士
机　　型：	XQB75-A22B
颜　　色：	宝石黑
容　　量：	7.5kg
转　　速：	850
能效等级：	3
额定电压：	220V/50Hz220V/60Hz120V/60Hz
尺　　寸：	567 x 583 x 960 mm
主要功能：	1、银离子杀菌 2、智能全程洗
基本功能：	1、衣物风干功能 2、注水漂洗 3、洁桶风干 4、水平仪设计 5、洗衣粉用量显示 6、自编程序 7、断电记忆 8、儿童保护 9、24小时预约 10、10档水位

图 4－5－33　商品参数面板中的内容

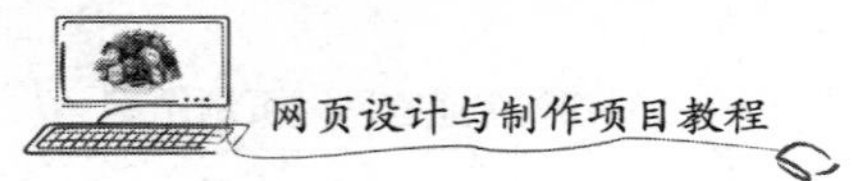

（7）打开“CSS 样式”面板，展开“SpryTabbedPanels. css”，找到其中的“. TabbedPanelsContentGroup”项，在下方出现的“background-color”项中修改颜色为“＃fff”，此操作设置的是面板内容区的背景颜色，如图 4－5－34 所示。

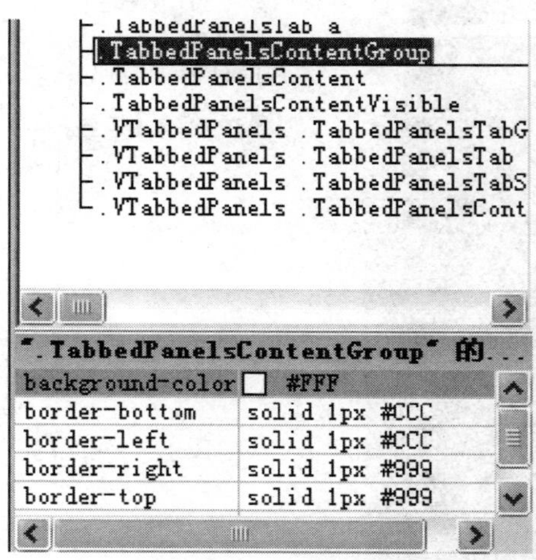

图 4－5－34　设置面板内容区的背景颜色

项目总结

本项目主要对企业官网网页的制作过程进行了阐述，重点介绍了网页中各类元素的插入方法，以及表单的插入和属性设置，介绍了常用 Spry 对象：菜单栏、折叠式面板、选项卡式面板的基本操作方法，为面向对象的网页制作打下了基础。

项目检测

一、练习题

1. 根据网页的主题自行收集素材及设计首页版式。
2. 根据所收集素材及首页版式制作网站页面。
3. 根据网站的导航菜单制作相应的子页面。

二、拓展训练

自主建立一个 Spry 可折叠式面板，将之应用于所建网页中。

项目五
第三方网店建设

项目概述

小郭在服装批发市场开了一家实体店，每个月光交店租就得要几万元，随着电子商务的兴起，淘宝、天猫、京东等第三方网店平台也在日渐发展，在淘宝上面开店是免费的，因此有兴趣在淘宝上面开个店铺过把店老板瘾的人也越来越多，小郭也想在淘宝上面开个网店，但是他对网店建设的流程还不是很了解，对网店的装修方法也不是很懂，更不知道如何促销、如何将网店的风格和产品的特点展示出来。此时，小郭需要了解网店的一些基本知识，例如淘宝免费开店的步骤、网店装修的架构和流程、网店装修的要素等。

项目目标

能力目标：

学完本项目后，学生应能够：

(1) 理解网店装修的概念和网店装修的重要性。

(2) 学会用有效的方法确定网店的装修风格。

(3) 学会网店设置与建设。

知识目标：

(1) 网店建设步骤。

(2) 网店建设的要素。

(3) 网店的架构和风格设计。

(4) 网店布局的常用结构。

项目任务

任务1　淘宝网店的开通

任务2　淘宝网店的装修

任务 1 淘宝网店的开通

【任务目标】

本任务的目标是成功注册并开通淘宝网店。

【任务实施】

第一步：注册淘宝会员。

开淘宝网店，需要拥有两个账号：淘宝网登录账号和支付宝账号。

（1）打开淘宝网，点击“注册”，如图 5－1－1 所示。

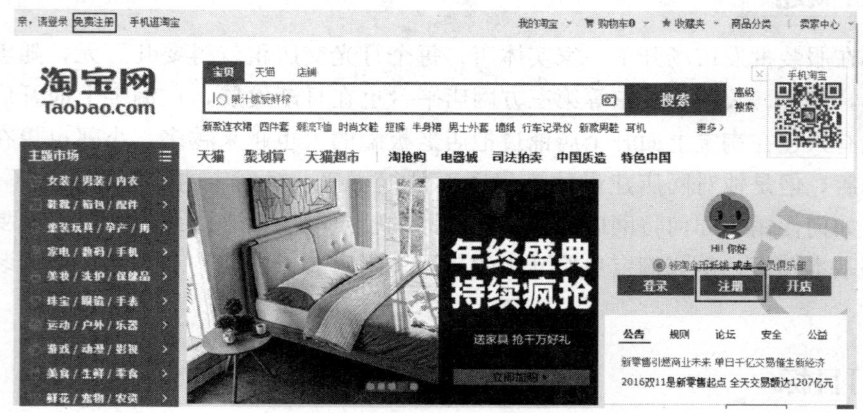

图 5－1－1 点击“注册”

（2）填写账号等基本注册信息并提交，如图 5－1－2 所示。

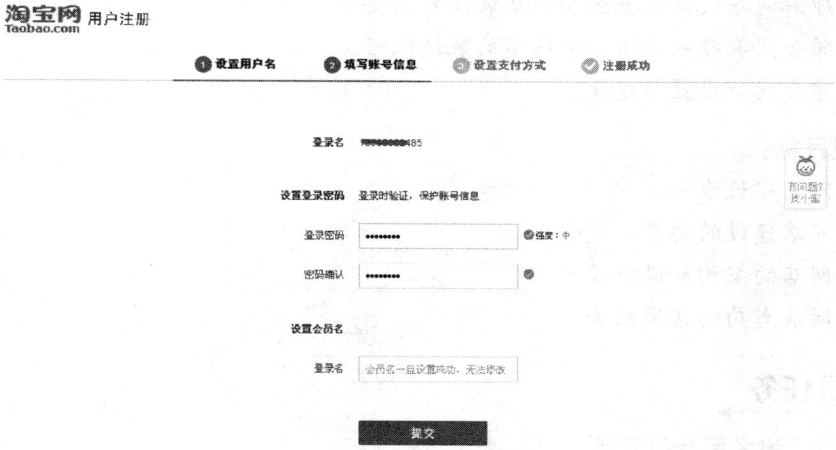

淘宝网 用户注册
Taobao.com

1 设置用户名 2 填写账号信息 3 设置支付方式 注册成功

登录名

设置登录密码 登录时验证，保护账号信息

登录密码 强度：中

密码确认

设置会员名

登录名 会员名一旦设置成功，无法修改

提交

图 5－1－2 填写基本注册信息

（3）提交信息之后需要进行安全验证，点击“免费获取验证码”，手机会收到6位数字的验证码，如图5-1-3所示。

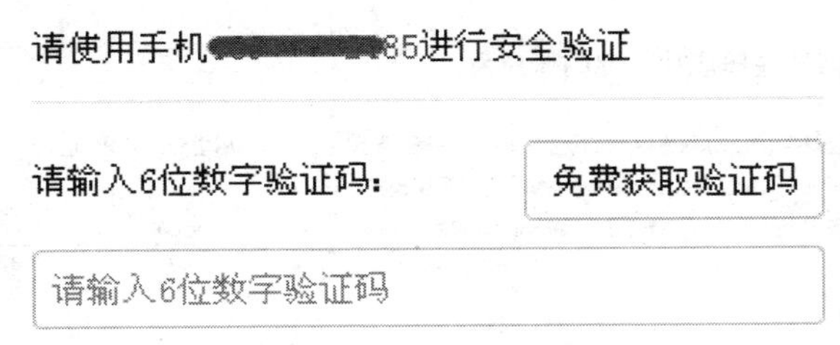

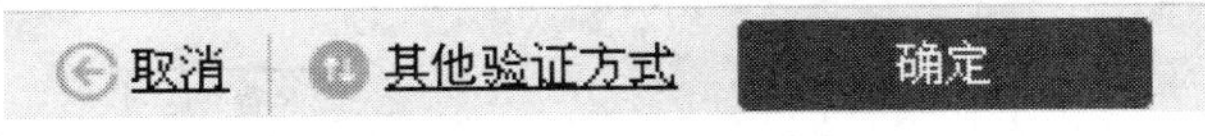

图5-1-3　填写验证码

输入手机收到的校验码进行激活，若不小心把该页面关闭了，此时不用着急，进入登录页面输入账户名和密码，点击“登录”，该页面又会出现。

（4）设置支付方式，如图5-1-4所示。

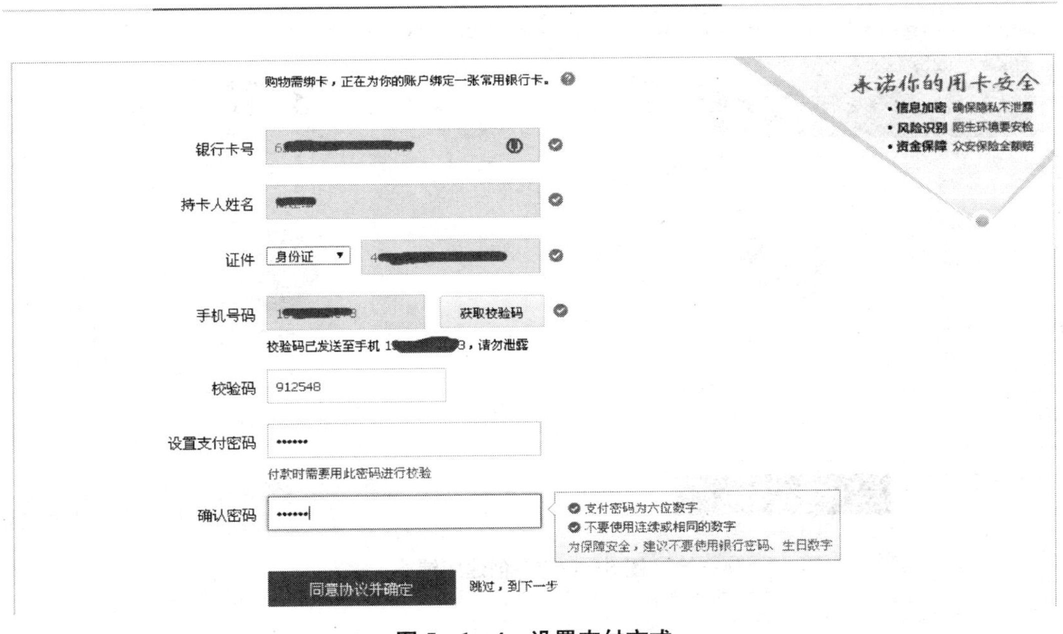

图5-1-4　设置支付方式

校验成功后，淘宝账户即注册成功了，如图 5-1-5 所示。

淘宝网 Taobao.com 用户注册

恭喜注册成功，你的账户为：

登录名 (你的账号通用于支付宝、天猫、一淘、聚划算、来往、阿里云、阿里巴巴)

银行卡: （尾号） 已开通快捷支付

淘宝会员名： 领新手红包，赚淘金币，尽在新手专区！查看详情 | 免费开店入口 | 安心购物，100万账号安全险免费领

图 5-1-5　注册成功

第二步：创建店铺，如图 5-1-6、图 5-1-7、图 5-1-8 所示。

淘宝网首页　我的淘宝　购物车0　收藏夹　商品分类　卖家中心　联系客服　网站导航

免费开店
已卖出的宝贝
出售中的宝贝
卖家服务市场
卖家培训中心

账号信息　3 设置支付方式　注册成功

图 5-1-6　免费开店

免费开店

申请淘宝店铺完全免费；一个身份只能开一家店；开店后店铺无法注销；申请到正式开通预计需1~3个工作日。了解更多请看开店规则必看

1 选择开店类型 个人店铺，企业店铺
2 阅读开店须知 确认自己符合个人店铺的相关规定
3 申请开店认证 需提供认证相关资料，等待审核通过

个人店铺

通过支付宝个人实名认证的商家创建的店铺，就是个人店铺。

创建个人店铺

企业店铺

通过支付宝企业认证的商家创建的店铺，就是企业店铺。

创建企业店铺

请使用企业账户登陆开店

图 5-1-7　创建店铺

图 5-1-8 阅读开店须知

第三步：开店发布宝贝。

(1) 登录淘宝，点击右上角的“卖家中心”，进入“卖家中心管理”界面，如图 5-1-9 所示。

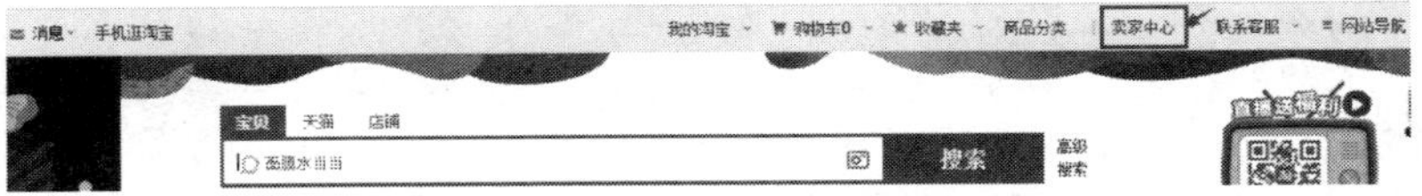

图 5-1-9 点击“卖家中心”

(2) 点击“宝贝管理→发布宝贝”，进入发布宝贝的页面，如图 5-1-10 所示。

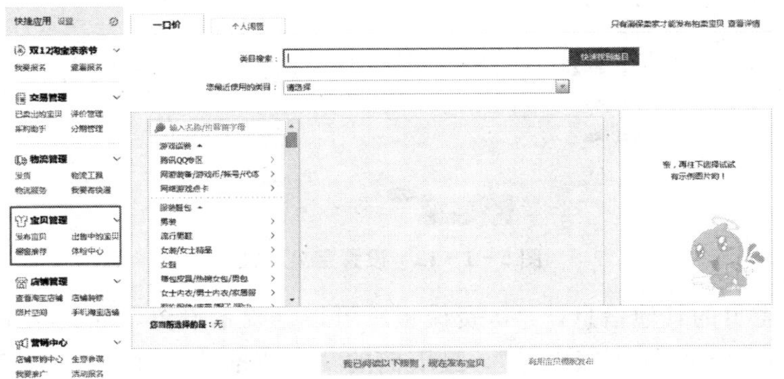

图 5-1-10 宝贝管理

（3）从淘宝提供的宝贝分类中为你的宝贝选择一个分类，最后的三级或四级分类如果找不到合适的，也可以不选。点击“我已阅读以下规则，现在发布宝贝”，如图 5-1-11 所示。

图 5-1-11 发布宝贝

（4）根据你的宝贝信息添加其他项目，“宝贝标题”处可输入宝贝的标题，建议进行相关的关键词优化操作，这样可以提升你的宝贝被搜索到的可能性，如图 5-1-12 所示。

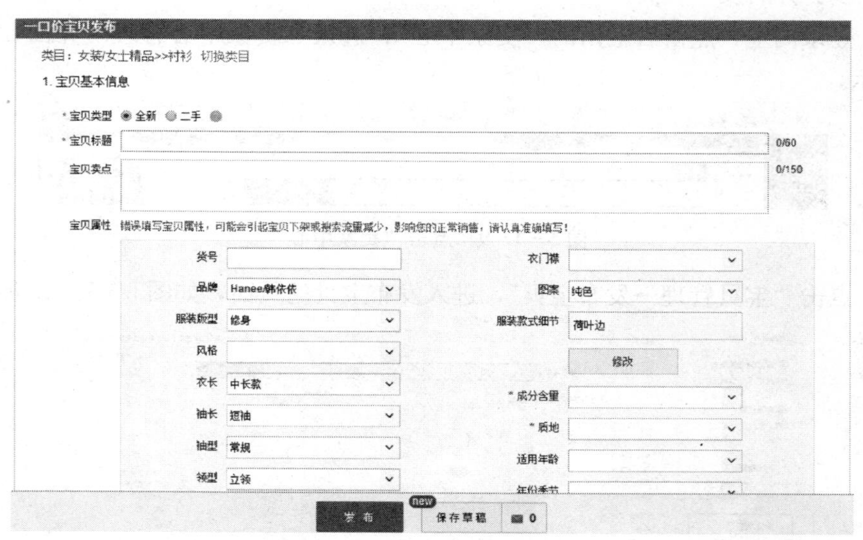

图 5-1-12 设置宝贝属性

（5）填好宝贝的其他信息，“运费模板”可根据提示设置，如买家是否承担运费，库存设置一般选“买家拍下减库存”，最下面的“橱窗推荐”可以勾选，这样当买家进入你的淘宝店铺时就会优先看到“橱窗推荐”的宝贝，如图 5-1-13 所示。

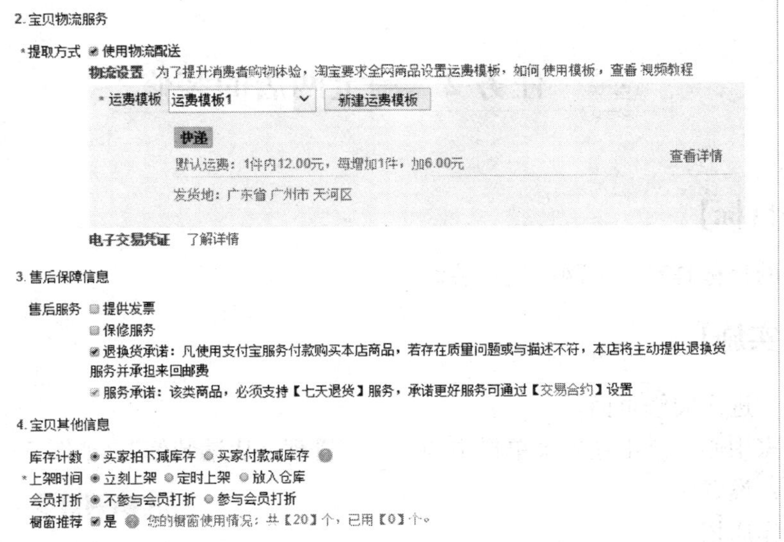

图 5-1-13 填好宝贝的其他信息

（6）在宝贝信息页面上传图片，可以选择直接上传图片或从图片空间上传图片。宝贝主图大小不能超过 3MB。淘宝宝贝的推荐尺寸为 700×700 以上的图片，自动提供放大镜功能，如图 5-1-14 所示。

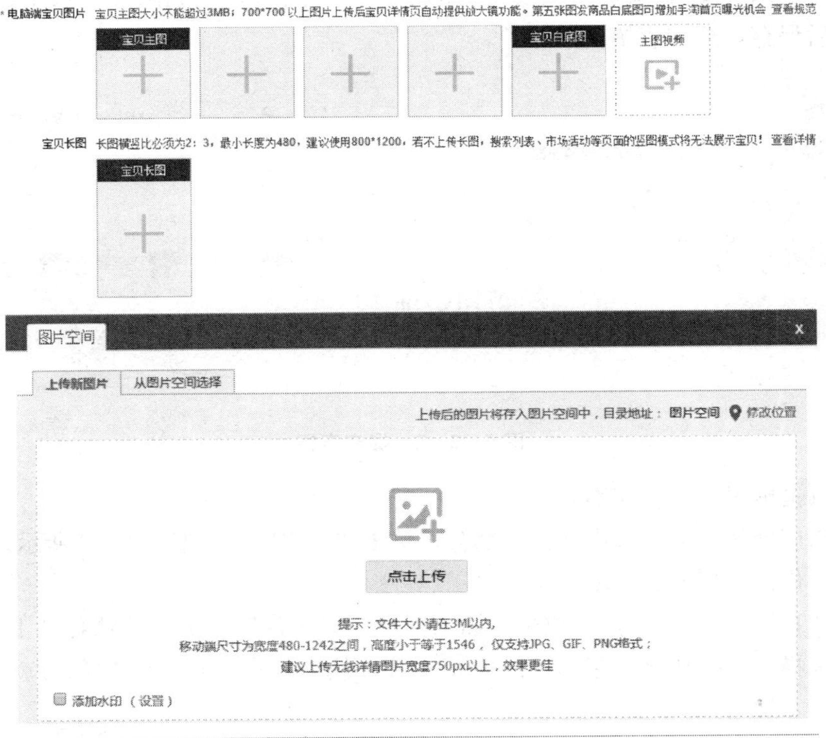

图 5-1-14 上传图片

任务 2　淘宝网店的装修

【任务目标】

本任务的目标是对淘宝网店进行装修。

【任务实施】

第一步：进入装修页面。

登录卖家中心，点击左侧菜单栏中的“店铺管理→店铺装修”，如图 5－2－1 所示。

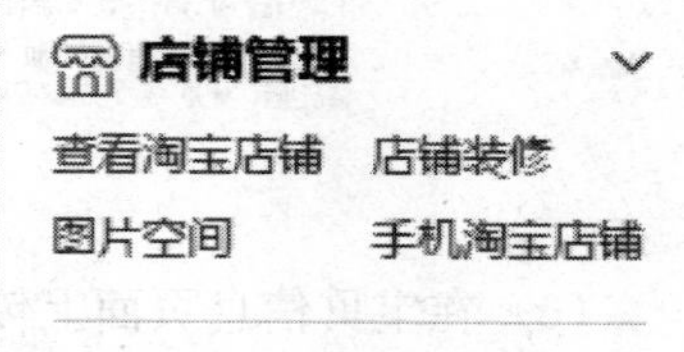

第二步：设置店招。

（1）制作店招。

可以通过 Photoshop 软件制作店招，也可以在线制作店招（在百度搜索“在线制作店招”）。图 5－2－2 是某个在线制作店招的网站的截图，制作店招时首先要填写好标题（填写的内容与店招商品要有一定的对应关系），然后点击“确认提交”，就可以生成想要的图片了，然后在生成图片上右击选择“图片另存为”后保存，这样店招就做好了。

图 5－2－1　进入装修页面

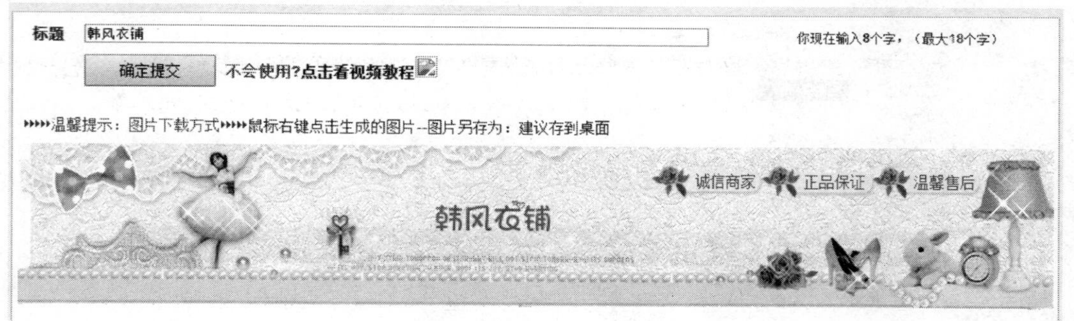

图 5－2－2　提交店招

（2）点击编辑（淘宝店铺）。

在装修店铺的页面，选中店招的部分，单击“编辑”，如图 5－2－3 所示。

（3）上传制作好的店招图片。

选择“自定义招牌”，然后点击“插入图片空间图片”图标，再选择“上传新图片”或从淘盘选择，再上传已经制作好的店招图片，然后保存，这样店招部分就设置好了，如图 5－2－4 所示。

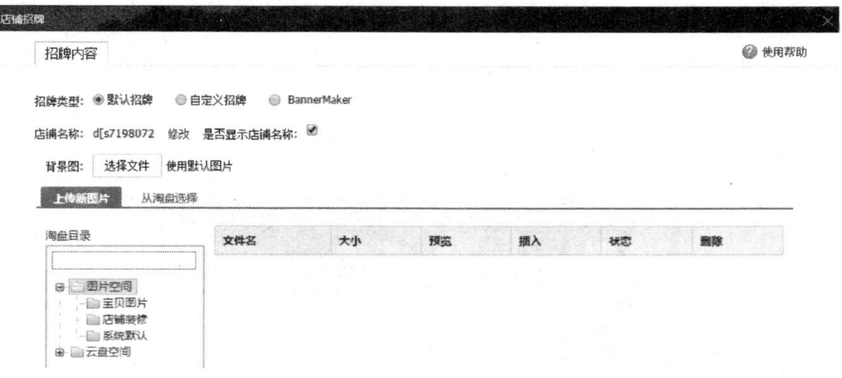

图 5-2-3 编辑店招

图 5-2-4 上传店招图片

第三步：淘宝店版本分为专业版和基础版，店铺页面版本对比如图 5-2-5 所示。

版本信息对比 店铺展示对比

1钻以下免费
1钻以上50/月
立即使用>
专业版
VS
基础版
所有用户
永久免费使用

注：专业版
基础版

店铺装修

设置页头背景	设置页面背景	页尾自定义装修	页面布局管理	布局结构（首页）	列表页面模板数（新）	详情页宝贝描述模板数	可添加自定义页面数	免费提供系统模板数
√	√	√	√	通栏/两栏/三栏	15	25	50	3
			√	两栏	0	3	6	1

系统模板配色套数	系统自动备份装修（个数）	手动备份装修（个数）	首页可添加模块数	列表页可添加模板数	详情页可添加模板数	自定义页可添加模块数
24	10	15	40	15	15	40
5	10	15	40	15	15	40

图 5-2-5 店铺页面版本对比

（1）模板风格的选择。

模板的风格有多种颜色选择，具体的选择要根据你所设计的整体色调来决定。首先点击“页面装修（红框）→配色”，然后选择颜色（如天蓝色），最后点击“保存”，如图 5－2－6 所示。

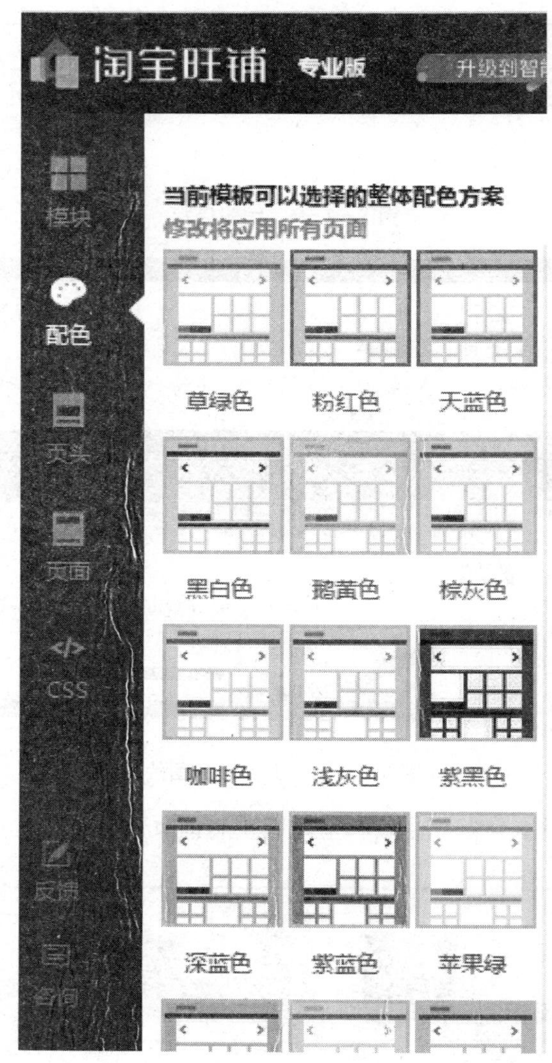

图 5－2－6　模板风格的选择

（2）店铺页面内各个部分的安排布局。

点击“布局管理”，蓝色框内的内容可以随意拖动和调换位置；另外，“自定义内容”区域和“添加布局单元”（橙色框）可以根据需要选择添加，如图 5－2－7、图 5－2－8 所示。

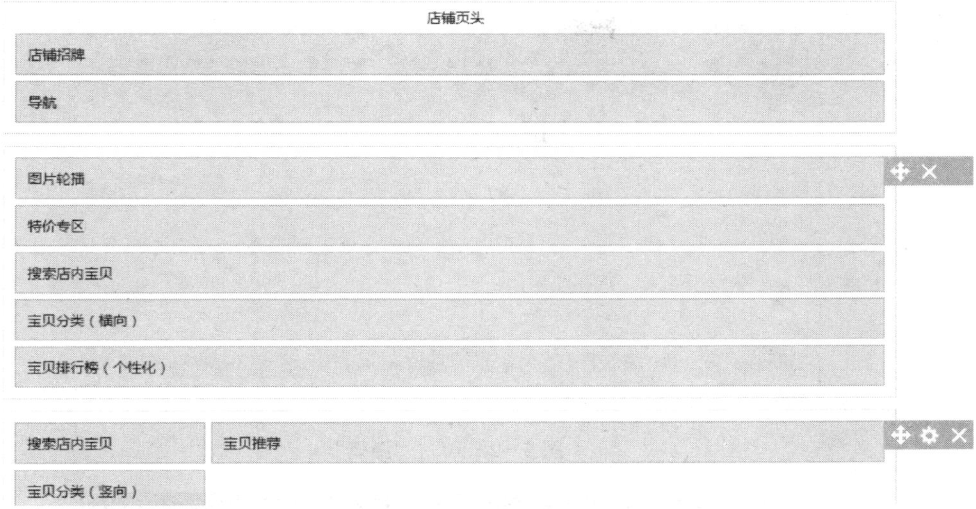

店铺页头
店铺招牌
导航
图片轮播
特价专区
搜索店内宝贝
宝贝分类（横向）
宝贝排行榜（个性化）
搜索店内宝贝
宝贝推荐
宝贝分类（竖向）

图 5-2-7　布局管理

选择所需模块，并拖动至相应位置
所有
1920
950
190
750
基础模块
宝贝推荐
宝贝排行
默认分类
个性分类
自定义区
图片轮播
友情链接
客服中心
生意参谋
设计师模块
首页
页面编辑
布局管理
备份
搜索店内宝贝
宝贝分类（横向）
宝贝排行榜（个性化）
宝贝推荐
宝贝分类（竖向）
宝贝排行榜
添加布局单元
请拖入模块

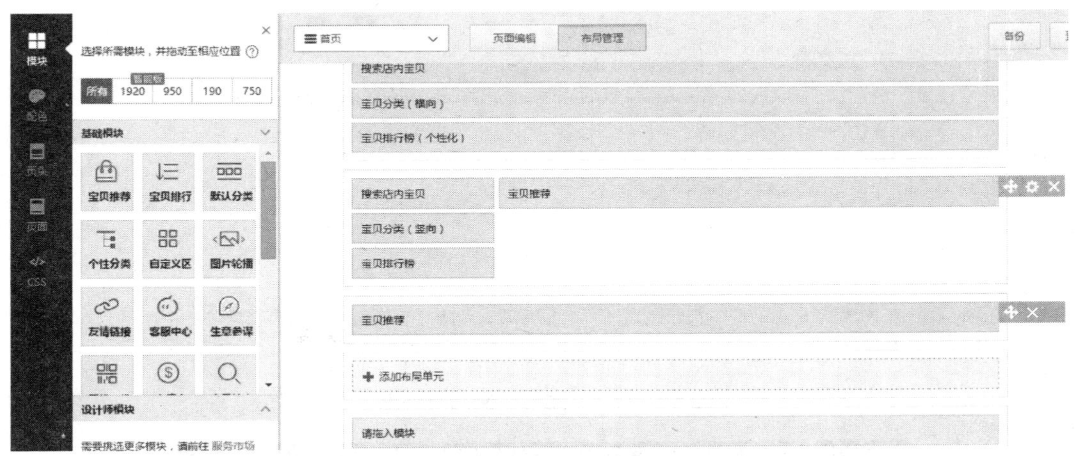

图 5-2-8　添加布局单元

第四步：玩转自定义内容。

自定义内容，顾名思义是可以自己编辑的，这是淘宝店装修的重点。

（1）点击“编辑”，如图 5-2-9 所示。

自定义内容区
编辑
删除
添加模块

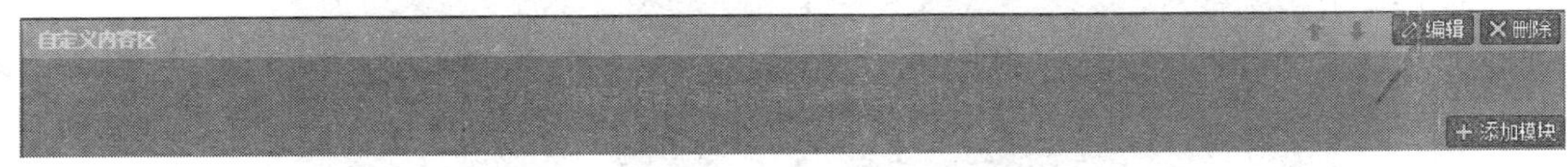

图 5-2-9　自定义内容

（2）点击“源码”图标，如图 5-2-10 所示。

（3）在百度上搜索“免费淘宝模板代码”，然后把代码“复制→粘贴”在绿色框的区域，再点击一次“源码”这个图标，就可预览效果了。如图 5-2-11、图 5-2-12 所示。

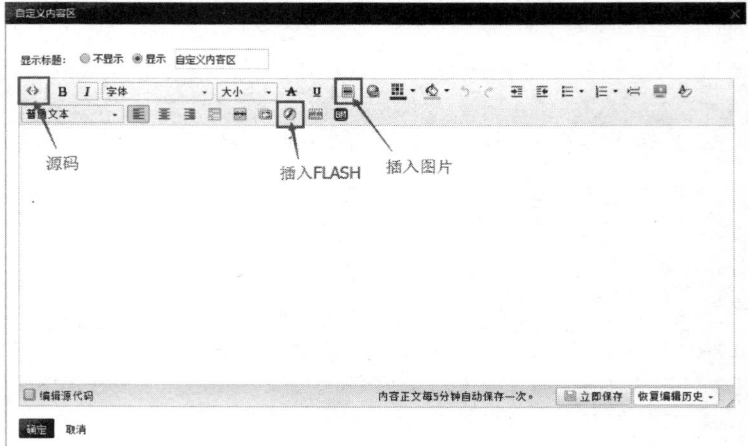

图 5－2－10　“源码”

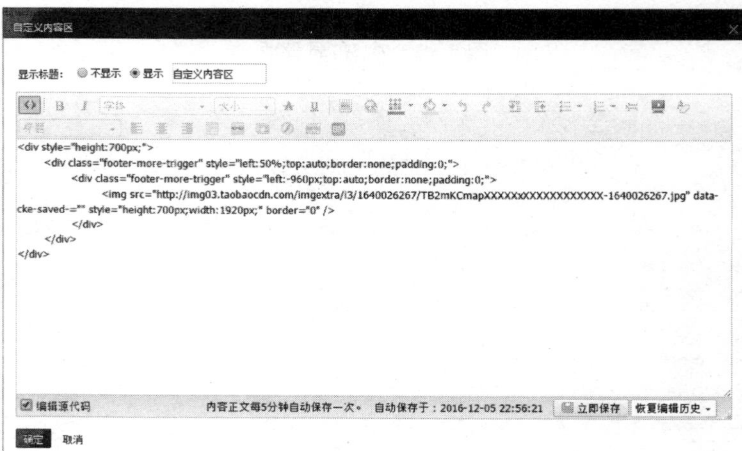

图 5－2－11　代码“复制→粘贴”

图 5－2－12　预览源码效果

第五步：发布店铺。

图片和文字都设置好以后，点击“预览”，对局部进行调整，如果没有问题的话再点击“发布”，这样淘宝店面就装修好了，如图 5－2－13 所示。

图 5－2－13　发布店铺

第六步：手机淘宝店铺管理。

进入卖家中心，点击店铺管理中的“手机淘宝店铺”（如图 5－2－14 所示）进入手机淘宝店铺管理界面，如图 5－2－15、图 5－2－16 所示，选择“立即装修”，完善各模块信息，为手机端编辑宝贝的信息和宝贝的图片，注意手机端也要去编辑和上传宝贝图片，这样相当于开通手机端的宝贝页面，方便手机用户买家查看和购买，如图 5－2－17 所示。

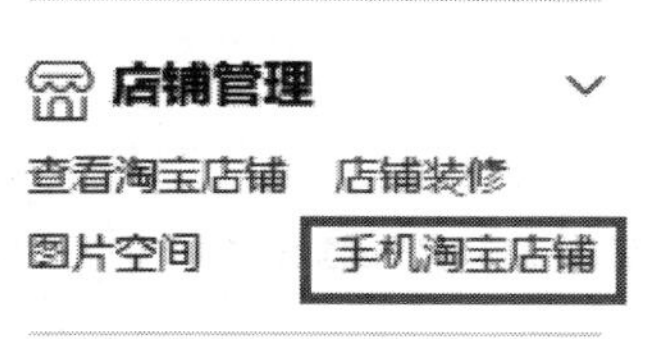

图 5－2－14　手机淘宝店铺管理

图 5－2－15　手机淘宝店铺管理界面

图 5－2－16　手机淘宝店铺各模块

图 5-2-17　装修手机淘宝店铺

项目总结

本项目介绍了开设网店的基本步骤与流程。注册并开通淘宝网店后，就要对店铺进行适当的装修。通过本项目的学习，要掌握店招设置，模板使用，自定义内容设计，图片、色彩、多媒体的综合运用等知识。

项目检测

一、练习题

1. 在淘宝网上注册店铺需要什么条件，要准备哪些资料？

2. 比较京东店铺和淘宝店铺的异同。

二、拓展训练

以女装为素材，设计一个女装店铺的首页，要求以产品的风格作为网页配色的依据，制作出店招、导航条、轮播图、分类栏目和商品展示区，要求页面布置合理、大方得体。

项目六 电子商城动态网站建设

项目概述

孙老板原来是传统卖场的老板，随着网络营销形势的发展，他在网上建立了电子商城。和一般的企业网站不同，电子商城需要实现的功能与交互性更强，如用户注册、信息发布、产品展示、订单管理等；电子商城要求将动态页面保存在Web服务器内，当客户端用户向Web服务器发出访问动态页面的请求时，Web服务器将根据用户所访问的后缀名确定该页面所使用的网络编辑技术，然后把该页面提交给解释引擎，解释引擎扫描整个页面，找到特定的定界符，并执行位于定界符内的脚本代码以实现不同的功能，如执行算术运算、访问数据库、处理表单等，最后把执行结果返回Web服务器。Web服务器把解释引擎的执行结果连同页面上的HTML内容以及各客户端脚本一同传送到客户端。

项目目标

能力目标：

学完本项目后，学生应能够：

（1）正确搭建动态网站环境并创建动态网站。

（2）利用ODBC实现对数据库的连接。

（3）制作用户注册页面并实现客户端与服务器端的行为验证。

（4）制作用户登录页面并实现对数据库的数据验证。

知识目标：

（1）动态网站概念和ASP动态网页技术的工作原理。

（2）IIS构造ASP环境的方法。

（3）ASP连接Access数据库的方法。

（4）表单的设计与制作方法。

（5）客户端验证和服务器端验证的方法。

项目任务

任务 1　动态网站的创建

　子任务 1　IIS 的安装与设置

　子任务 2　动态网站的创建、配置与测试

任务 2　用户注册页面的制作与实现

　子任务 1　数据库的连接

　子任务 2　注册页面制作

　子任务 3　注册页面客户端表单验证

　子任务 4　注册页面服务端的验证与插入记录

任务 3　用户登录页面的制作与实现

　子任务 1　登录页面制作

　子任务 2　登录用户的身份验证

任务 1　动态网站的创建

【任务目标】

创建 Web 服务器中电子商城的首页，如图 6-1-1 所示。

图 6-1-1　电子商城首页

【任务实施】

为了达成上述任务目标，可将其分解为两个子任务来解决。

子任务1　IIS的安装与设置

网站要在服务器平台下运行，离开了服务器平台，动态交互式网站就不能正常运行。要将本地电脑设置为服务器，必须在计算机上安装能够提供Web服务的应用程序，对于开发ASP页面来说，安装Internet Information Server（IIS）是最好的选择。

IIS的作用是将客户端与服务器端进行连接，当访问者在浏览器中发出一个请求时，这个请求通过网络发送到服务器，然后服务器再将它交给IIS处理，并根据请求的文件进行相应处理。本任务在Windows 7＋IIS的环境中进行。

1. 安装Internet信息服务器IIS

选择“开始→控制面板”命令，打开“控制面板”窗口，如图6－1－2所示。

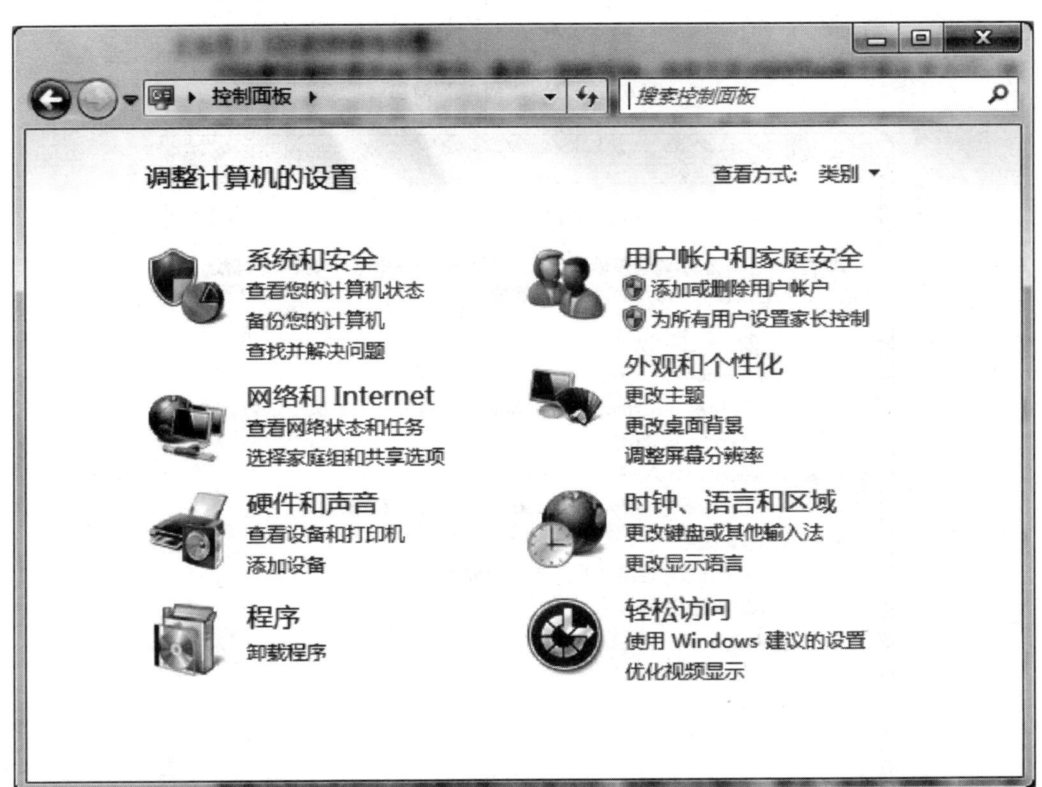

图6－1－2　控制面板

点击“程序”，打开“程序窗口”，如图6－1－3所示。

在“程序窗口”中单击“打开或关闭Windows功能”，弹出“打开或关闭Windows

功能”窗口，如图 6－1－4 所示。

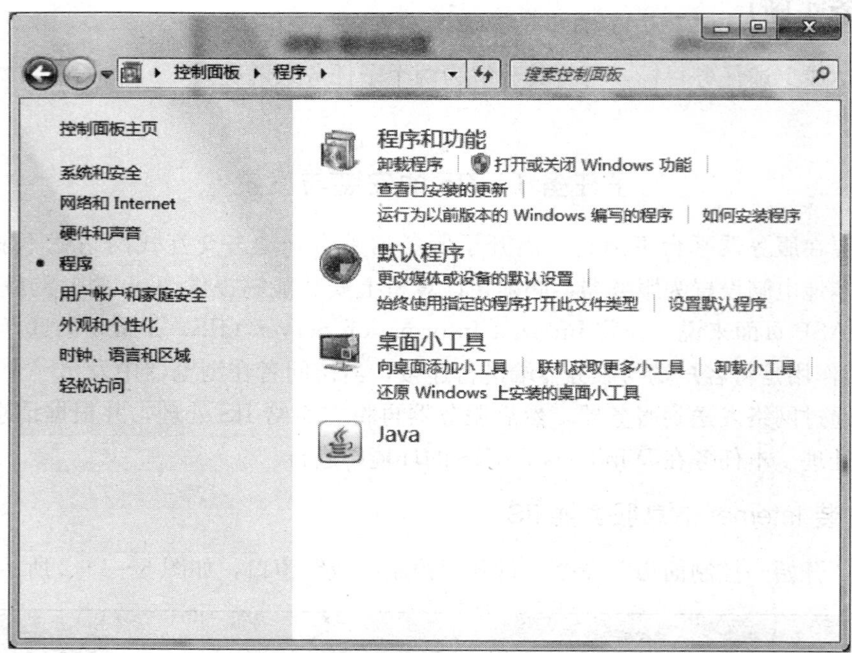

图 6－1－3　“程序”窗口

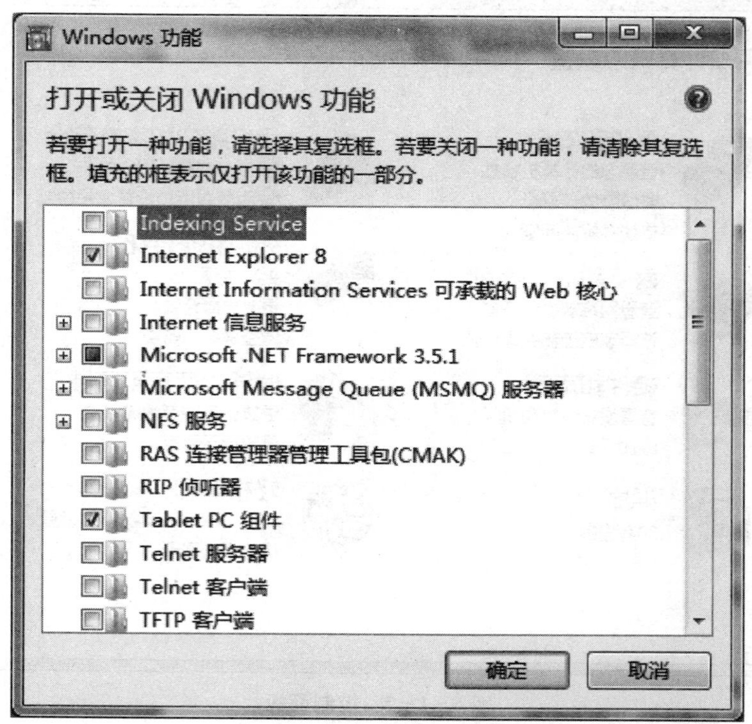

图 6－1－4　“打开或关闭 Windows 功能”窗口

在“打开或关闭 Windows 功能”窗口中选择“Internet 信息服务”复选框，然后单击“确定”按钮安装 IIS，如图 6－1－5 所示。

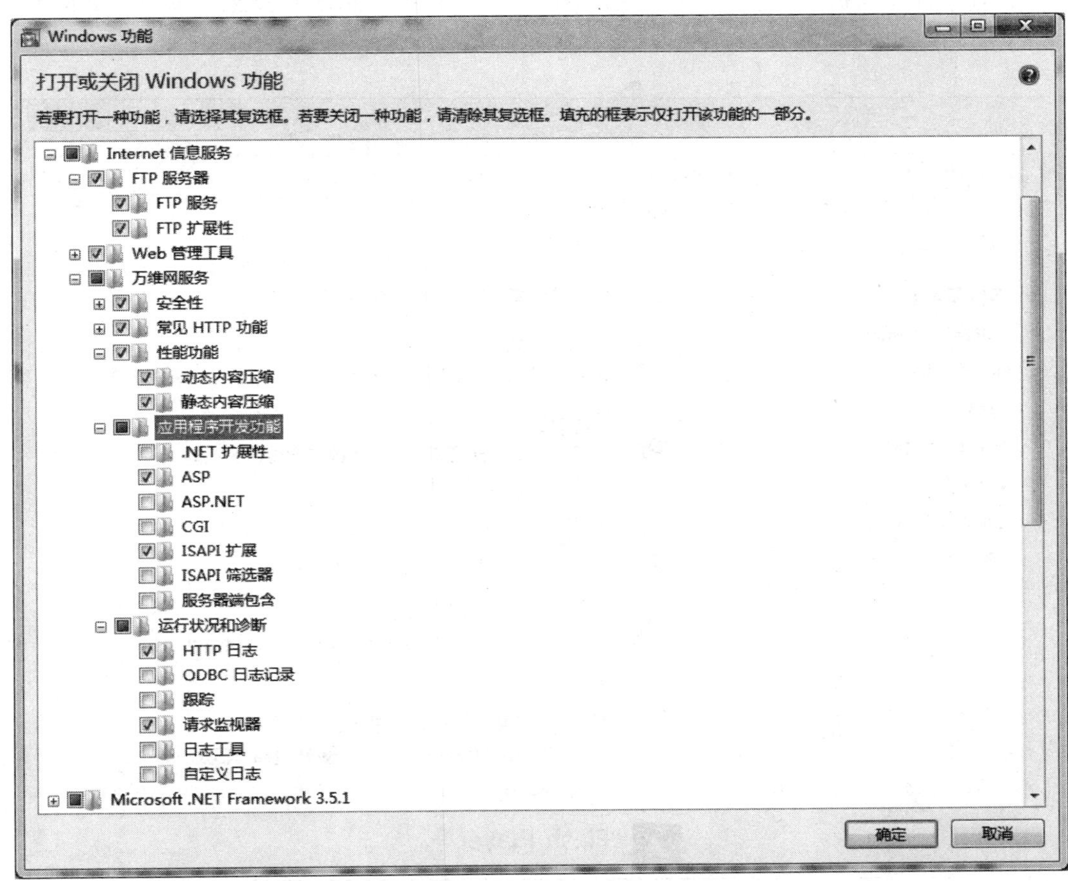

图 6－1－5　安装 IIS

确定安装后，进入系统安装设置，如图 6－1－6 所示，此时可能需要等待两三分钟，IIS 安装完毕后对话框会自动消失。

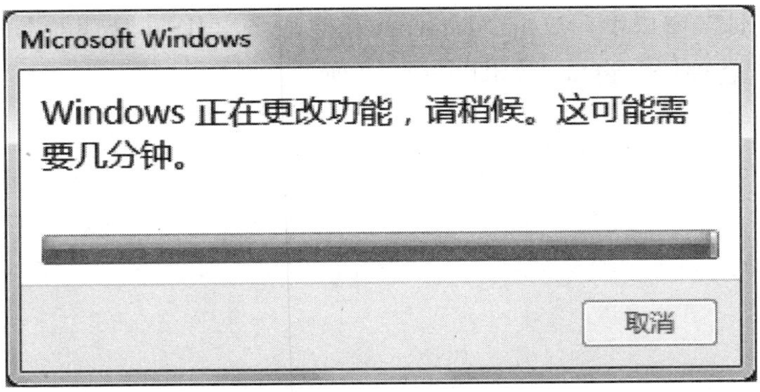

图 6－1－6　系统安装设置

2. 设置 IIS 服务器

打开“控制面板”窗口，单击“系统和安全”，弹出“系统和安全”窗口，如图 6-1-7 所示。

图 6-1-7 “系统和安全”窗口

在“系统和安全”窗口中选择右下角的管理工具，打开“管理工具”窗口，如图 6-1-8 所示。

在“管理工具”窗口中，双击“Internet 信息服务（IIS）管理器”，打开“Internet 信息服务（IIS）管理器”窗口，如图 6-1-9 所示。

图 6-1-8　“管理工具”窗口

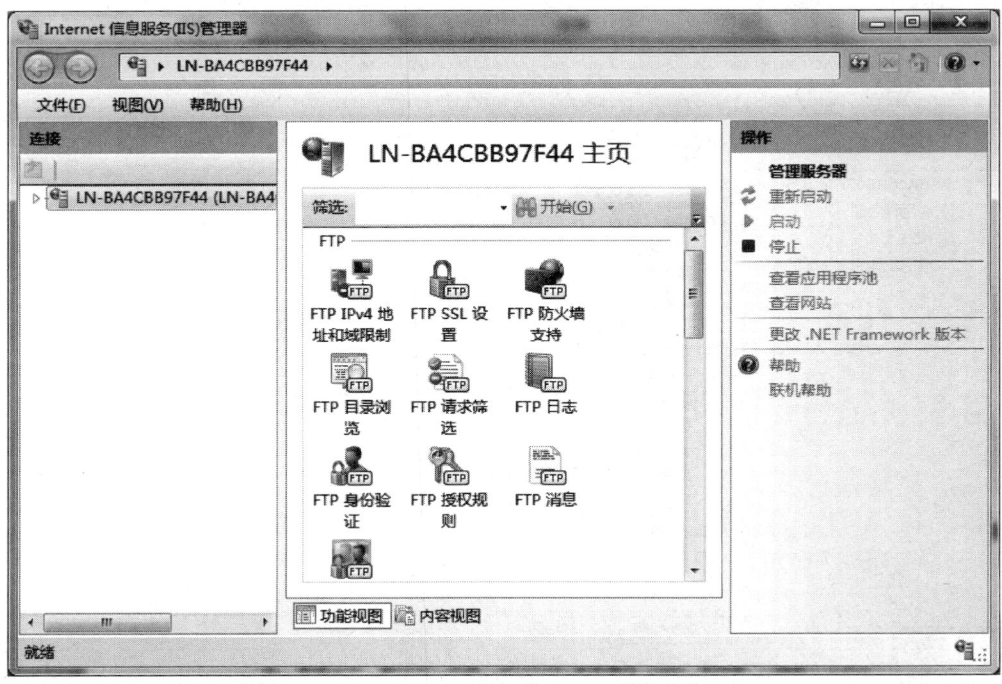

图 6-1-9　“Internet 信息服务（IIS）管理器”窗口

点击左边的倒三角，就会看到网站下面的“Default Web Site”窗口，如图 6－1－10 所示。

双击 ASP 图标，进入“ASP 设置”窗口，如图 6－1－11 所示。

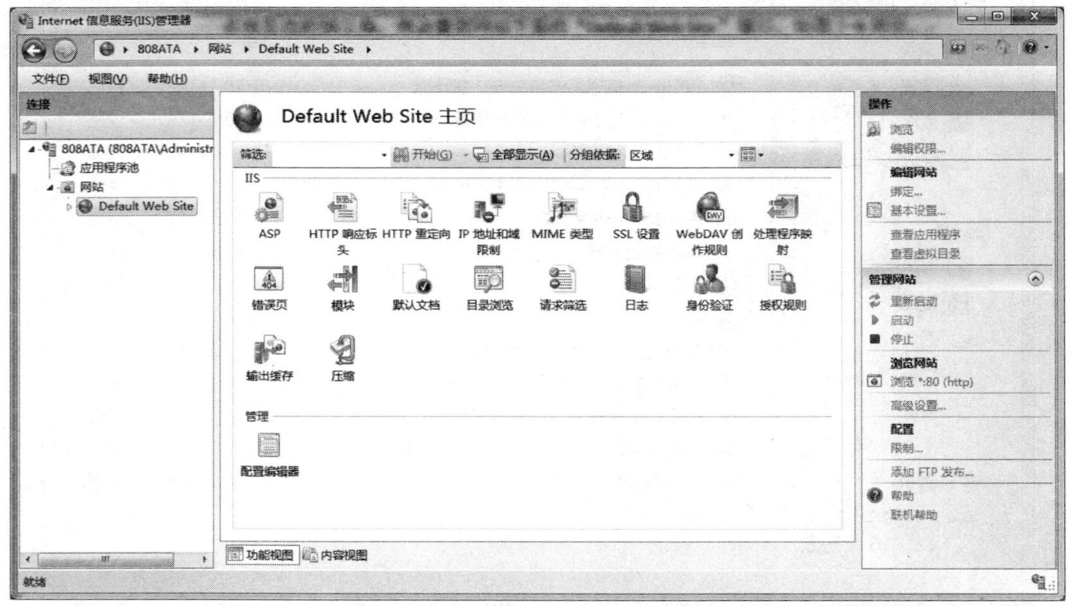

图 6－1－10 “Default Web Site”窗口

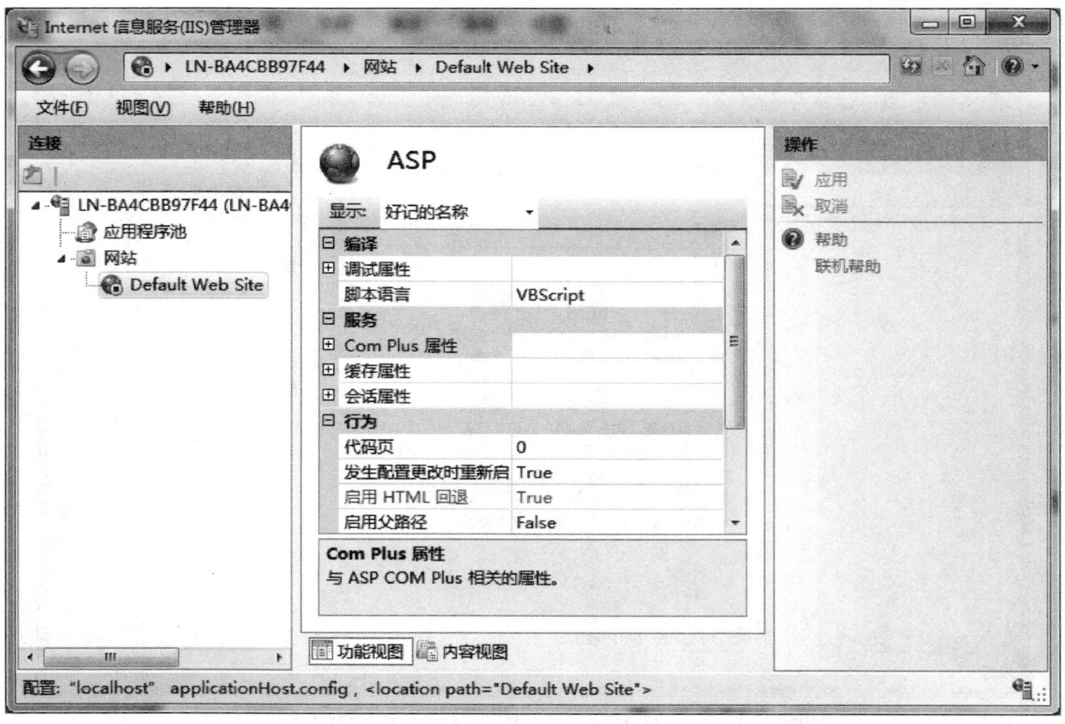

图 6－1－11 “ASP 设置”窗口

在“ASP 设置”窗口的功能视图下，将“调试属性”下面的“将错误发送到服务器”的属性修改为“True”，然后将“行为”下面的“启用父路径”的属性也修改为“True”（默认为“False”），如图 6－1－12 所示。

右键点击“Default Web Site”，选择“管理网站→高级设置……”，进入高级设置窗口，如图 6－1－13 所示。

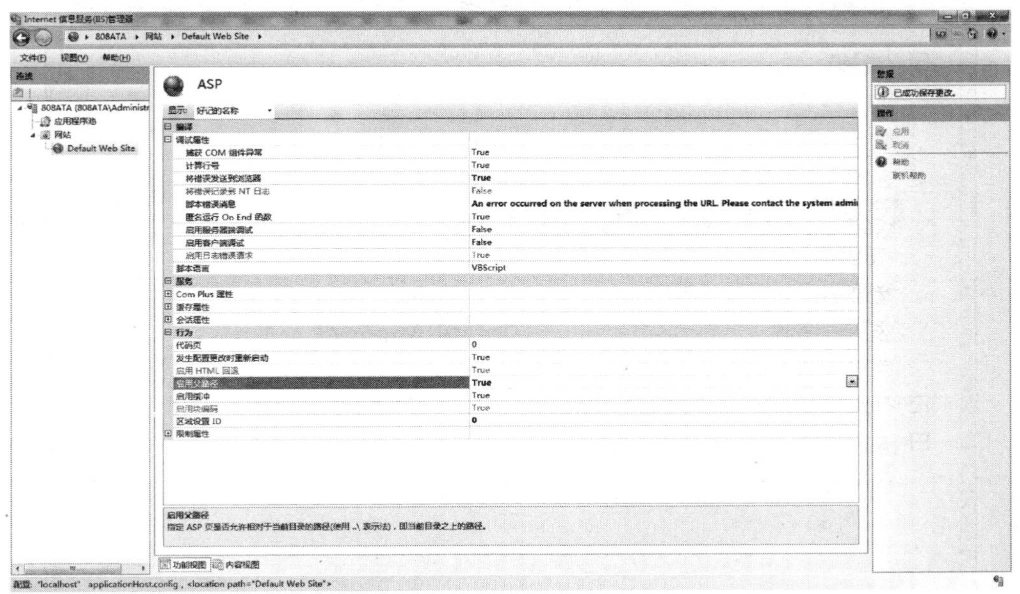

图 6－1－12　设置 ASP 属性

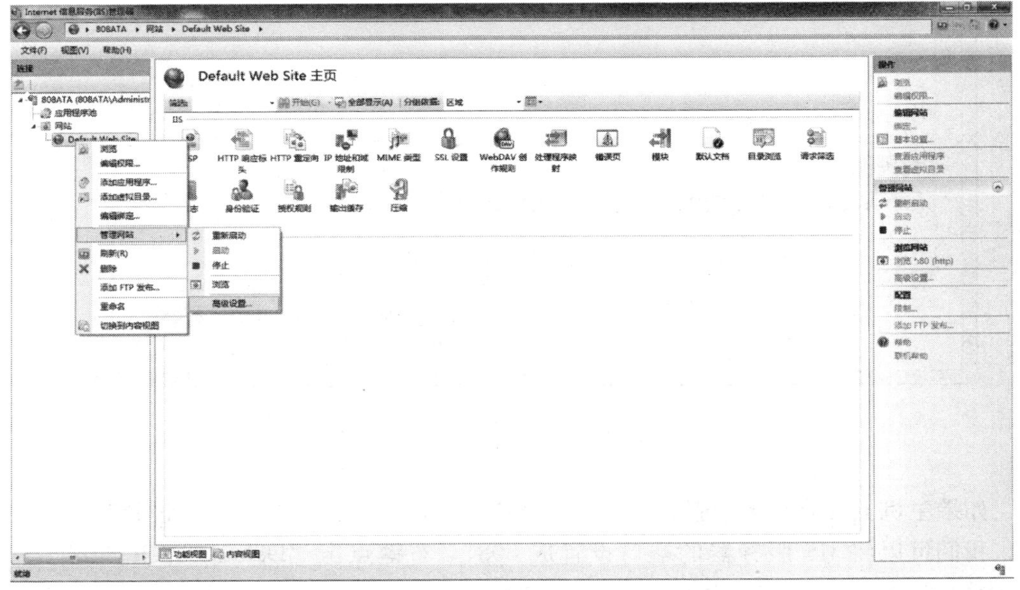

图 6－1－13　选择“高级设置”

进入高级设置，需要修改的是物理路径，即本地文件程序存放的位置 E：\www（此文件夹即 IIS 服务器所管理的文件夹，注意此目录必须存在），如图 6－1－14 所示。

高级设置

(常规)	
ID	1
绑定	http:*:80:
名称	Default Web Site
物理路径	E:\www
物理路径凭据	
物理路径凭据登录类型	ClearText
应用程序池	DefaultAppPool
自动启动	True
行为	
连接限制	
已启用的协议	http

物理路径

[physicalPath] 指向虚拟目录内容的物理路径。

确定　取消

图 6－1－14　“高级设置”窗口

如果主机上安装有多个服务器，为了避免冲突，必须为每个服务器设置唯一的端口号，我们可以将 IIS 服务器的端口设置成 8081，右键点击“Default Web Site”，选择“编辑绑定”，进入“网站绑定”窗口，如图 6－1－15、图 6－1－16 所示。

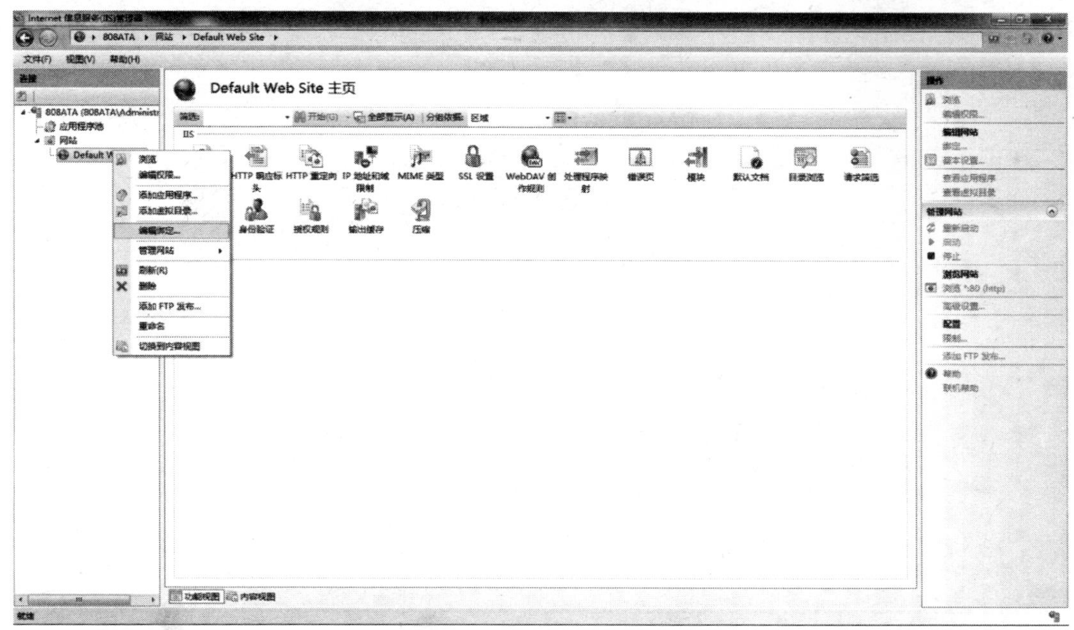

图 6-1-15 选择“编辑绑定”

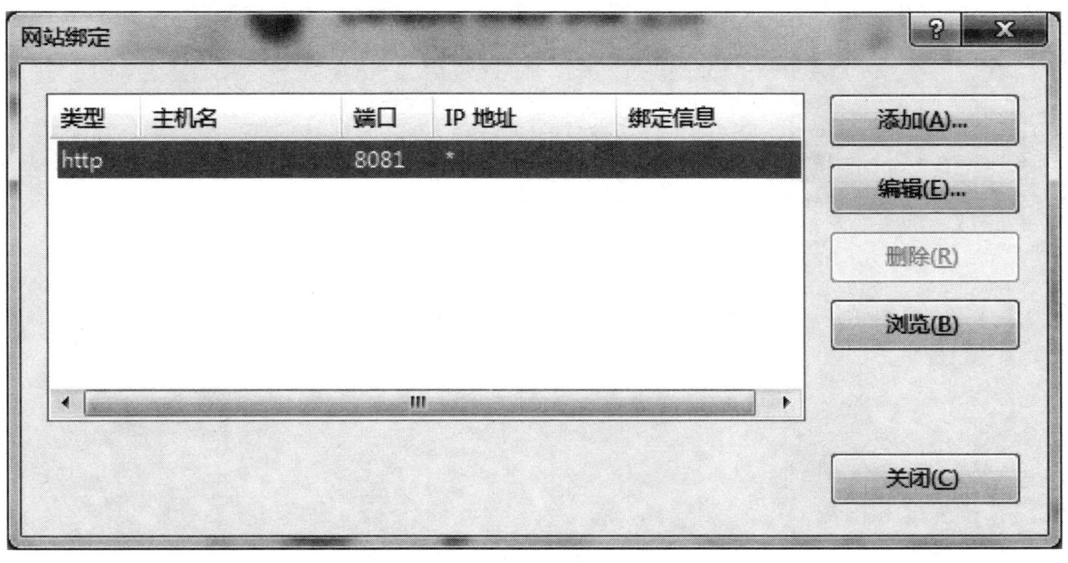

图 6-1-16 “网站绑定”窗口

添加默认文档，看选项是否含有 default. html 这个选项，如果没有，就需要添加，添加之后才能顺利完成安装，其步骤为：回到主界面，然后点击 IIS 下面的默认文档，如图 6-1-17、图 6-1-18 所示。

图 6-1-17　选择“默认文档”

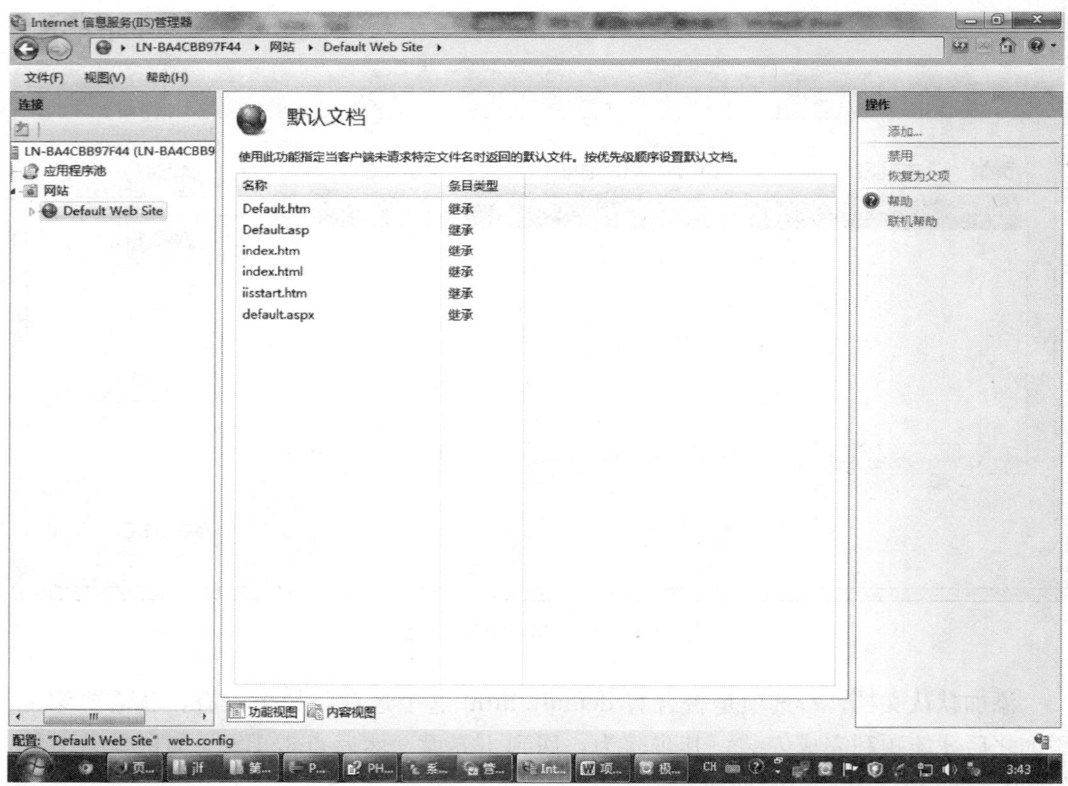

图 6-1-18　“默认文档”窗口

知识链接：

IIS是专为网络上所需的计算机网络服务而设计的一套网络套件，它不但有WWW、FTP、SMTP、NNTP等服务，同时它本身也拥有ASP、Transaction Server、Index Server等功能强大的服务器端软件。

子任务2　动态网站的创建、配置与测试

（1）复制网页源文件。

本书所附的素材文件夹eshop中包含此案例所需的全部原始文件（静态页面），用户可以将其全部复制到E：\www\eshop下，如图6-1-19所示。

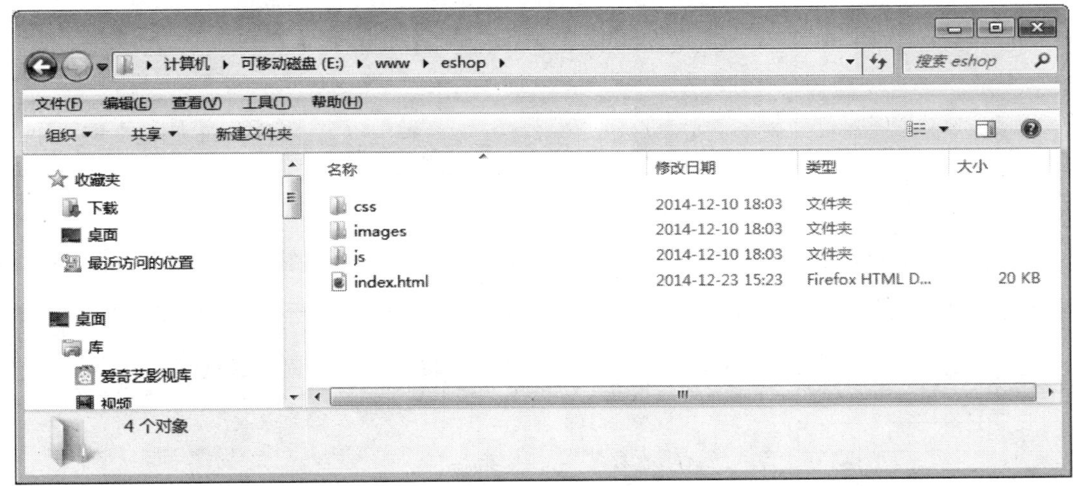

图6-1-19　eshop文件夹

（2）在Dreamweaver C6中新建站点eshop，如图6-1-20所示。

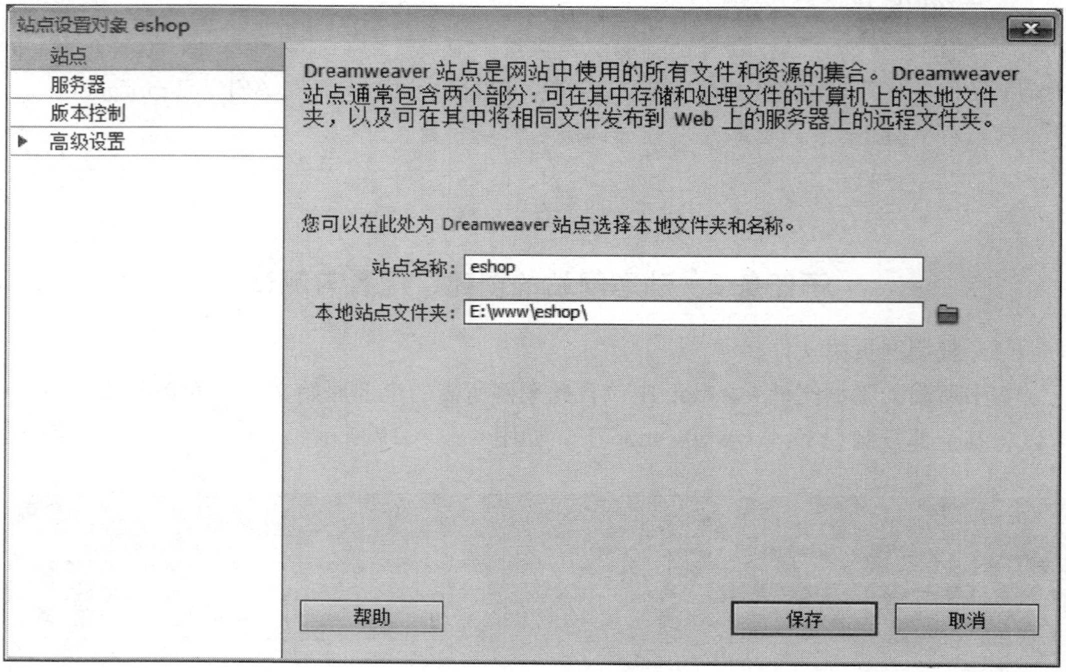

图 6-1-20　新建站点

（3）添加并配置站点服务器如图 6-1-21、图 6-1-22、图 6-1-23 所示。

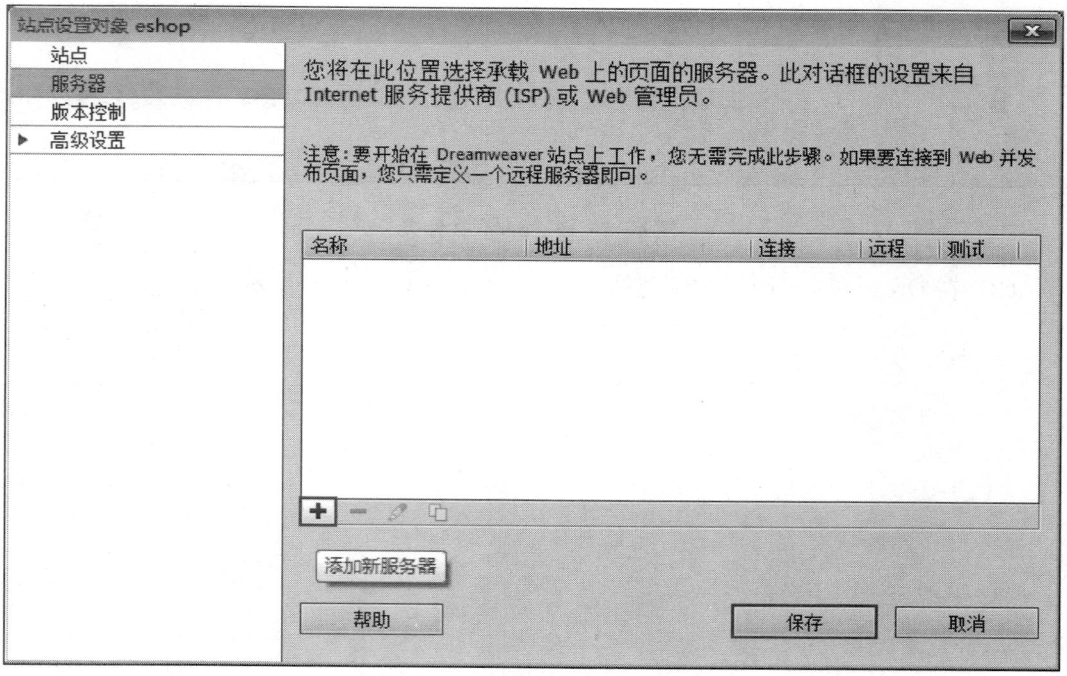

图 6-1-21　添加新服务器

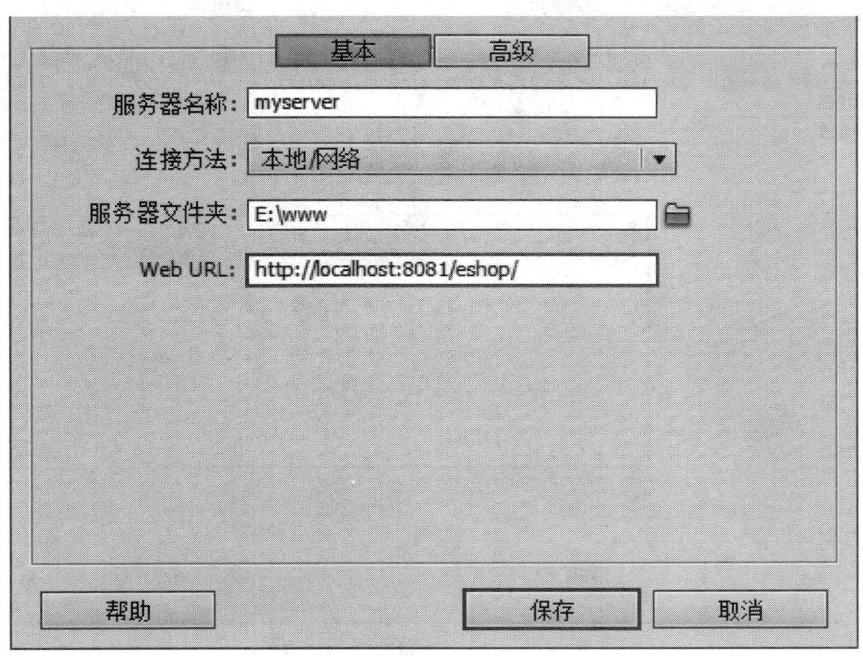

图 6-1-22　配置站点“基本”属性

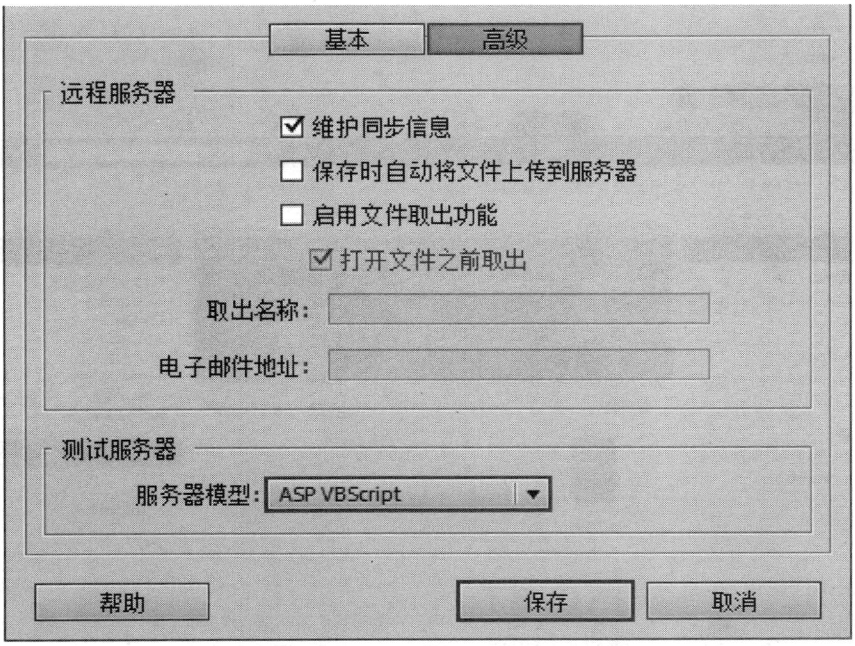

基本　高级

远程服务器

☑ 维护同步信息

☐ 保存时自动将文件上传到服务器

☐ 启用文件取出功能

☑ 打开文件之前取出

取出名称：

电子邮件地址：

测试服务器

服务器模型：ASP VBScript

帮助　保存　取消

图 6-1-23　配置站点“高级”属性

(4) 测试站点服务器如图 6-1-24 所示。

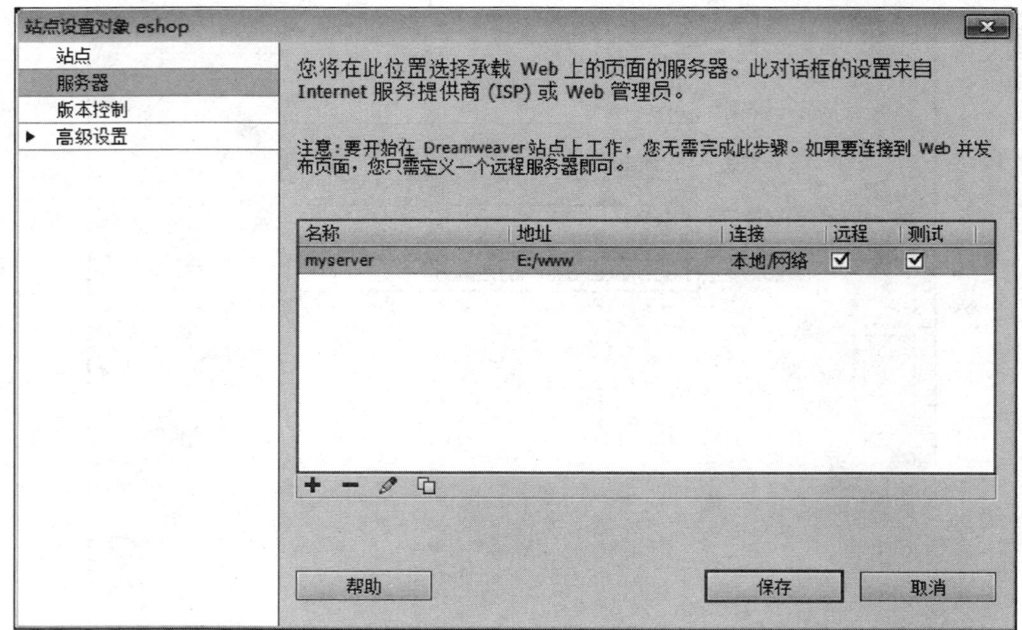

图 6-1-24　测试站点服务器

(5) 打开 index. html，显示电子商城首页，如图 6-1-25 所示。

图 6-1-25　电子商城首页

(6) 创建电子商城网站的模板页。

在 eshop 站点中，新建 ASP VBScript 类型文件：index. asp，将 index. html 的代码内容复制到 index. asp 中（注意：复制粘贴前，要在 index. asp 的代码视图下先删除除第一行外的所有代码再粘贴），并利用 Dreamweaver CS6 模板创建注册页面的模板 index. dwt. asp，设置中间 DIV 块为可编辑区域，制作过程参考前面模板的制作方法，效果如图 6－1－26 所示。

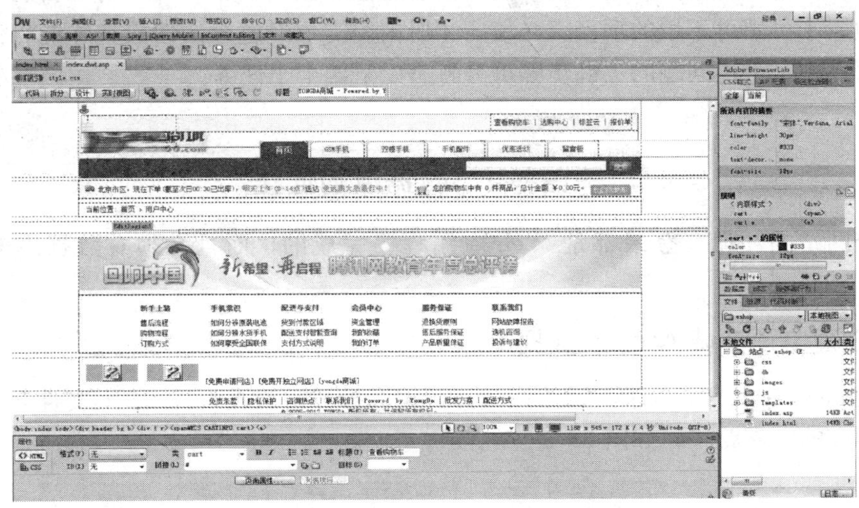

图 6－1－26　制作模板页

任务 2　用户注册页面的制作与实现

【任务目标】

制作一个用户注册表单页面，并实现将用户注册信息保存在数据库中的操作。制作效果图如图 6－2－1 所示。

免费注册
用户名 *
密码 *
邮箱
qq号码
手机
性别　男　女　保密
学历　-请选择-
简介
会员注册

图 6－2－1　用户注册表单页面

【任务实施】

在电子商务网站中，当用户第一次访问时可以注册一个用户名，以后就可以用这个用户名和密码进行登录，注册时要提交的内容很多，其中，带“*”的项目属于必填项目，其他属于可填可不填的项目，必填的注册内容需要经过合法性检查才能将注册信息写入数据库中。上述问题的关键步骤可分解为以下四个子任务。

子任务1　数据库的连接

一个网站的注册、登录都是Web应用程序完成的，而且必须有数据库支持才能完成。

1. 创建电子商城Access数据库

启动Access 2010，选择“文件→新建”，选择“空数据库”，输入文件名：eshop，并选择相应的文件路径，如图6-2-2所示。

图6-2-2　新建数据库

2. 创建“用户”表

点击工具栏中的“视图”，选择“设计视图”，弹出“另存为”对话框，输入表名，如图6-2-3所示。

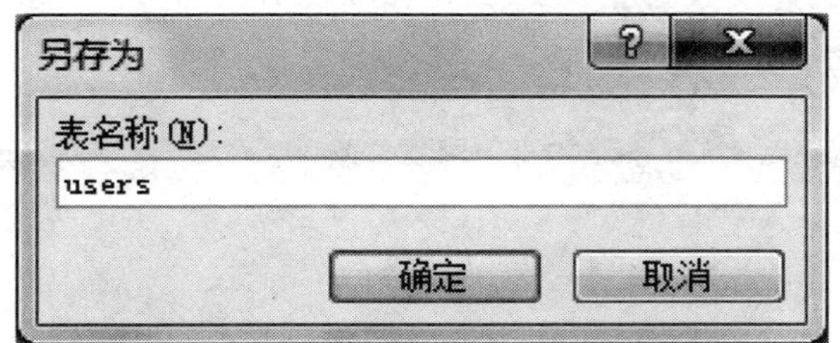

图 6-2-3　“另存为”对话框

点击“确定”后进入设计数据表字段窗口，如图 6-2-4 所示。

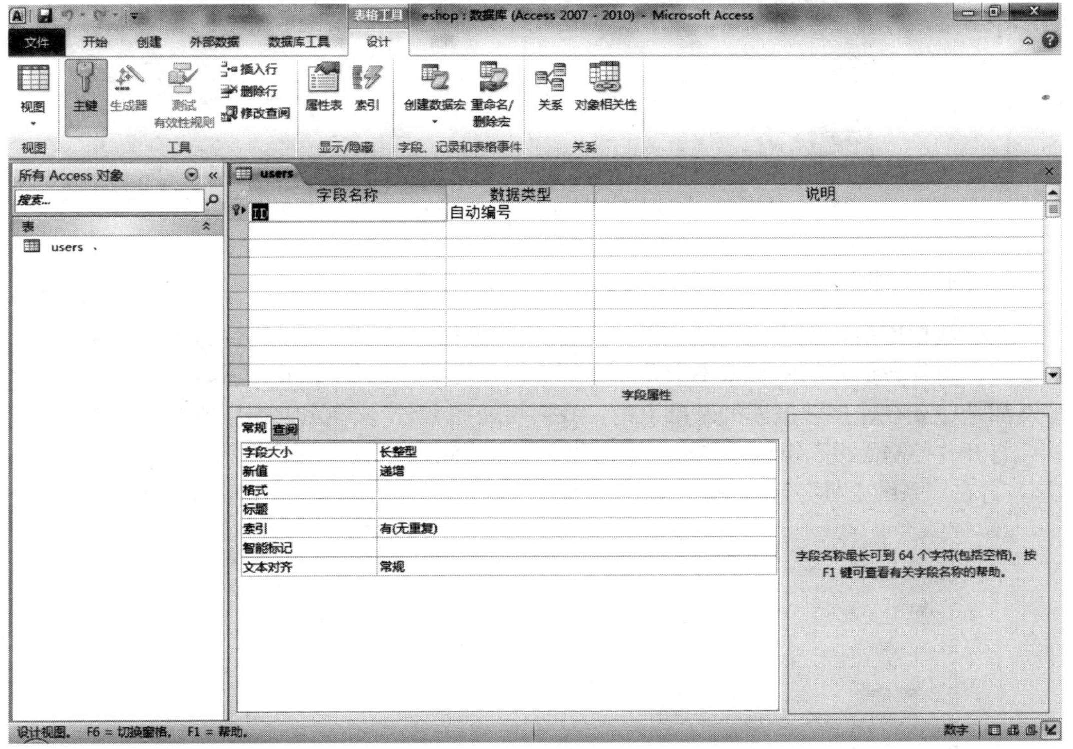

图 6-2-4　设计数据表字段窗口

在弹出的视图编辑界面中输入各个属性字段及数据类型，输入完成后点击“保存”。按照上述步骤依次新建其他字段（设置 username 和 userpass 两个字段不允许为空）。如图 6-2-5 所示。

单击工具栏上的“保存”按钮，完成在 eshop 数据库中创建一个用户（users）表。

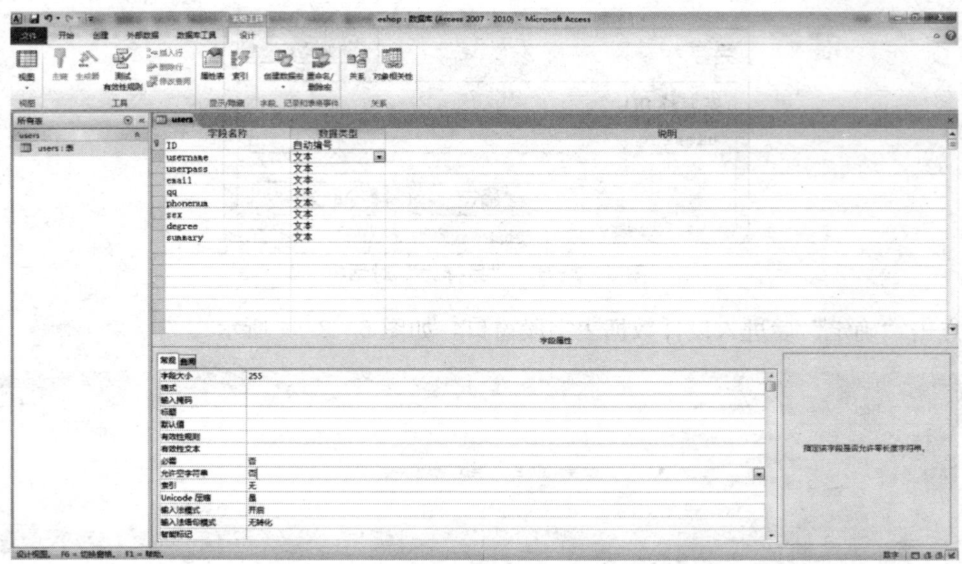

图 6-2-5　用户表设计

3. 创建数据库连接

创建数据库后，就可以实现 ASP 与数据库的连接。动态页面可结合后台数据库自动更新页面，离开数据库的网页谈不上是动态页面。动态页面上任何内容的添加、删除、修改、检索都是建立在连接数据库的基础上的，我们可使用 DSN 来确定数据库所在的位置。

打开“控制面板”窗口，单击“系统和安全”，弹出“系统和安全”窗口，选择“系统工具”，再在“系统工具”窗口中选择“管理工具”，打开“管理工具”窗口，如图 6-2-6 所示。

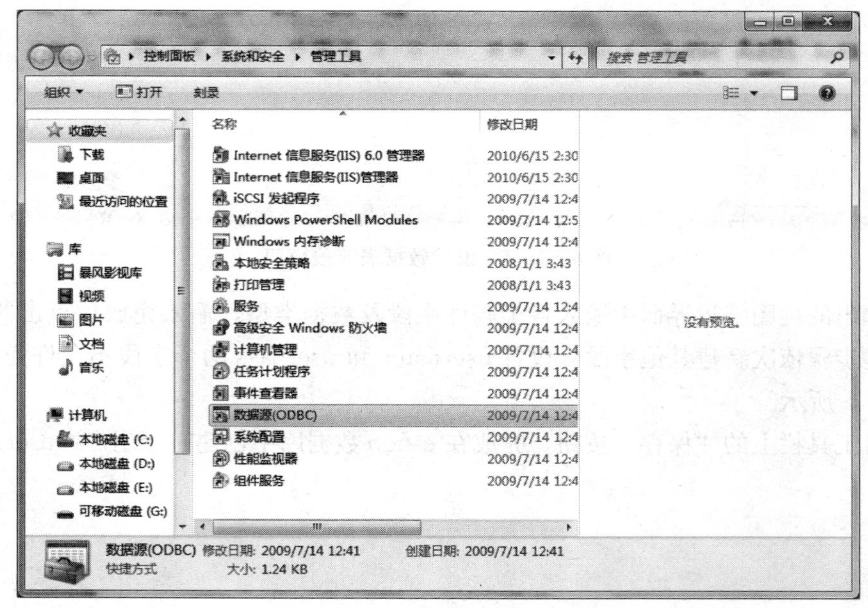

图 6-2-6　“管理工具”窗口

双击“数据源（ODBC）”图标，弹出“ODBC 数据源管理器”对话框，如图 6-2-7 所示。

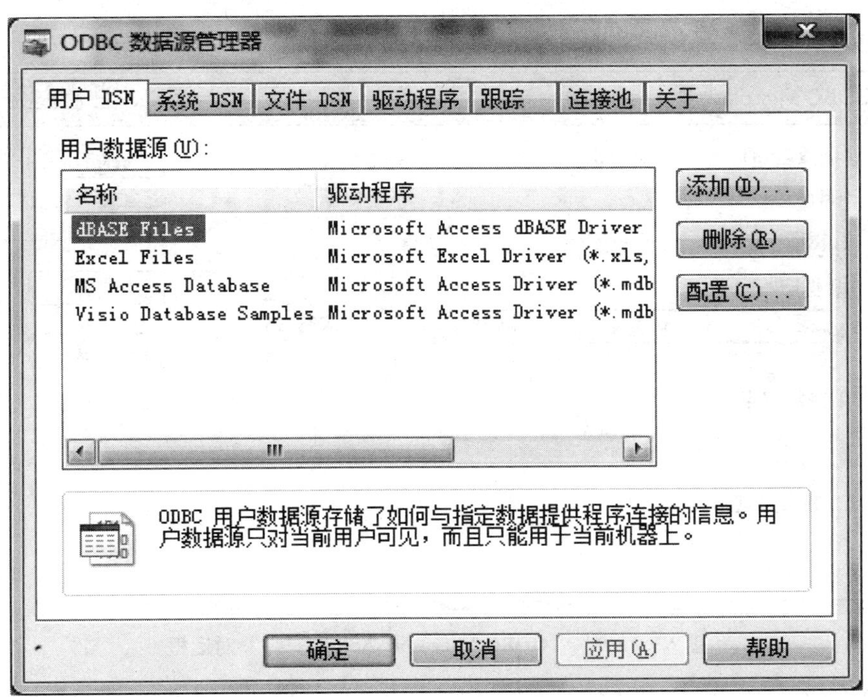

图 6-2-7　“ODBC 数据源管理器”对话框

单击“系统 DSN”标签，然后单击“添加”按钮，打开如图 6-2-8 所示的对话框。

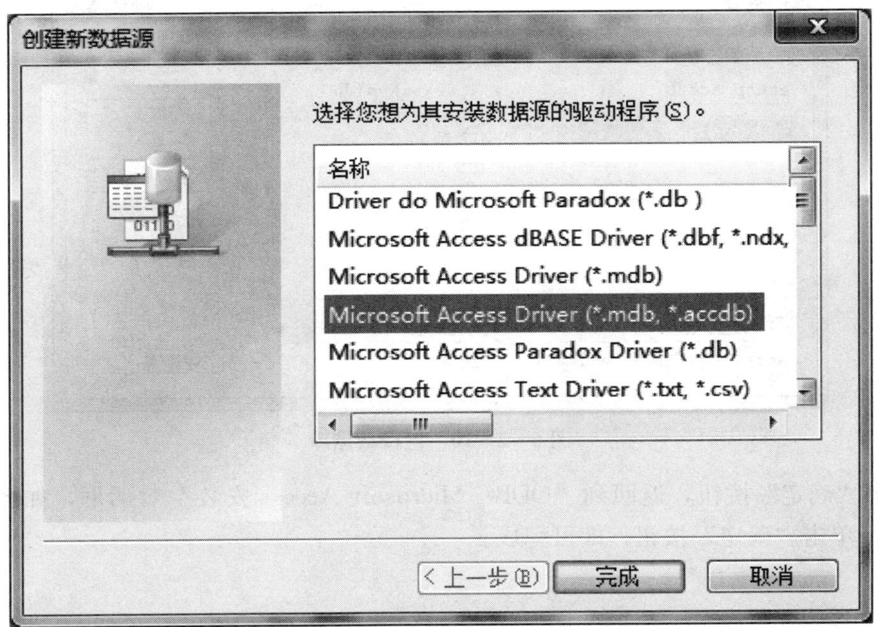

图 6-2-8　选择驱动程序

在“创建新数据库”对话框中选择“Microsoft Access Driver（*.mdb，*.accdb)”，然后单击“完成”按钮，弹出如图 6-2-9 所示的对话框，输入数据源名称（自定义，这里采用默认名 eshopDSN）。

图 6-2-9 “ODBC Microsoft Access 安装”对话框

在弹出的对话框中单击“数据库”区域的“选择”按钮，选择相应的数据库，如图 6-2-10 所示。

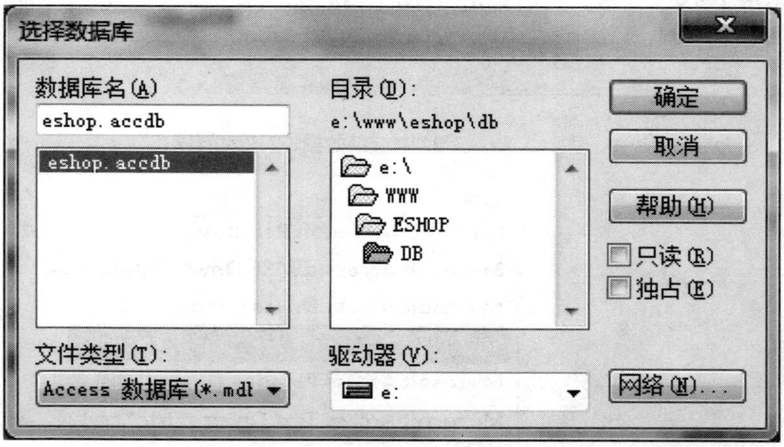

图 6-2-10 选择数据库

单击“确定”按钮，返回到“ODBC Microsoft Access 安装”对话框，如图 6-2-11 所示。单击“确定”按钮，即可完成。

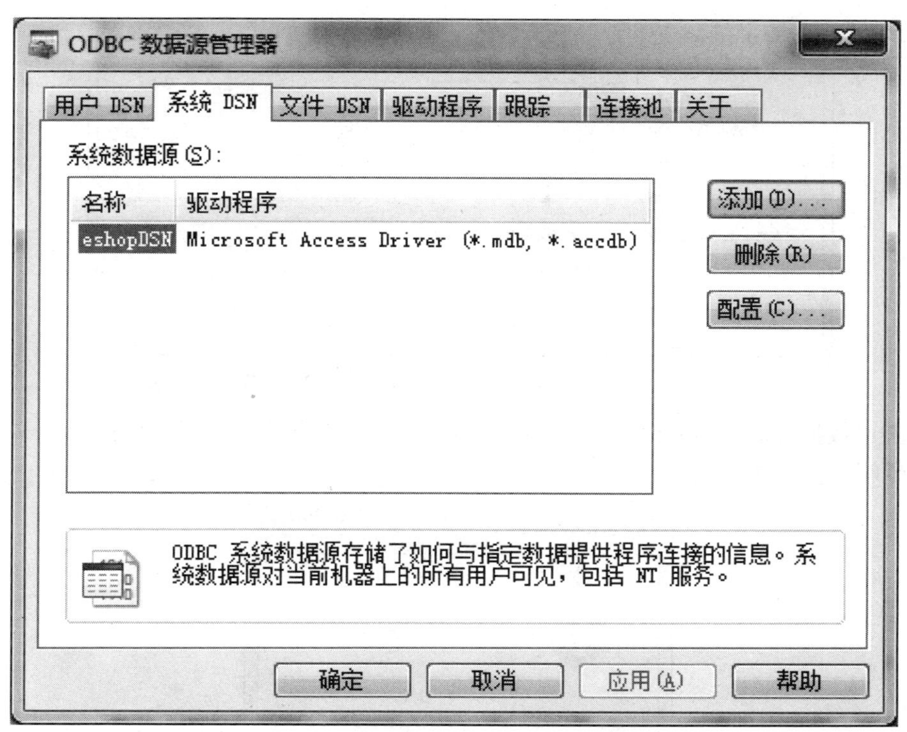

图 6-2-11 "ODBC Microsoft Access 安装"对话框

4. 在 Dreamweaver 中建立网站与数据库的连接

启动 Dreamweaver CS6，打开文件 index. asp，选择"窗口"菜单下的"数据库"命令，打开"数据库"面板，如图 6-2-12 所示。

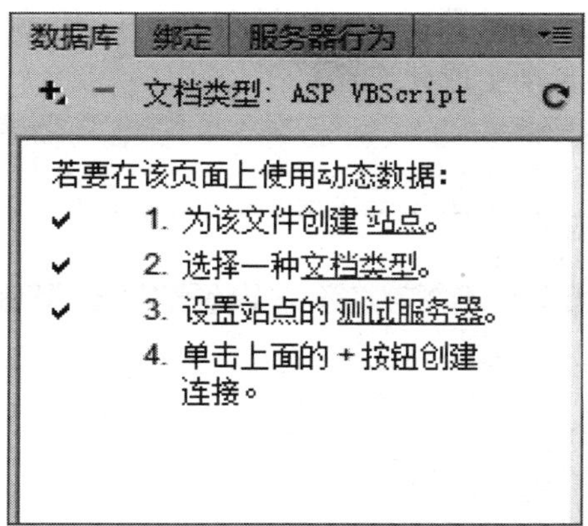

图 6-2-12 "数据库"面板菜单

在"数据库"面板中单击"＋"按钮，在弹出的列表中选择"数据源名称（DSN）"选项，并添加连接名称（任意英文名，最好是以 conn 开头的名字以方便使用），选择前面创建好的数据源，由于 Access 默认没有用户名和密码，所以不用填写，其他栏保持默认即可，如图 6-2-13 所示。

图 6-2-13　选择“数据源名称（DSN）”选项

点击“数据源名称（DSN）”对话框右边的“测试”按钮，弹出如图 6-2-14 所示提示，说明数据库连接成功。

图 6-2-14　测试数据库连接成功

单击“确定”按钮，会在“数据库”面板中出现一个名为“connDB”的连接，点击其左边的“+”，展开已经连接的数据表，如图 6-2-15 所示。注意：以后在本站点新建的每一个 ASP 文件都会自动生成此连接。

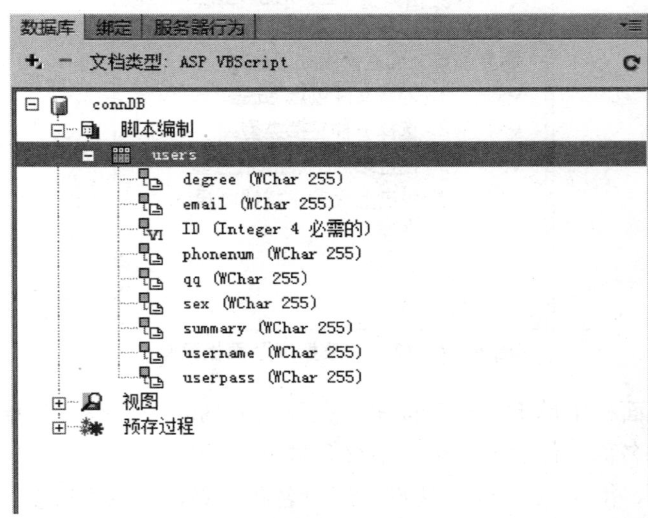

图 6-2-15　显示“connDB”连接

同时，我们也会在“文件”面板的站点目录树中看到一个自动生成的文件夹“Connections”和此文件夹下的 ASP 文件“ConnDB. asp”，如图 6－2－16 所示。

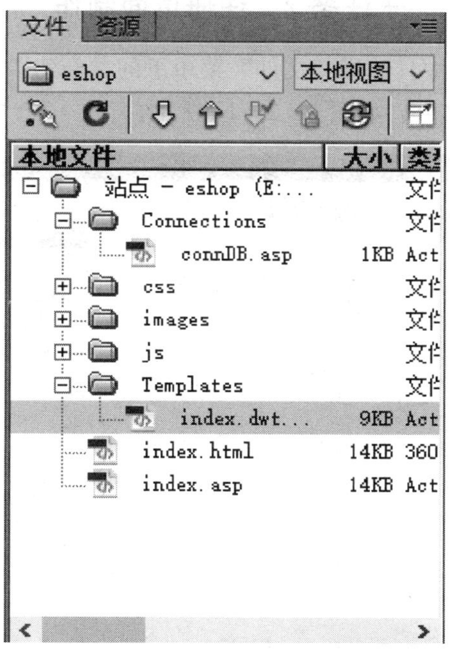

图 6－2－16　显示连接文件夹及连接文件

知识链接：

(1) ODBC：Open DataBase Connection 的缩写，即开放式数据库连接，是微软公司开放服务结构中有关数据库的一个组成部分，它建立了一组规范，并提供了一组访问数据库的标准 API（应用程序编程接口）。

(2) DSN：Data Source Name 的缩写，即数据源名称，表示用于将应用程序和某个数据库相连接的信息集合。

DSN 为 ODBC 定义一个确定的数据库和必须用到的 ODBC 驱动程序。每个 ODBC 驱动程序定义为该驱动程序支持的一个数据库创建的 DSN 需要的信息。也就是说，安装 ODBC 驱动程序以及创建一个数据库之后，必须创建一个 DSN。DSN 有三种类型：

1）用户数据源：只能被创建它的用户使用。

2）系统数据源：任何用户都可以访问这个数据源。

3）文件数据源：这个数据源可以被任何安装了合适的驱动程序的用户使用。

(3) ASP：Active Server Pages 的缩写，即活动服务器页面，它是微软推出的用以取代 CGI 的动态服务器网页技术。由于 ASP 简单易学，又有微软的强大支持，所以使用非常广泛，很多中小企业站点都是用 ASP 开发的。

子任务 2　注册页面制作

在 Dreamweaver CS6 中，选择“文件”菜单下的“新建”，选择“模板中的页”，利用模板新建 register. asp 文件，如图 6－2－17 所示。

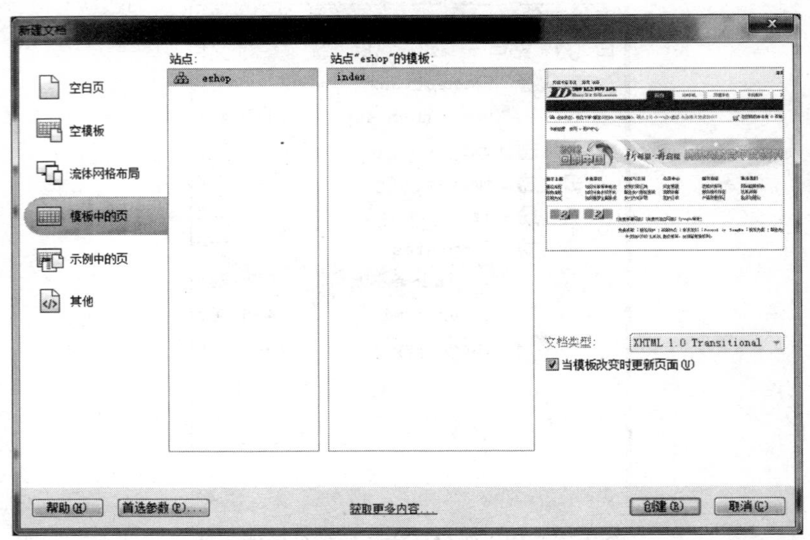

图 6－2－17　利用模板创建注册页面

在可编辑区域插入一个用于用户注册的表单，并在表单内插入一个 11 行 2 列的表格，表格元素如图 6－2－18 所示。

免费注册	
用户名 *	
密码 *	
邮箱	
qq号码	
手机	
性别	◉ 男　○ 女　○ 保密
学历	-请选择-
简介	
	会员注册

图 6－2－18　用户注册表单

为表单中的各个表单项命名，选择表单项元素，在“属性”窗口中设置相应的属性，其中表单各元素的名字分别与数据库里 users 表的字段名相同，分别为 username，userpass， email，qq，phonenum，sex，degree，summary。效果如图 6－2－19、图 6－2－20、图 6－2－21、图 6－2－22、图 6－2－23、图 6－2－24、图 6－2－25、图 6－2－26 所示。

图 6－2－19　设置“用户名”表单元素

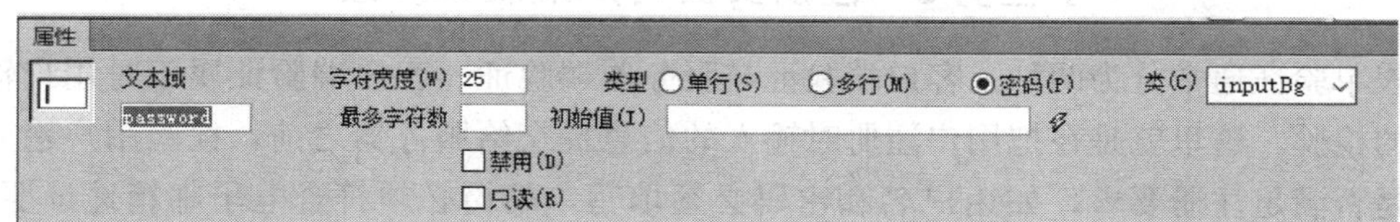

图 6－2－20　设置“密码”表单元素

图 6－2－21　设置“性别”表单元素

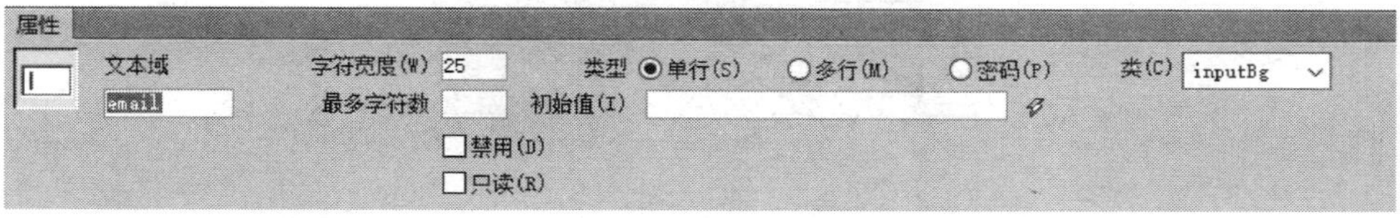

图 6－2－22　设置“邮箱”表单元素

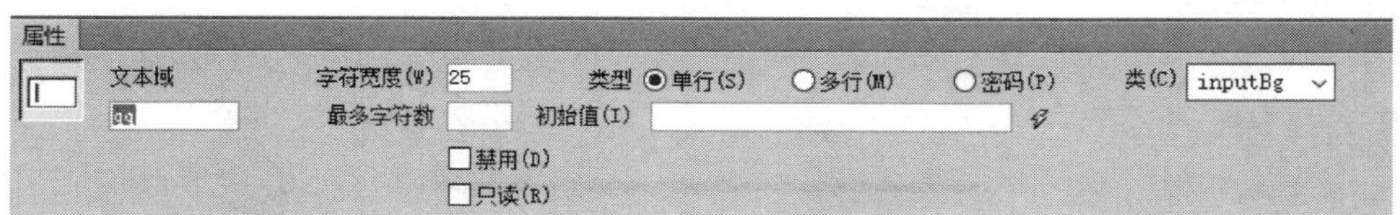

图 6－2－23　设置“qq 号码”表单元素

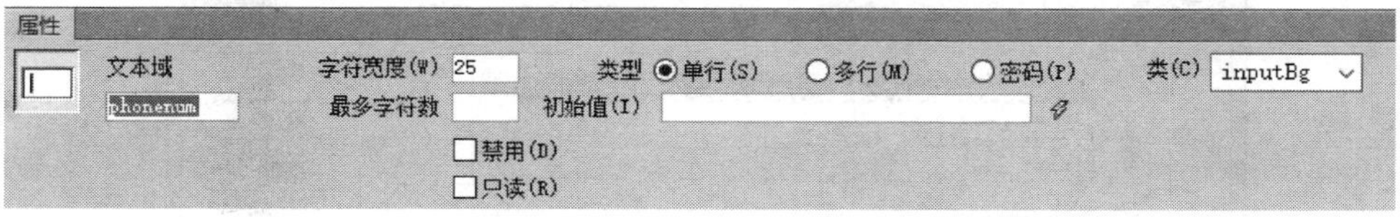

图 6－2－24　设置“手机”表单元素

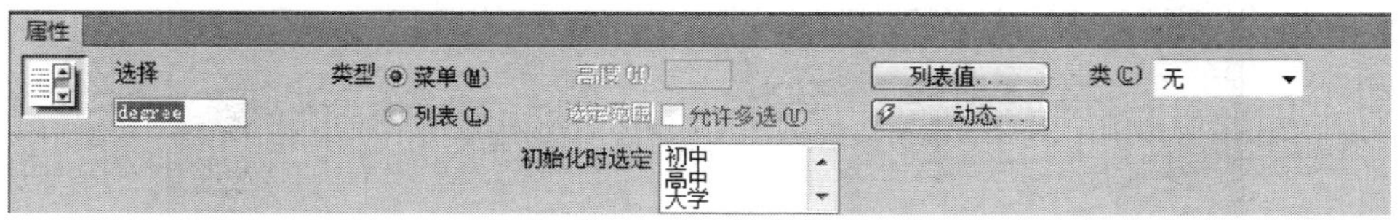

图 6－2－25　设置“学历”表单元素

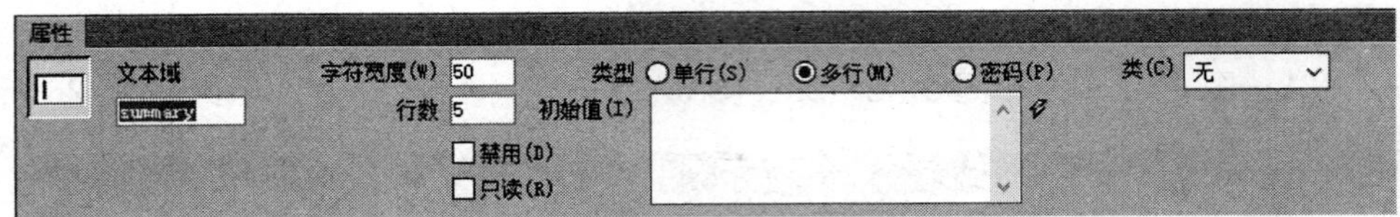

图 6-2-26 设置“简介”表单元素

子任务 3 注册页面客户端表单验证

表单验证通常分为两种：客户端验证与服务器端验证。客户端验证属于对用户输入信息的检验，这里就是在把用户注册时输入的信息提交给服务器之前，检验用户输入的信息是否满足注册要求，如用户名和密码必须填写，邮箱必须符合电子邮箱地址要求，这些检验只需在客户端浏览器完成。

选中注册表单“form”，点击“窗口”菜单下“行为”命令，打开“行为”属性面板，并点击“+”按钮，选择“检查表单”，如图 6-2-27 所示。

在弹出的“检查表单”对话框中，对几个注册表单元素进行必要的检查。如图 6-2-28、图 6-2-29 所示。

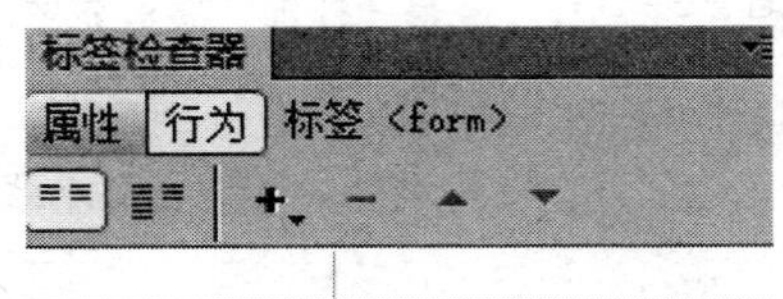

图 6-2-27 行为面板

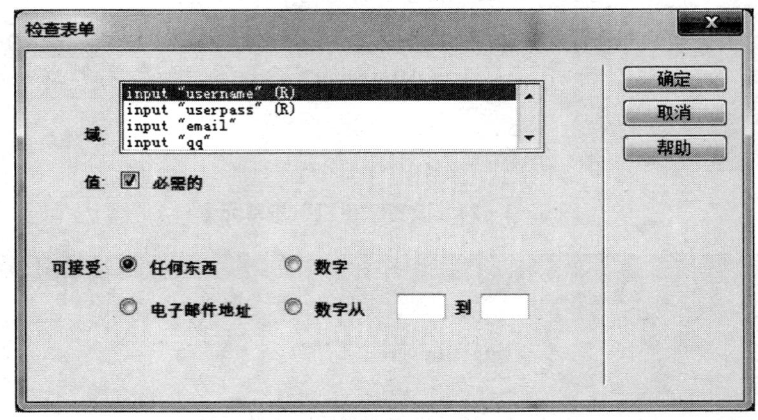

图 6-2-28 检查表单用户名和密码

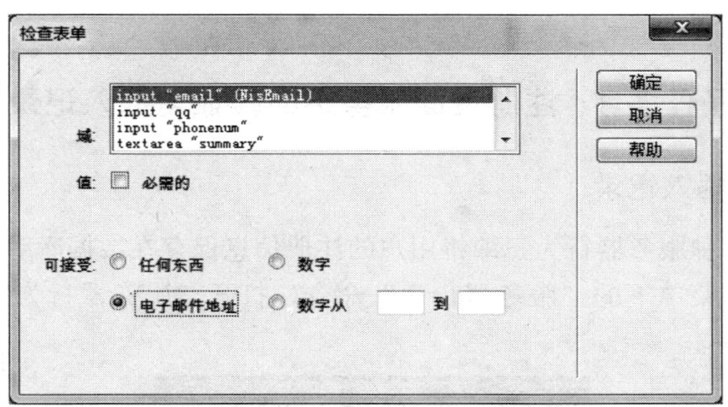

图 6-2-29　检查表单 E-Mail 格式

成功设置表单元素后，会在“行为”面板中显示该表单的全部检查行为。如图 6-2-30 所示。

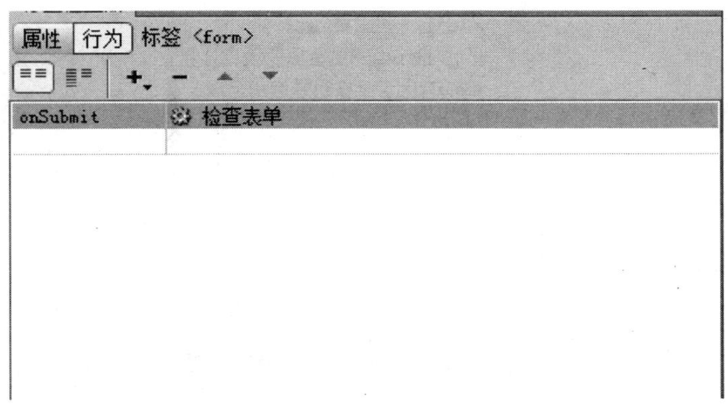

图 6-2-30　表单元素设置成功后的行为显示

设置表单元素所有行为后，预览网页，测试表单检查效果，如果输入 E-Mail 格式不对，点击“会员注册”，会出现如图 6-2-31 所示的错误提示。

图 6-2-31　测试表单检查效果

子任务 4　注册页面服务端的验证与插入记录

1. 注册页面插入记录

插入记录是一种服务器行为，即将用户的注册信息保存在数据库对应的表中。

点击“窗口”菜单下的“服务器行为”命令，打开“服务器行为”面板，如图 6-2-32 所示。

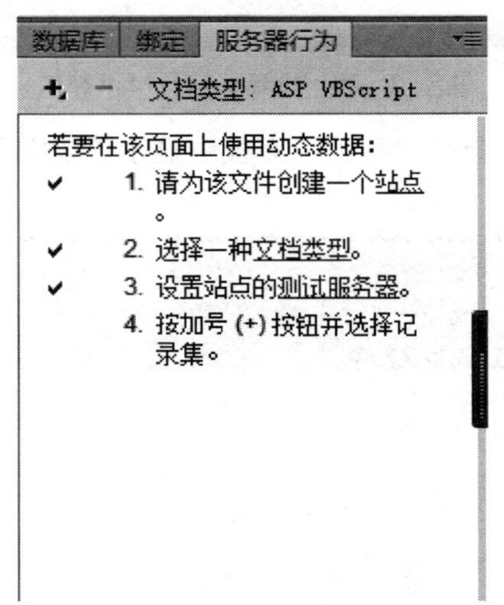

图 6-2-32　“服务器行为”面板

点击“服务器行为”面板的“+”按钮，选择“插入记录”菜单项，弹出“插入记录”对话框，并进行如图 6-2-33 所示的设置（注意：“提交为”栏是数据被提交到数据库的数据类型，所以必须与数据库对应字段的数据类型保持一致）。

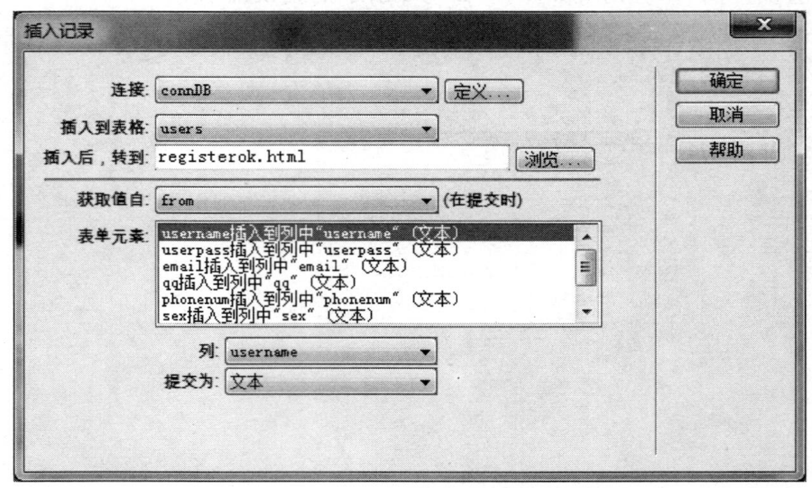

图 6-2-33　“插入记录”对话框

单击“确定”按钮，完成插入记录操作，如图 6－2－34 所示。

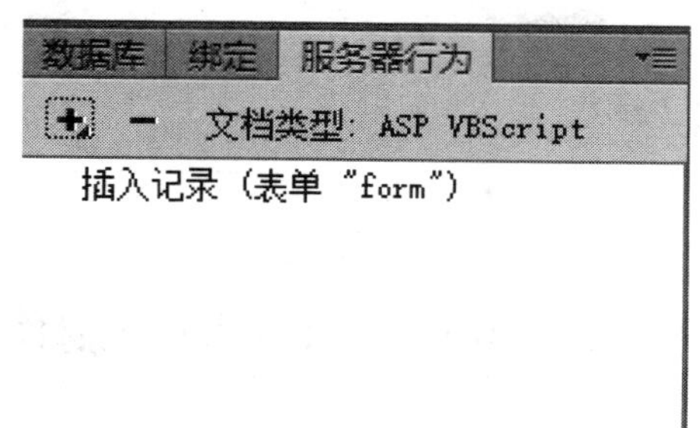

图 6－2－34　添加“插入记录”完成

2. 注册页面服务端的验证

在用户注册过程中可能会存在注册的用户账号已经被其他用户注册过的情况，因此需要提醒用户用其他账号进行注册，这就涉及用户的唯一性检查，在 Dreamweaver 中可以使用“检查新用户名”服务器行为验证用户注册的新名字是否与数据库中的用户名相同。

点击“服务器行为”面板的“＋”按钮，选择“用户身份验证/检查新用户名”菜单项，弹出“检查新用户名”对话框，其中“用户名字段”为默认选项，在“如果已存在，则转到”栏中选择转到 exist. html（用以显示用户已存在信息页面），如图 6－2－35 所示。

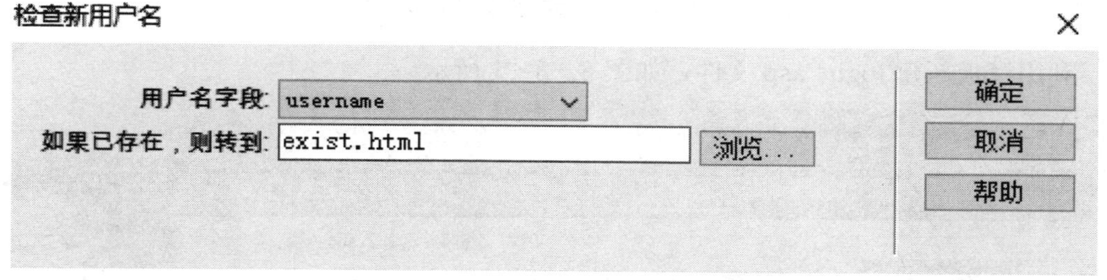

图 6－2－35　“检查新用户名”对话框

测试注册页面，输入注册信息，注册完成后，打开 Access 数据库的 users 表，可看到用户注册信息已经成功保存到该表，如图 6－2－36 所示。

users

ID	username	userpass	email	qq	phonenum	sex	degree	summary
1	admin	123	222222@qq.c	222222	13853564580	男	大学	

图 6－2－36　注册信息插入数据库中

知识链接：用户注册设计原则

用户注册是一个人机交互过程，因此用户注册的设计非常重要，需要注意以下几点：

（1）为用户提供加入的好理由。

(2) 设计让用户感到轻松的注册过程。
(3) 应向用户提供欢迎信息并指导下一步的操作。
(4) 加快初始建立过程。

任务3　用户登录页面的制作与实现

【任务目标】

制作一个用户登录页面，并能够实现用户登录信息与数据库存储的登录信息进行比对。

【任务实施】

在登录表单时，输入用户名和密码进行登录，如果登录信息与数据库存储的信息相同，则登录成功，否则登录失败。

子任务1　登录页面制作

利用模板新建login.asp文件，如图6-3-1所示。

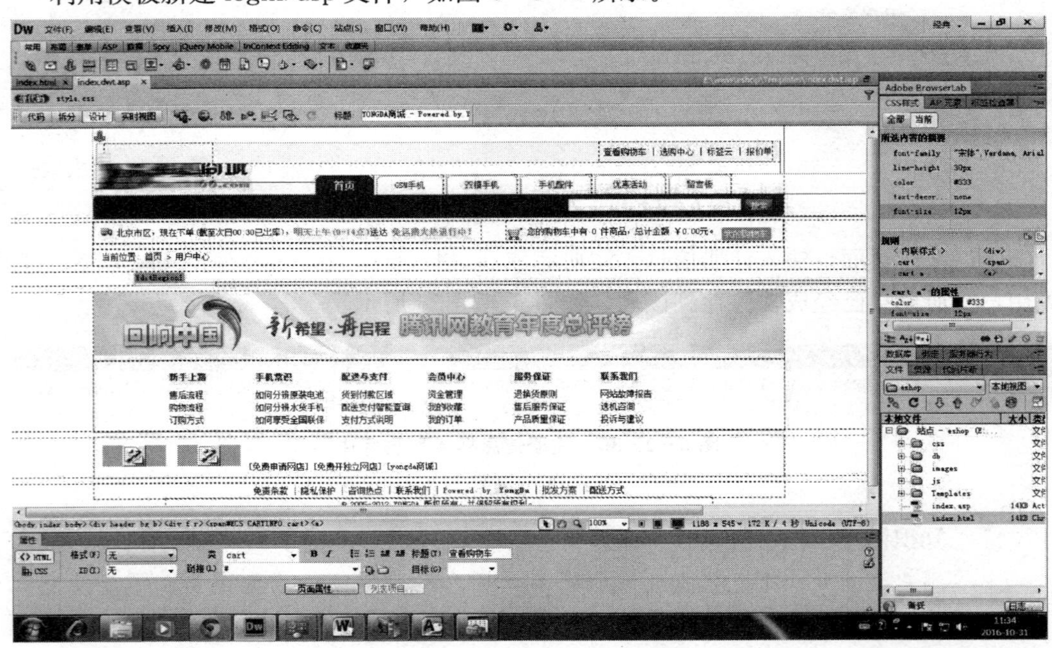

图6-3-1　利用模板创建用户登录页面

插入一个用于用户登录的表单，并在表单内插入一个 4 行 2 列的表格，表单元素如图 6 - 3 - 2 所示，表单元素属性的设置参考注册表单。

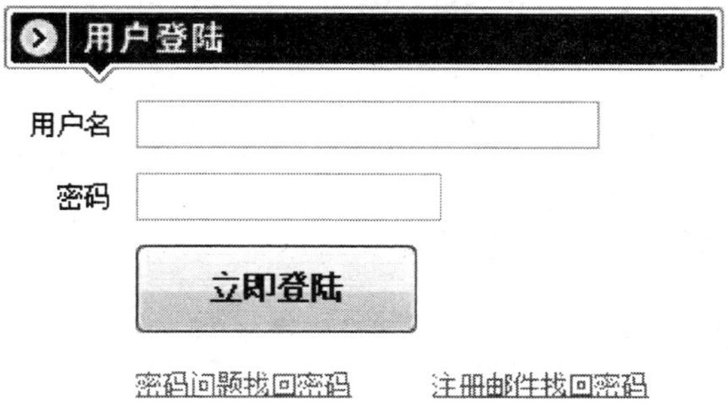

用户登陆

用户名

密码

立即登陆

密码问题找回密码　　注册邮件找回密码

图 6 - 3 - 2　用户登录表单

子任务 2　登录用户的身份验证

用户身份验证也是一种服务器行为，即将用户的登录信息与数据库对应的表的用户名和密码进行验证，如果登录成功就转换到 loginok. asp 文件（用以显示用户登录成功的信息页面），失败则重新跳回登录页面。

点击“服务器行为”面板的“+”按钮，选择“用户身份验证/登录用户”菜单项，如图 6 - 3 - 3 所示。

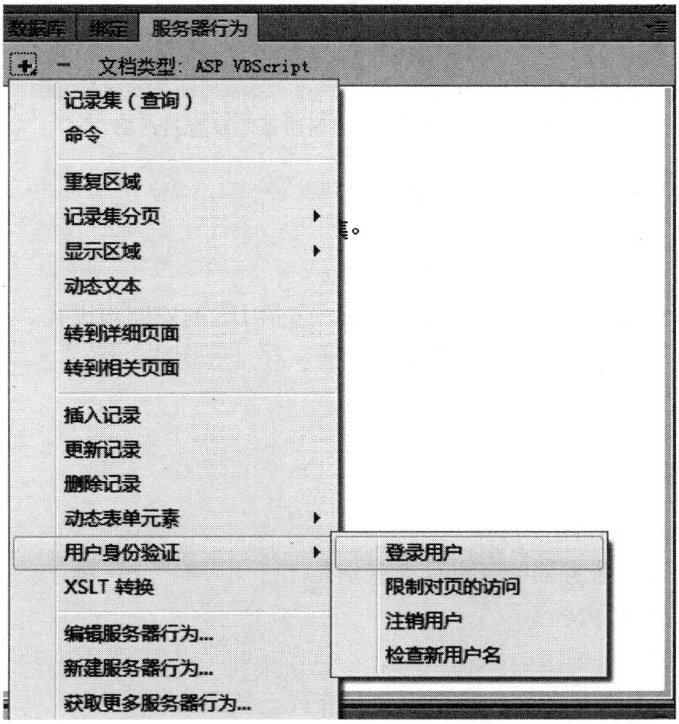

数据库　绑定　服务器行为

\+ 　－　文档类型：ASP VBScript

记录集（查询）
命令
重复区域
记录集分页
显示区域
动态文本
转到详细页面
转到相关页面
插入记录
更新记录
删除记录
动态表单元素
用户身份验证
XSLT 转换
编辑服务器行为...
新建服务器行为...
获取更多服务器行为...

登录用户
限制对页的访问
注销用户
检查新用户名

集。

图 6 - 3 - 3　选择“登录用户”服务器验证项

弹出“登录用户”对话框，并进行如图 6-3-4 所示的设置。

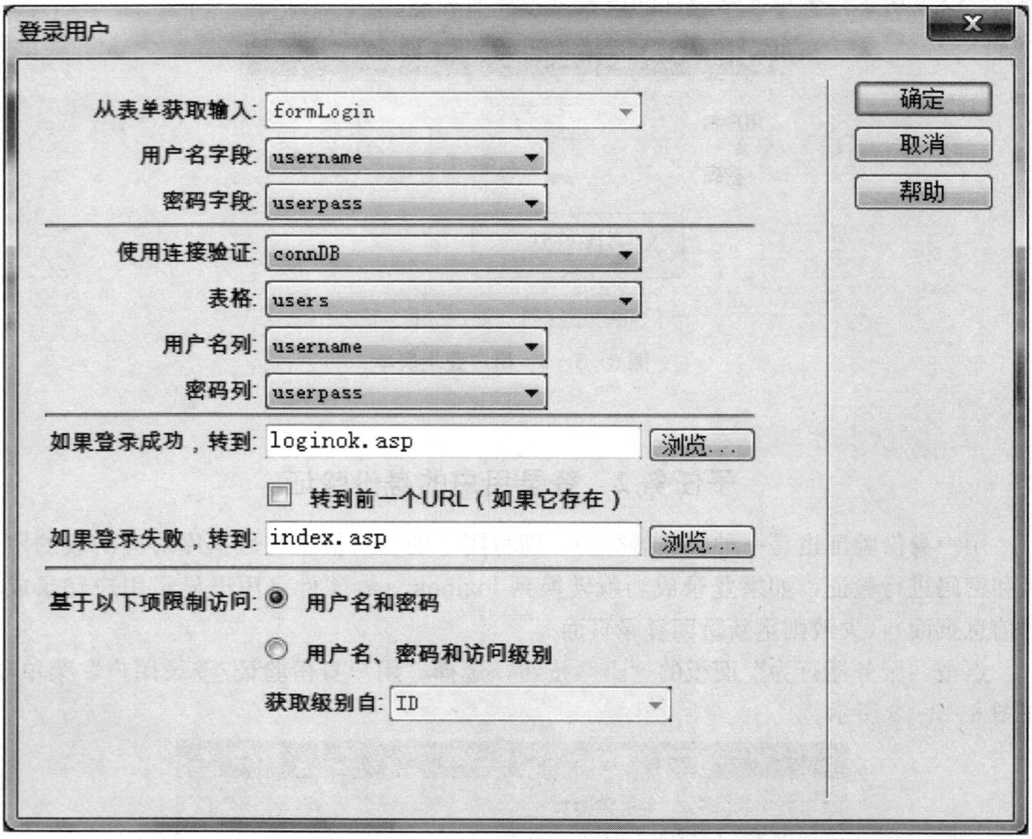

图 6-3-4 “用户身份验证”设置对话框

单击“确定”按钮，实现登录页面的验证设置。

项目总结

本项目介绍了动态网站建设的基础知识，包括 IIS 的安装与设置，动态网站的创建、配置与测试过程，并能在动态网站中实现注册、登录等功能。

项目检测

一、练习题

1. 简述 ODBC 的作用。
2. 客户端验证与服务器验证有什么区别?
3. DSN 包含哪些内容?

二、拓展训练

如何实现用户登录成功后，让用户名在首页上显示?

提示：可以使用 Session 对象存储特定用户会话所需的信息。这样，当用户在应用程序的 Web 页之间跳转时，存储在 Session 对象中的变量将不会丢失，而是在整个用户会话中一直存在下去。

当用户请求来自应用程序的 Web 页时，如果该用户还没有会话，则 Web 服务器将自动创建一个 Session 对象。当会话过期或被放弃后，服务器将终止该会话。

仔细查看 login. asp 的代码，你会发现已经生成了用户的局部变量 Session：Session（“MM_Username”）＝MM_valUsername。如下图所示。

```

  If Not MM_rsUser.EOF Or Not MM_rsUser.BOF Then
    ' username and password match - this is a valid user
    Session("MM_Username") = MM_valUsername
    If (MM_fldUserAuthorization <> "") Then
      Session("MM_UserAuthorization") = CStr(MM_rsUser.
Fields.Item(MM_fldUserAuthorization).Value)
    Else
      Session("MM_UserAuthorization") = ""
    End If
```

login. asp 中存储用户名到 Session 的代码

我们只需要在 loginok. asp 中通过 Session（"MM _ Username"）获取该值。在 loginok. asp 的 body 标签中添加如下图所示的代码。

```
<body>
登录成功,
<%
response.Write("欢迎<font color='red'>"+Session(
"MM_Username")+"</font>光临本网站! ");
%>
</body>
```

loginok. asp 显示用户名的代码

项目七 网页测试运行与发布

项目概述

王明设计并制作了一个旅游网站，需要对网站进行全面测试，然后在网络上进行发布。在对网站进行测试时，他发现了很多问题，例如页面版面错乱、页面打不开、链接错误等，王明使用各种网站分析和测试的方法逐一解决了问题，最后对网站进行了发布。

项目目标

能力目标：

学完本项目后，学生应当能够对网页进行测试，并发布到互联网上：

(1) 学会对网页进行浏览器兼容性测试。

(2) 学会对网站链接进行检测和修复。

(3) 学会使用 FTP 工具上传网站文件。

知识目标：

(1) 浏览器兼容性测试。

(2) 网站链接检测。

(3) 站点上传和下载。

项目任务

任务 1　浏览器兼容性测试

任务 2　网页链接测试

　子任务 1　网站链接状况查询

　子任务 2　错误链接的修改

任务 3　网页发布

　子任务 1　网站空间申请

　子任务 2　FTP 软件的使用

任务1　浏览器兼容性测试

【任务目标】

王明设计并制作了一个旅游网站，他用 Chrome 浏览器查看自己网站的时候，页面美观大方，看起来很舒适。然而，当他使用 IE 浏览器查看这个旅游网站时，却发现大部分页面一团糟，页面版面乱了，甚至有些特效也显现不出来，因此，王明需要对浏览器兼容性进行测试。

【任务实施】

现在市面上的浏览器种类可谓琳琅满目，主要有 IE、Firefox、Chrome、傲游、360安全浏览器、搜狗浏览器等，即使是同一个浏览器，版本也多种多样。为了保证我们设计制作的网站能够满足绝大部分用户的访问需求，需要对浏览器的兼容性进行测试，这一步骤非常重要。Dreamweaver 中自带的浏览器兼容性测试工具可以帮助我们进行快速、精确的浏览器兼容检测。

(1) 启动 Dreamweaver CS6，打开需要检测的网页文档，在菜单栏中选择“文件→检查页→浏览器兼容性”，或者选择“窗口→结果→浏览器兼容性”，都可以打开“结果”面板中的“浏览器兼容性”标签页，如图 7-1-1 所示。此时，“浏览器兼容性”标签页是空白的，尚未开始进行任何检测。

图 7-1-1　“浏览器兼容性”标签页

(2) 点击“浏览器兼容性”标签页左边的按钮，选择“设置”子项，弹出“目标浏览器”对话框。从这里可以看到，Dreamweaver CS6 可以针对对话框中显示的六种浏览器的兼容性进行检测，其他浏览器不在检测范围之内。根据实际需要，选取需要检测兼容性的浏览器及其最低版本号，选择完毕点击“确定”按钮，则设置已经生效，如图 7-1-2 所示。

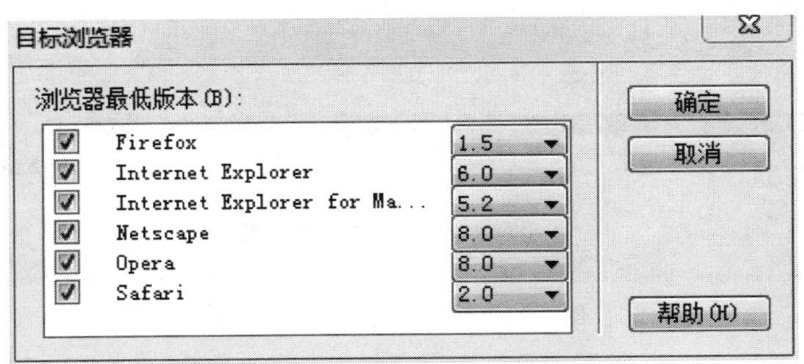

图 7-1-2　“目标浏览器”对话框

（3）点击“浏览器兼容性”标签页左边的▷按钮，选择“检查浏览器兼容性”子项，Dreamweaver 则开始自动检测浏览器兼容性。检测到的问题的严重程度、问题的位置及问题的类型呈现在窗口左侧。点击左侧窗口的某个问题，右侧窗口将展现该问题的具体原因及影响范围，以便网页设计人员分析问题，如图 7－1－3、图 7－1－4 所示。

图 7－1－3　浏览器兼容性检测结果一

图 7－1－4　浏览器兼容性检测结果二

问题发生的可能性采用不同填充程度的红色圆形来表示，红色填充得越多，表示问题发生的可能性越大。带有惊叹号标志的问题，表示浏览器不支持，肯定会发生的问题。

（4）双击“浏览器兼容性”标签页左侧窗口的某个问题，Dreamweaver 将自动高亮定位到被检测网页相关的代码区域，以便网页设计人员快速地分析问题并修改，如图 7－1－5 所示。

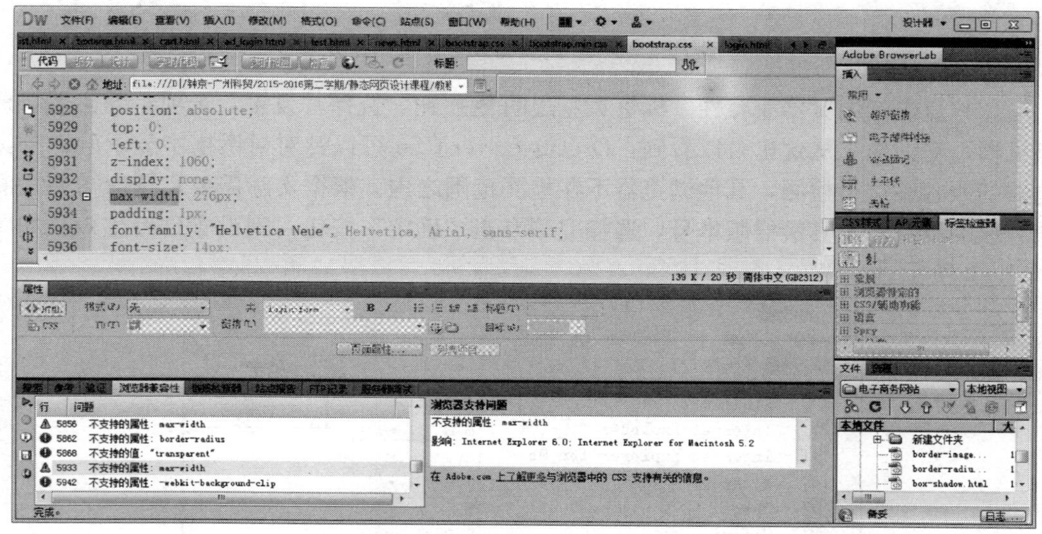

图 7－1－5　高亮定位代码区域

知识链接：

浏览器兼容性是指因网页在各种浏览器上的显示效果不一致而产生的浏览器和网页间的兼容问题，如文字显示问题、图像显示问题、页面布局问题等。浏览器兼容性问题产生的原因是由于不同的浏览器对同一段代码有不同的解析结果，从而造成了页面显示的效果不一样。

任务 2　网页链接测试

【任务目标】

王明在访问某个旅游网站的时候，部分页面出现了“404 not find”（无法找到网页）的错误提示，这让他非常闹心。尽管网站设计美观，内容也比较丰富，但如果客户点击页面多次遇到“404 not find”的状况，便会失去耐心，转而浏览其他同类型网站，因此必须进行网页链接测试。

【任务实施】

网站里包含有许多的 HTML 页面，而每个页面中的超链接也可能有上百个甚至更多，采用链接检查器可以快速查找并定位网站中是否存在链接异常，发现链接异常之后要及时处理及修复链接，以保证网站中的所有网页都能够正常访问。

子任务 1　网站链接状况查询

Dreamweaver 提供的“链接检查器”可以检查单个网页、网站中的一部分网页或者是整个网站中的链接问题，包括断开的链接和孤立文件两类问题。外部链接可以检测出来，但外部链接是否能够正确访问则无法检测出来。

(1) 选择检测网站。启动 Dreamweaver CS6，选择需要检测的站点，如图 7-2-1 所示。

(2) 检查网站整体链接情况。在菜单栏中选择“站点→检查页站点范围内的链接”，Dreamweaver 开始进行整个站点的链接检测，并将检测结果显示在“结果”面板中的“链接检查器”标签页窗口内，如图 7-2-2 所示。在窗口下方的状态栏中，可以检测到网站文件及链接的基本情况，包括总文件个数、HTML 文件个数、孤立文件个数、总链接个数、正确链接个数、断掉链接个数、外部链接个数。

(3) 点击“断掉的链接”旁边的三角按钮 显示(S): 断掉的链接 ▼，选择“外部链接”选项，可以查看到网站的哪些文件设置了哪些外部链接，如图 7-2-3 所示。

图 7-2-1　选择检测站点

图 7-2-2　网站断掉的链接情况

图 7-2-3　网站外部链接情况

（4）点击“断掉的链接”旁边的三角按钮 显示(S): 断掉的链接 ▼ ，选择“孤立的文件”选项，可以查看到网站孤立文件的名称。双击具体某个孤立文件的名称，就可以在文件窗口查看孤立文件的具体内容，如图 7-2-4 所示。

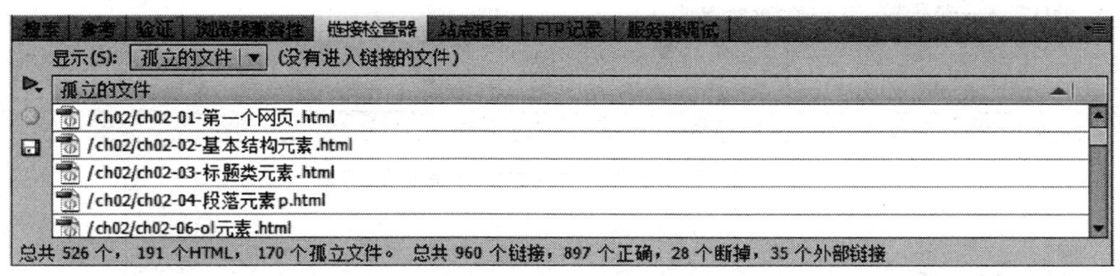

图 7-2-4　网站孤立的文件

（5）检查单个网页的链接情况。除了对整个网站需要进行链接检测以外，我们有时候还需要对单独的网页进行链接检测。打开需要检测的网页，在菜单栏中选择“文件→检查页→链接”，或者“窗口→结果→链接检查器”，点击 ▶ ，选择“检查当前文档中的链接”，可以查看当前文档的链接情况，如图 7-2-5 所示。

图 7-2-5　检测单个网页的链接

（6）检查部分网页的链接情况。在文件面板中，用 Ctrl 或者 Shift 键选择部分需要检测的网页，如图 7-2-6 所示，点击 ▶ ，选择“检查站点中所选文件的链接”，可以查看部分网页的链接情况，如图 7-2-7 所示。

图 7-2-6　选择多个网页

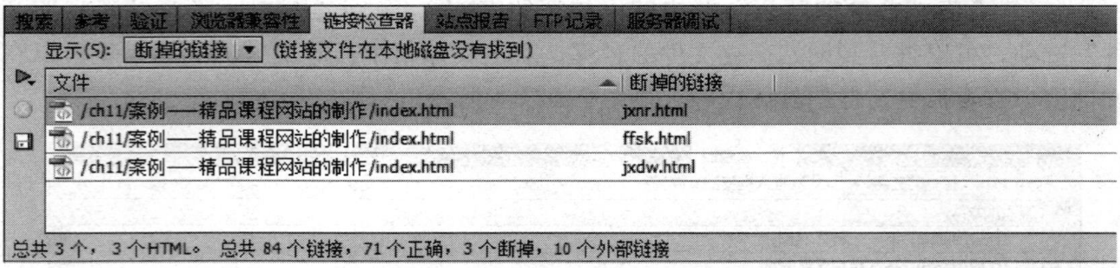

搜索 | 参考 | 验证 | 浏览器兼容性 | 链接检查器 | 站点报告 | FTP记录 | 服务器调试

显示(S): 断掉的链接 （链接文件在本地磁盘没有找到）

文件	断掉的链接
/ch11/案例——精品课程网站的制作/index.html	jxnr.html
/ch11/案例——精品课程网站的制作/index.html	ffsk.html
/ch11/案例——精品课程网站的制作/index.html	jxdw.html

总共 3 个，3 个HTML。 总共 84 个链接，71 个正确，3 个断掉，10 个外部链接

图 7-2-7　检测多个网页链接情况的结果

知识链接：

（1）链接在网站中起着非常重要的作用，链接可以在网页之间相互切换，并且引导用户访问网站内容。因此，链接的正确与否直接影响着用户的访问体验。

（2）断掉的链接：指向的链接文件在该网站中没有找到。

（3）孤立文件：单独存在于网站中的文件，没有和网站中其他的网页文件建立链接关系。

子任务 2　错误链接的修改

对整个网站进行链接检测以后，已经定位了错误的地方，修改起来比较便捷，既可以直接在“链接检查器”中修改链接，也可以在“属性”面板中修复链接。

1. 在链接检查器中修改断掉的链接

“结果”面板中的“链接检查器”标签窗口中缺省显示的是网站断掉链接的名称及其所在的文件。点击断掉链接的名称，可以直接修改链接文件的名称，或者点击后面的文件夹图标，在网站中选择链接的文件名称，如图 7-2-8 所示。

2. 在属性面板中修复链接

在“结果”面板中的“链接检查器”标签窗口中双击断掉链接所在的文件，该文件将被打开，有问题的部分高亮显示，并自动打开“属性”面板。在“属性”面板中直接修改链接文件的名称，或者点击后面的文件夹图标选择正确的链接文件，如图 7-2-9 所示。

3. 修复孤立文件

双击孤立文件名称，检查孤立文件里面的内容，确认是否是网站所需要的内容。若确是所需的文件，则在网页上新增对孤立文件的超链接。若是不需要的内容，则可以移除该孤立文件。

图 7-2-8　通过链接检查器修改链接

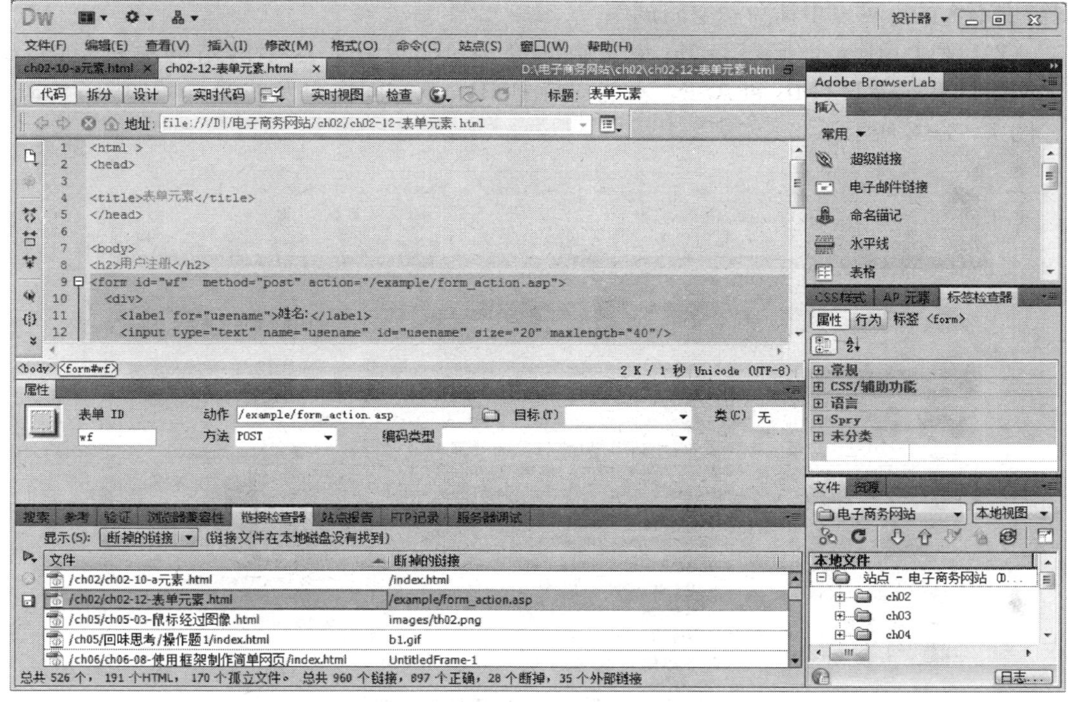

图 7-2-9　通过“属性”面板修复链接

任务3 网页发布

【任务目标】

王明设计并制作了一个旅游网站，经过浏览器兼容性检测以及链接测试后，都没有发现有什么问题。现在，他想把自己辛苦制作的成果分享给他的好友欣赏，然而，当他关闭电脑以后，连他自己都无法访问自己制作的网站了，这显然不符合互联网“随时、随地”提供服务的原则。

【任务实施】

本任务主要是将制作好的网站发布到互联网上，以便用户随时随地可以用浏览器访问到网站资源。

子任务1 网站空间申请

（1）打开百度主页，输入“网站空间”关键词进行搜索，可以看到有很多的服务提供商可以提供网站空间的服务。网站空间分为免费空间和付费空间。对于临时性的、空间需求不大的，可以申请免费空间试用。

（2）现以 http：//free. 3v. do 免费空间为例进行介绍，这个网站的免费空间仅100M，且只支持 HTML 和 ASP，不能支持 PHP，该空间主页及注册页面如图7-3-1、图7-3-2所示。

图7-3-1 free. 3v. do 免费空间主页

图 7-3-1（续图）

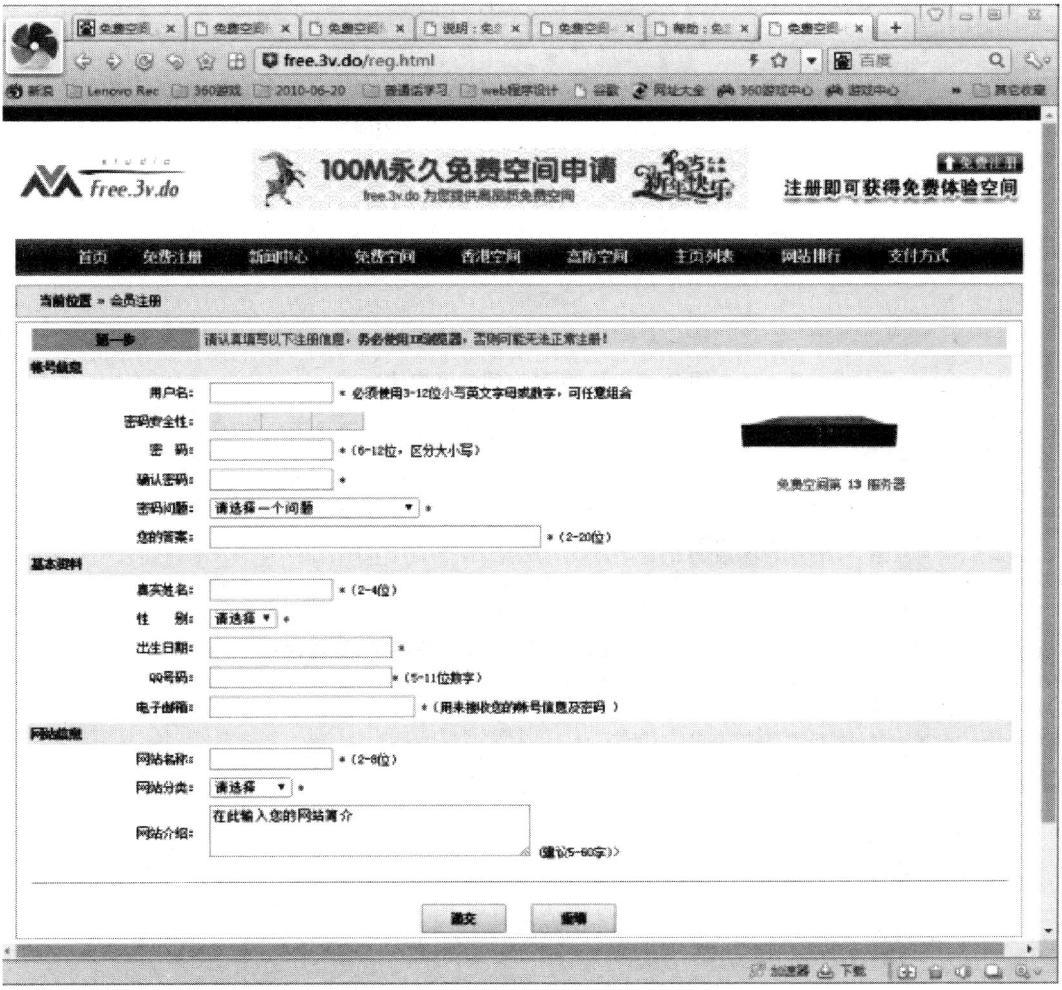

free.3v.do/reg.html
100M永久免费空间申请
free.3v.do
注册即可获得免费体验空间
首页 免费注册 新闻中心 免费空间 香港空间 高防空间 主页列表 网站排行 支付方式
当前位置 » 会员注册
第一步
帐号信息
用户名： * 必须使用3-12位小写英文字母或数字，可任意组合
密码安全性：
密 码： *（6-12位，区分大小写）
确认密码： *
密码问题： 请选择一个问题 *
您的答案： *（2-20位）
免费空间第 13 服务器
基本资料
真实姓名： *（2-4位）
性 别： 请选择 *
出生日期： *
QQ号码： *（5-11位数字）
电子邮箱： *（用来接收您的帐号信息及密码）
网站信息
网站名称： *（2-8位）
网站分类： 请选择 *
网站介绍： 在此输入您的网站简介
提交 重填

图 7-3-2 免费空间会员注册页面

（3）查看免费空间信息。注册成功之后，用自己的账号和密码登录，在管理中心点击“账户信息”，查看免费空间的域名，gzkmuec 账号申请到的免费空间域名为：http：//gzkmuec. 3vfree. net；点击“FTP 管理”，查看 FTP 服务器的地址及账号和登录密码，也可以自行修改 FTP 登录密码，gzkmuec 账号分配的 FTP 管理地址是 ftp：//002. 3vftp. com，FTP 登录账号和密码缺省为该免费空间的账号和密码，如图 7－3－3、图 7－3－4 所示。

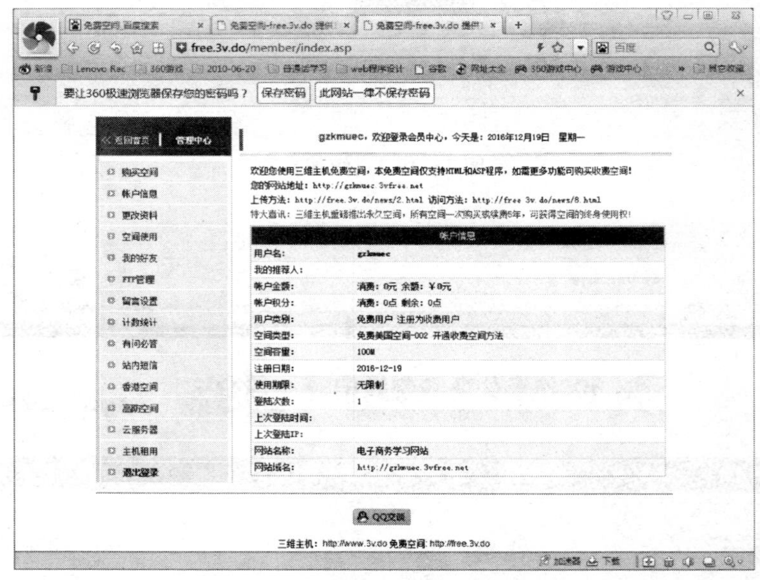

图 7－3－3　免费空间的账户信息

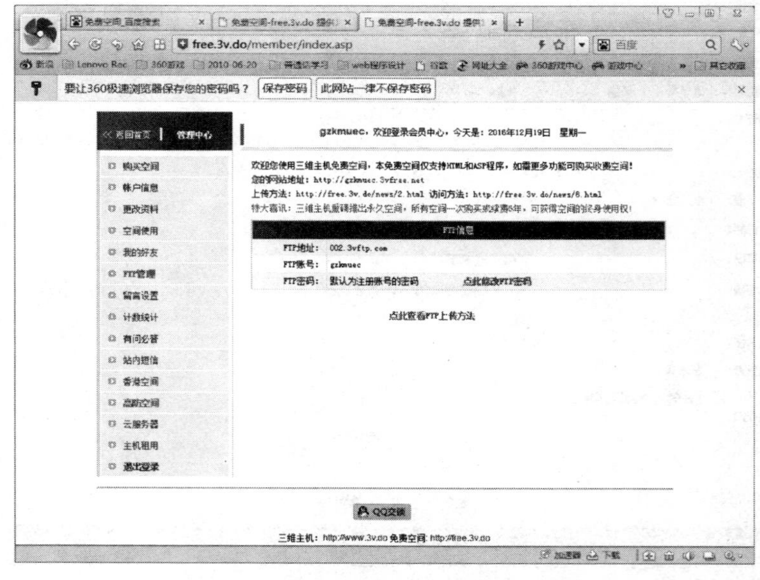

图 7－3－4　免费空间的 FTP 管理信息

子任务 2　FTP 软件的使用

FTP 软件是网站管理中非常便捷的一个工具，市场上 FTP 软件很多，主流的有 CuteFTP、LeapFTP、FlashFXP 等。这些 FTP 管理软件大同小异，这里我们以 FlashFXP 软件为例来进行介绍。

（1）打开百度主页，输入“FlashFXP”关键词进行搜索，找一个可靠的网站下载 FlashFXP 软件，如图 7－3－5 所示。

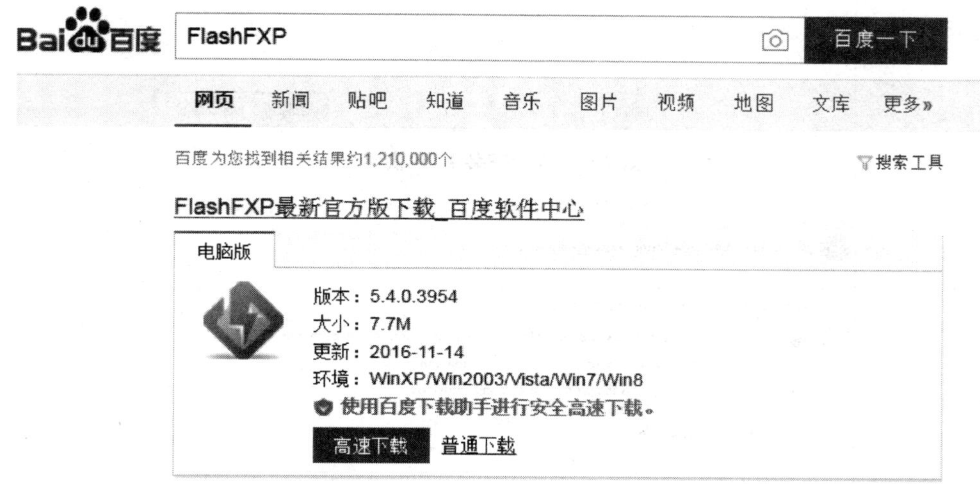

图 7－3－5　搜索 FTP 软件

（2）双击下载之后的可执行文件，开始安装 FlashFXP 软件，按照安装向导的提示，一步步点击“下一步”按钮，直至 FlashFXP 软件安装成功，如图 7－3－6、图 7－3－7、图 7－3－8 所示。

图 7－3－6　下载 FTP 软件到本机

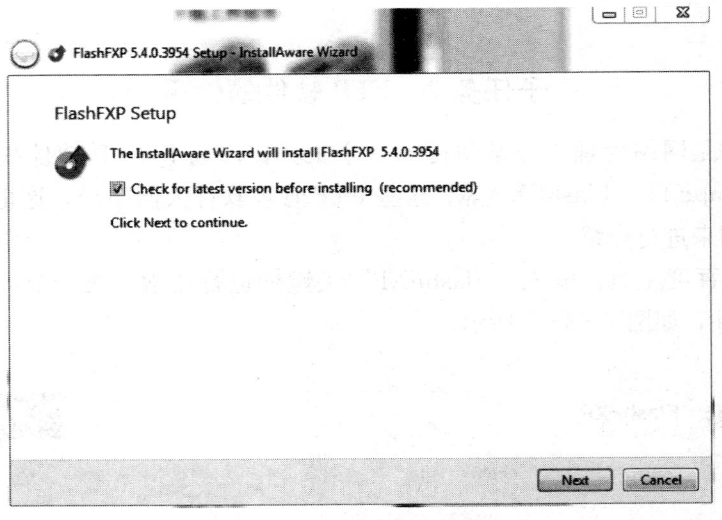

图 7-3-7　安装 FTP 软件

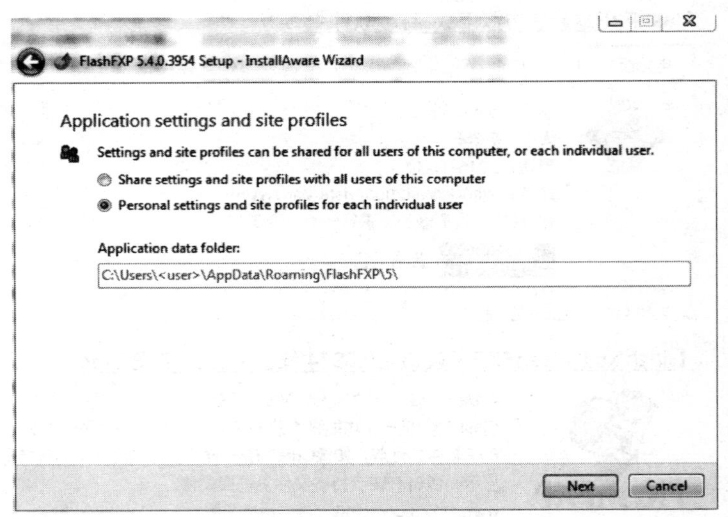

图 7-3-8　FTP 软件安装过程

（3）FlashFXP 安装成功之后，弹出配置语言环境的对话框，选择中文简体语言，这样进入 FlashFXP 程序后会呈现中文界面，如图 7-3-9 所示。

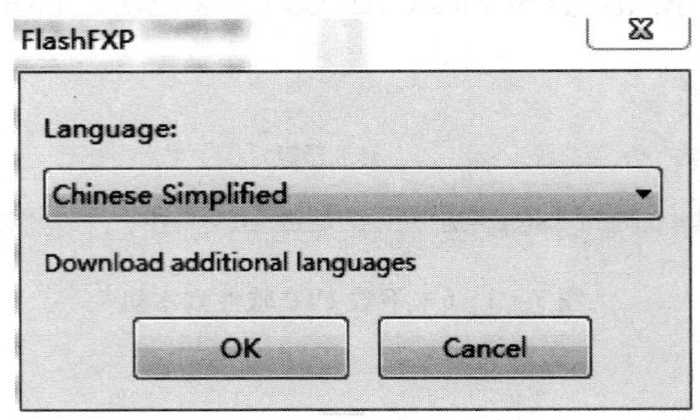

图 7-3-9　语言选择对话框

（4）运行 FlashFXP，窗口左边呈现的是本机的文件及文件夹资源，窗口右上方呈现的是远程服务器上的文件及文件夹资源；右下方呈现与服务器连接的过程及结果；未连接到远程服务器的时候，右上方窗口是空白的，如图 7－3－10 所示。

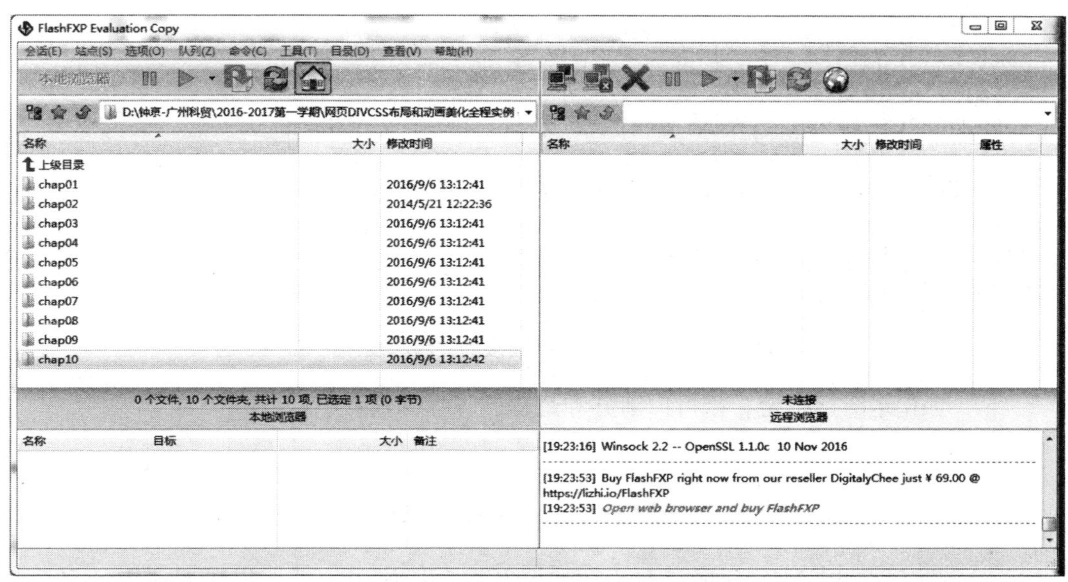

图 7－3－10　FTP 软件运行界面

（5）点击连接图标按钮或直接按 F8，弹出“快速连接”对话框，配置 FTP 服务器。将在免费空间查看到的 FTP 服务器地址及账号填入，点击“连接”按钮，可以在窗口右下方看到服务器的连接过程及信息，如图 7－3－11、图 7－3－12 所示。

图 7－3－11　快速连接服务设置对话框

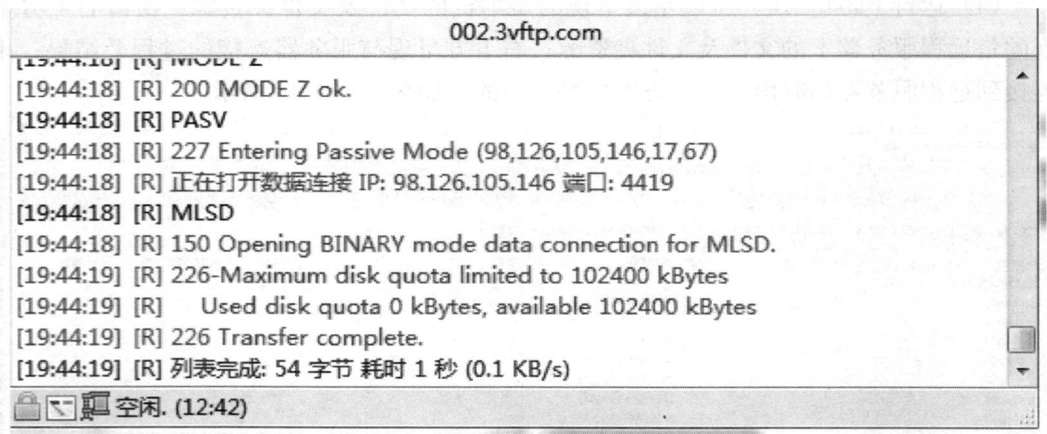

图 7-3-12　与服务器连接的过程和反馈信息

（6）点击图标按钮，则可以断开和远程服务器的连接。

子任务 3　站点上传

（1）运行 FlashFXP，在窗口左边选择网站所在的磁盘，然后再按照层级一直选择到网站所在的文件夹，如图 7-3-13 所示。

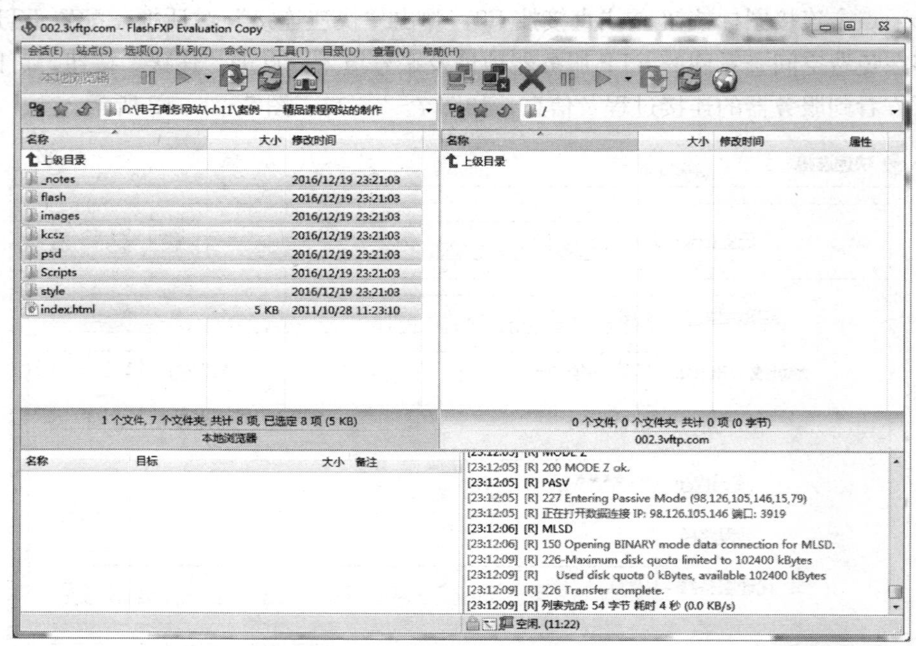

图 7-3-13　选择需要发布的网站所在的文件夹

（2）按快捷键 F8 调出快速连接对话框，从历史记录中选择一个 FTP 服务器，或者输入 FTP 参数连接远程服务器。

（3）选中网站下面所有的文件及文件夹，拖动到右边远程服务器窗口内。这时候可以在左边窗口观察到 FlashFXP 软件自动将所有要传输到远程服务器上的文件进行了排队，按顺序将一个个的文件传送到远程服务器端，如图 7－3－14 所示。文件传输完毕后，可看到远程服务器端就有了本机网站内容的一个备份，如图 7－3－15 所示。

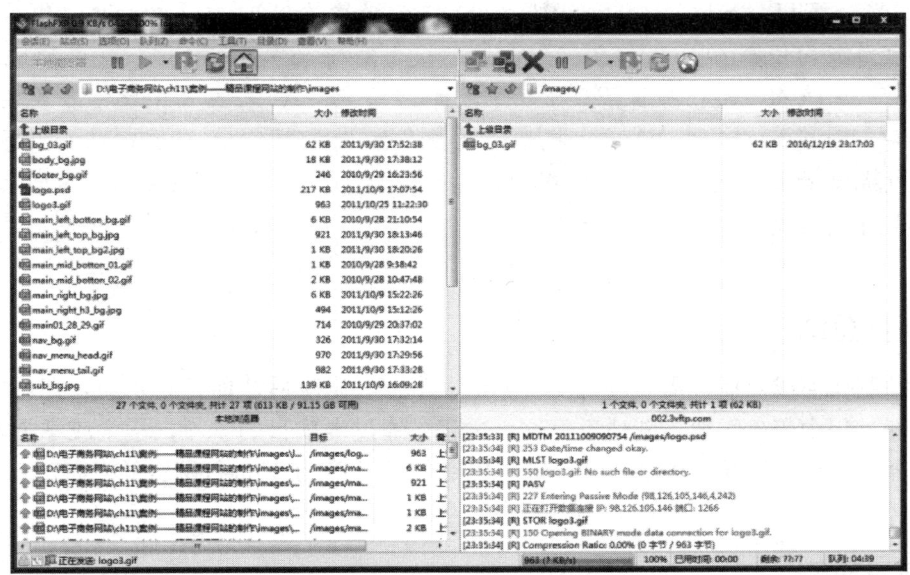

图 7－3－14　网站文件上传的过程

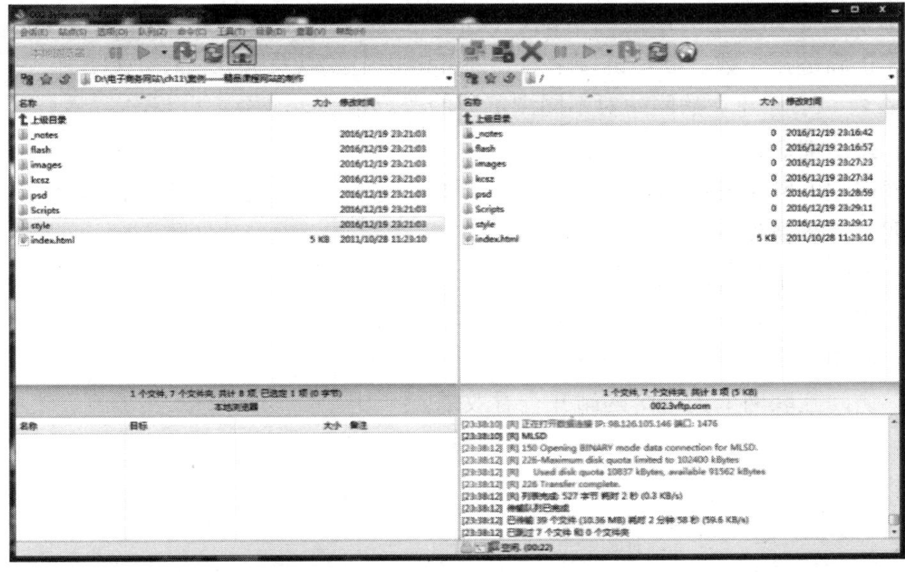

图 7－3－15　网站文件上传完毕

（4）检查网站首页文件的名称，首页文件名称必须为 index. html、default. html 或者 index. asp、default. asp，若不是，则需要重新命名首页文件名称。

（5）访问网站主页，查看网站是否发布成功。我们前面申请到的免费空间域名为：http：//gzkmuec.3vfree.net，输入该网址，可访问到网站。

知识链接：

（1）FTP（File Transfer Protocol，文件传输协议）：是 Internet 上用于控制文件双向传输的协议。

（2）虚拟主机：是目前最常用的一种网站空间的形式。Internet 服务提供商把一台运行在互联网上的主机划分成许多个"虚拟"的服务器，每一个虚拟主机都有独立的域名和完整的 Web 服务器的功能，以达到提供资源利用率及降低费用的目的。

项目总结

网站制作完成以后，需要进行反复测试、审核、修改后才能正式发布，在网站的维护和更新过程中仍然需要不断地重复这个过程。通过本项目的学习，学生应掌握对网页的浏览器兼容性及链接检测的方法，能够熟练使用 FTP 工具进行网页的发布。

项目检测

一、练习题

1. 查看一下你建立的站点的情况，包括站点总文件个数、HTML 文件个数、总链接个数、正确链接个数、断掉链接个数、外部链接个数以及孤立文件个数。

2. 查看一下你建立的网站对不同浏览器的兼容情况。

二、拓展训练

把你建立的网站发布到互联网上，要求能够实现 7×24 小时对网站的访问，并分享给你的朋友。步骤如下：

（1）搜索一个外部的免费 Web 空间。

（2）申请账号，并获得空间的 IP 地址及管理账号。

（3）使用 FTP 软件上传已经建立好的网站。

（4）访问互联网上的这个网站并查看效果。

项目八 网页指标与优化

项目概述

经过一段时间的努力，王明为企业建设的网站在互联网上发布了，互联网用户可以访问到企业的网站了，但另一个问题随之来临：互联网上有那么多的网站，如何才能让用户发现并访问自己所建的网站呢？为了吸引用户访问网站，并实现将其转换成最终客户的目标，除了对外要做好网站推广工作以外，对内必须做好网站优化的工作。王明通过网站工具分析了网站优化中的几个关键性指标，发现网站存在的一些问题，进而调整和优化了网站。

项目目标

能力目标：

学完本项目后，学生应当能够理解网站优化的一部分关键性指标，能够：

（1）使用网站流量统计工具来查询页面浏览量。

（2）使用网站流量统计工具来查询转化率。

（3）掌握提升页面加载速度的几种方法。

（4）分析和设计网站的关键词。

知识目标：

（1）页面浏览量的含义。

（2）页面转化率的含义。

（3）关键词的含义及分类。

项目任务

任务1　页面浏览量的查询

　子任务1　非自有网站页面浏览量查询

　子任务2　自有网站页面浏览量查询

任务2　页面转化率的提升

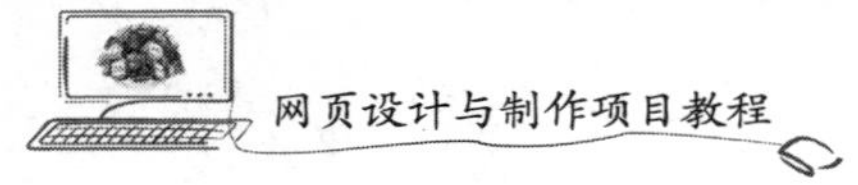

任务 3　页面加载速度的提升

任务 4　网页关键词优化

　子任务 1　关键词选择

　子任务 2　网页关键词优化

任务 1　页面浏览量的查询

【任务目标】

本任务的目标是理解页面浏览量的含义，并能够使用网站流量统计工具来查询页面浏览量。

【任务实施】

本任务主要是掌握与查询页面浏览量相关的几个重要指标。

子任务 1　非自有网站页面浏览量查询

（1）访问站长之家的站长工具（http：//tool. chinaz. com/），如图 8－1－1 所示。

图 8－1－1　站长之家网站的站长工具网页

（2）在输入框内输入要查询的网站的名称，如：taobao. com，点击“Alexa 排名”按钮，可以观察到淘宝网在 Alexa 排名体系中排第 9 名，且可以看到它的排名变化情况，以及日均 IP 访问量和日均 PV 浏览量，如图 8－1－2 所示。

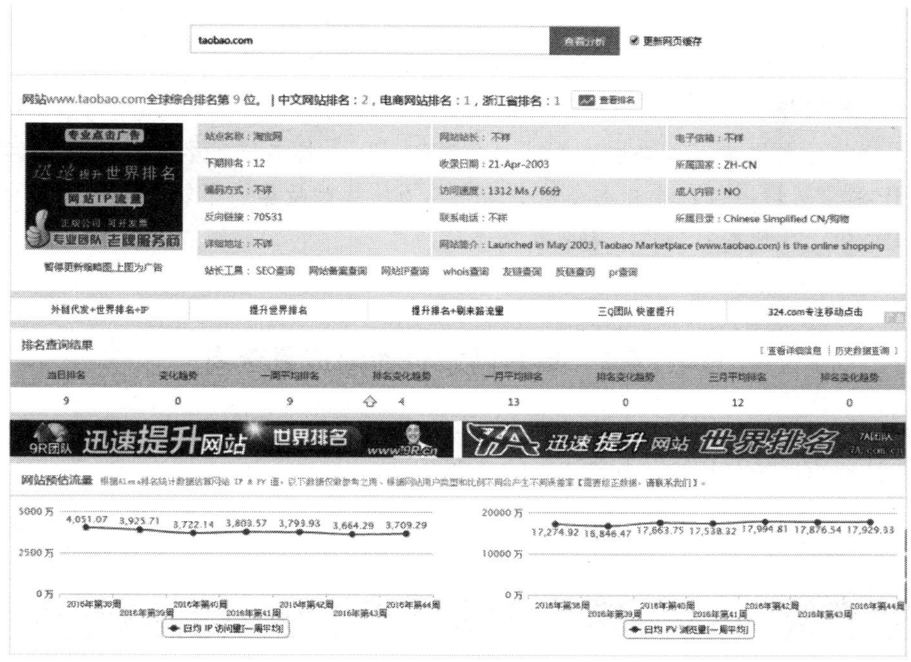

图 8-1-2　网站的 Alexa 排名结果

（3）在输入框内输入要查询的网站的名称，如：jd. com，点击“Alexa 排名”按钮，不但可以看到对整个网站的日均 IP 访问量和日均 PV 浏览量情况，还可以细化到京东网 PV 浏览量占比较高的网址是哪一些，如图 8-1-3 所示。

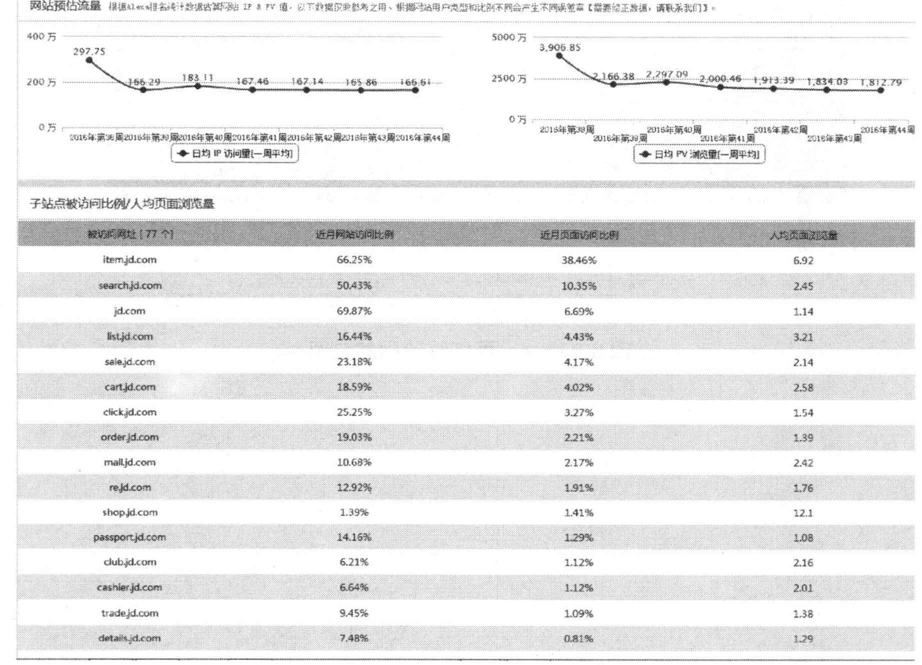

被访问网址 [77 个]	近月网站访问比例	近月页面访问比例	人均页面浏览量
item.jd.com	66.25%	38.46%	6.92
search.jd.com	50.43%	10.35%	2.45
jd.com	69.87%	6.69%	1.14
list.jd.com	16.44%	4.43%	3.21
sale.jd.com	23.18%	4.17%	2.14
cart.jd.com	18.59%	4.02%	2.58
click.jd.com	25.25%	3.27%	1.54
order.jd.com	19.03%	2.21%	1.39
mall.jd.com	10.68%	2.17%	2.42
re.jd.com	12.92%	1.91%	1.76
shop.jd.com	1.39%	1.41%	12.1
passport.jd.com	14.16%	1.29%	1.08
club.jd.com	6.21%	1.12%	2.16
cashier.jd.com	6.64%	1.12%	2.01
trade.jd.com	9.45%	1.09%	1.38
details.jd.com	7.48%	0.81%	1.29

图 8-1-3　网站的页面浏览量详情

知识链接：

通过站长之家可以查询到外部站点通过 Alexa 排名统计数据估算出来的网站 IP 和 PV 值，但只能查询到整个站点几周的统计数据，不能查询到每个网页的 PV 值，不能按日查询，因此数据不够详尽。

子任务 2　自有网站页面浏览量查询

(1) 访问百度统计网站 (http：//tongji. baidu. com)，如图 8－1－4 所示。

(2) 注册百度统计用户，如图 8－1－5 所示。

图 8－1－4　百度统计网站首页

图 8－1－5　百度统计用户注册页面

（3）使用注册的用户名和密码登录百度统计用户，如图 8－1－6、图 8－1－7 所示。

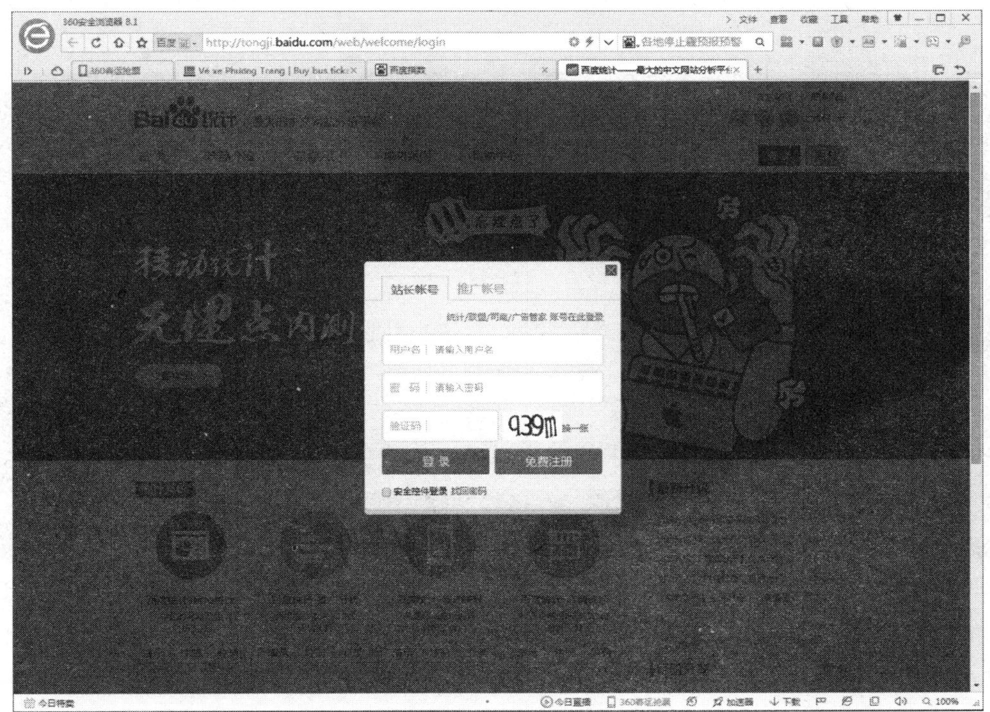

图 8－1－6　登录百度统计

图 8-1-7　百度统计管理页面

（4）点击“新增网站”按钮，将需要观测流量的网站添加到百度统计管理页面中。如：可以输入上一章申请的免费空间所赠送的域名 http：//gzkmuec. 3vfree. net，输入网站主页地址以及为网站创建一个名称，如图 8-1-8 所示。

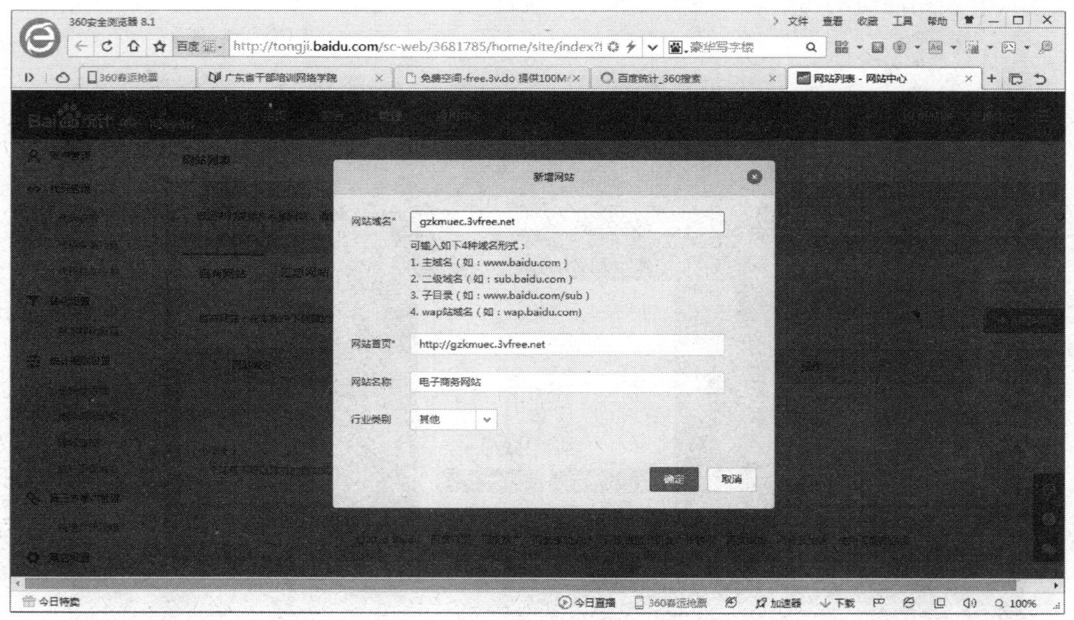

图 8-1-8　添加管理站点

（5）点击“复制代码”按钮，复制百度统计提供的获取流量的代码，这段代码要插入到所有需要统计流量的网页文件中，如图 8-1-9 所示。

图 8－1－9　获取统计源代码

（6）将这个代码添加到网站全部页面的〈head〉标签区域。可将百度统计代码在 header. htm 类似的页头模板页面中安装，以达到一处安装，全站皆有的效果。若对代码不太熟练，或者手动安装代码出现问题的话，也可以在“管理”标签页中点击左边菜单栏“代码管理→代码自动安装”，实现百度统计代码的自动安装，如图 8－1－10 所示。

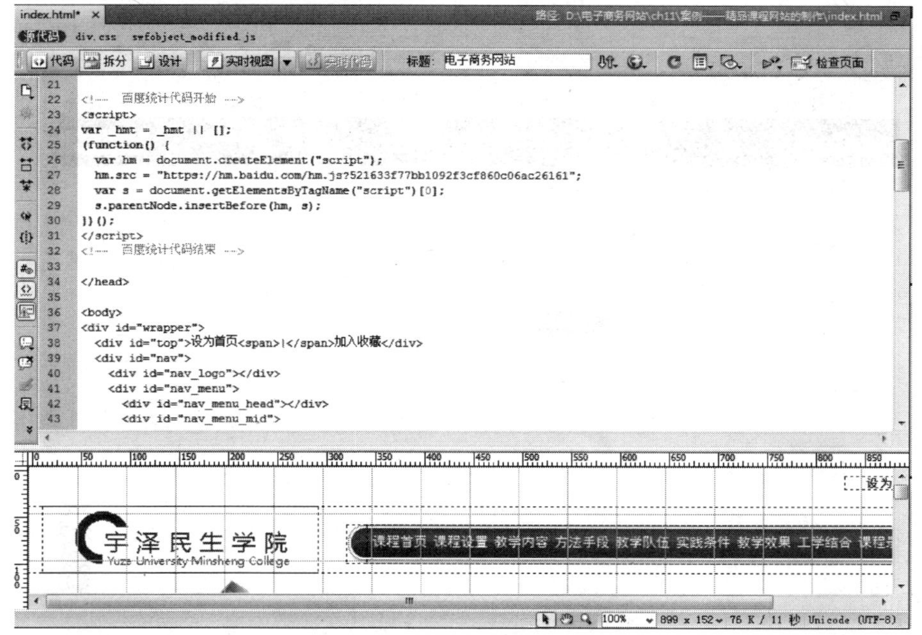

图 8－1－10　添加统计源代码到管理网站的页面

（7）启动 FTP 软件，将修改之后的网页重新上传到远程服务器端，如图 8－1－11 所示。

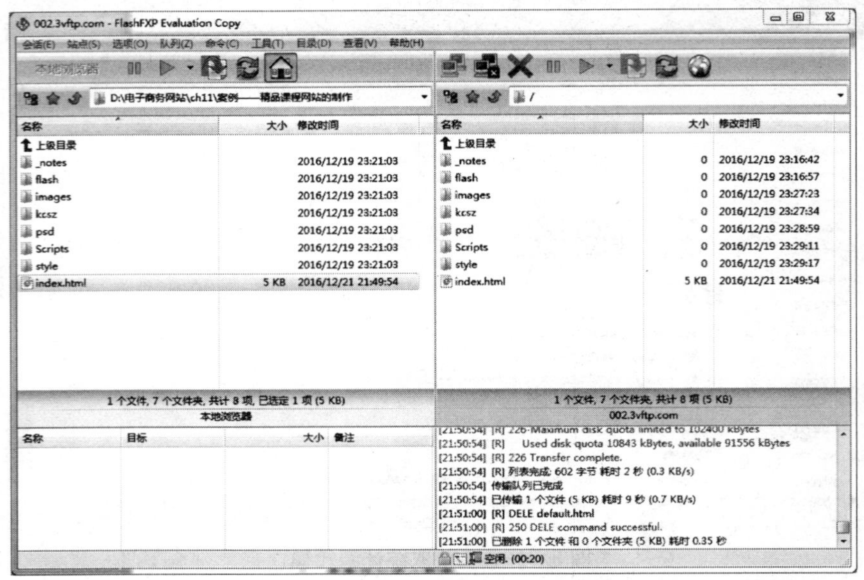

图 8－1－11　上传修改后的网页到服务器端

（8）在“管理”标签页中，点击左边菜单栏“代码管理→代码安装检查”，选择需要检测的网站，点击“开始检查”按钮，开始检查百度统计代码是否正确安装，如图 8－1－12、图 8－1－13 所示。若有问题，则需要进行修改直至正确，否则无法统计到网站流量。

图 8－1－12　代码检测错误

图 8-1-13　代码检测正确

(9) 正确安装了百度统计代码之后，访问几次自己的网站，在“报告”标签页的“网站概况”中查看统计结果，如图 8-1-14 所示。

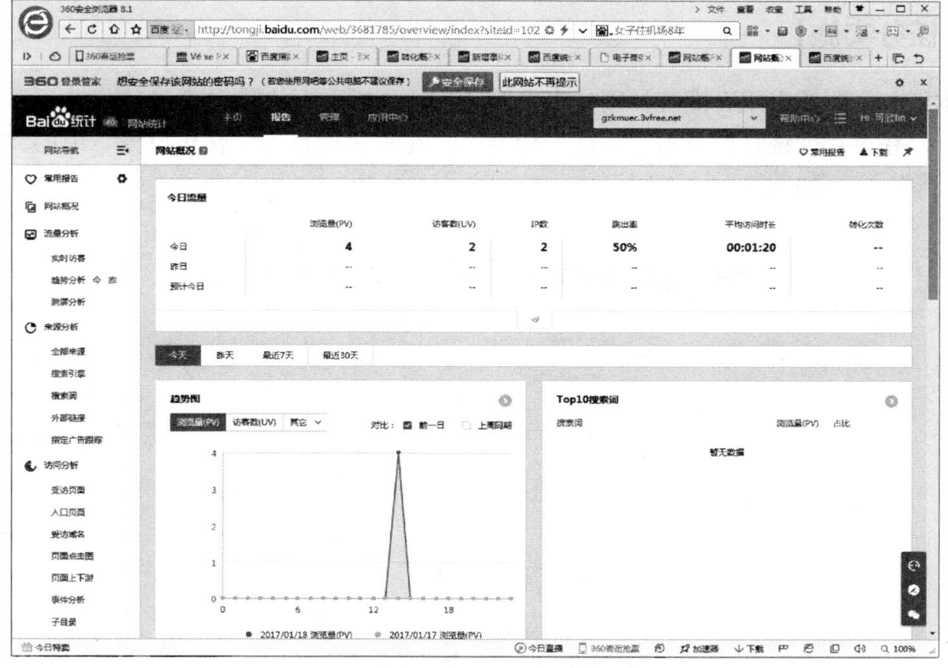

图 8-1-14　网站统计结果

知识链接：

(1) 页面浏览量（Page Views，PV）：是指在一定统计周期内，访客进入某网站后，浏览过的该网站网页的数量，用户每打开一个页面就被记录1次PV，这是用来衡量网站流量最常用的指标之一。网站的PV类似于平常我们所说的电视收视率，它在一定程度上反映了网站的知名度和受欢迎程度。

(2) 独立访客数（Unique Visitors，UV）：是指在一定统计周期内访问某网站的独立访客数，1天内相同的访客多次访问网站只能算1个UV。这也是用来衡量网站流量的重要指标之一。独立访客的数量在一定程度上反映了网站推广的成效。

(3) IP数：是指在一定的统计周期内，访问网站的不重复IP数。一天内相同IP地址多次访问网站只被计算1次。

任务2　页面转化率的提升

【任务目标】

本任务的目标是理解页面转化率的含义，并学会相关的设置操作。

【任务实施】

本任务主要是采用百度统计网站来设置及统计分析页面的转化率。

(1) 登录百度统计，点击“管理”标签页，在右边栏点击“转化设置”中的“基本转化设置”栏，如图8-2-1所示。

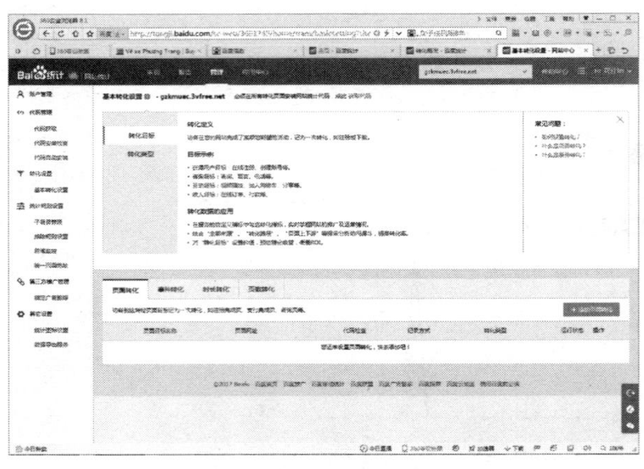

图8-2-1　基本转化设置页面

知识链接：

(1) 转化 (Convert)：是指潜在客户完成一次推广商户期望的行为。这种期望行为可以是点击页面、进行注册、提交订单、咨询洽谈、成交付款等完成商户推广目标的行为。

(2) 转化次数 (Conversions)：也称为转化页面到达次数，指独立访客达到商户期望目标页面的次数。

(3) 转化率 (Conversion Rate)：指转化次数与总访问次数的比率。转化率是反映网站最终能否获利的核心指标，提升网站转化率是网站综合运营实力的体现。值得注意的是，网站转化率是一个广义的概念，并非一定要产生购买行为，其他的还有点击转化率、推广转化率、注册转化率、订单转化率等指标。

(2) 缺省选择“页面转化”标签页，点击“添加页面转化”按钮，设置转化目标、转化类型等参数，如图 8-2-2 所示。

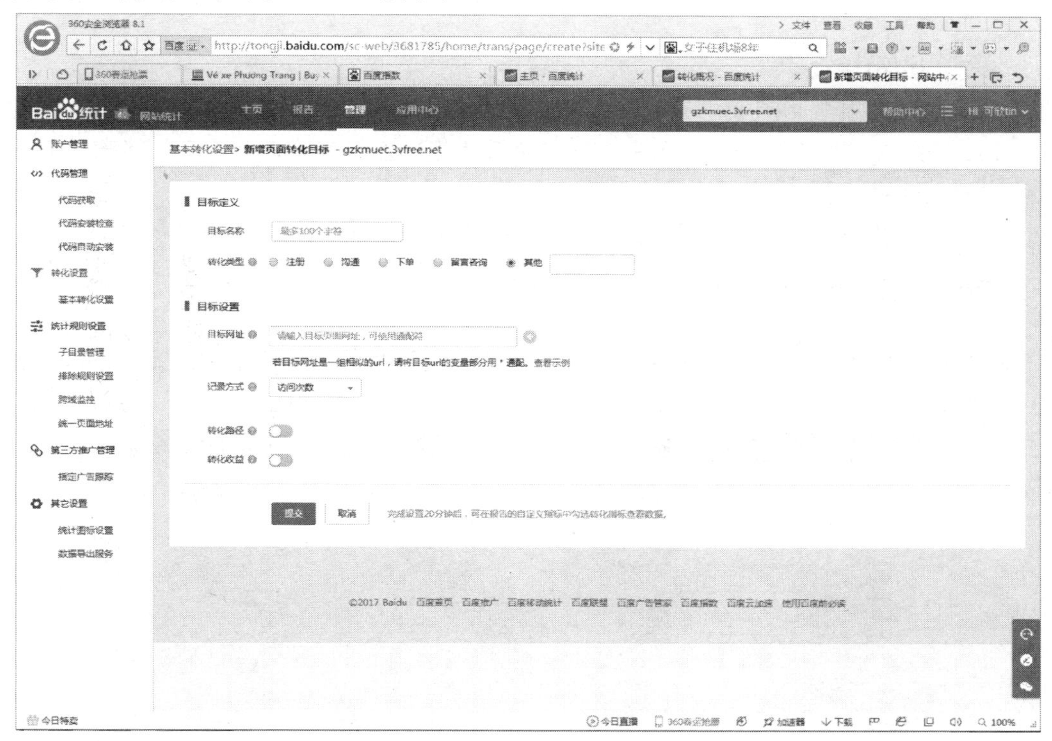

图 8-2-2 页面转化参数设置

(3) 可以选择“事件转化”标签页，点击“添加事件转化”按钮，设置转化目标、转化类型等参数，如图 8-2-3 所示。

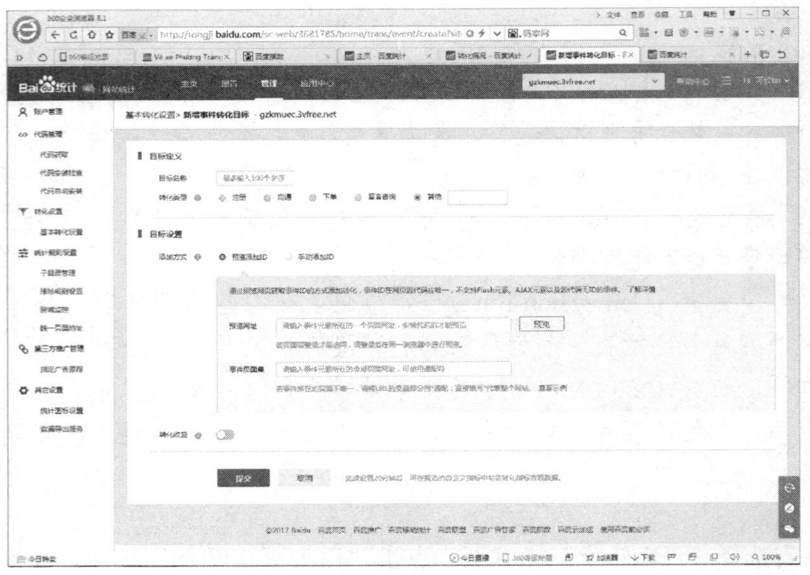

图 8-2-3　事件转化设置

知识链接：

事件是网页内部某个可以点击的交互元素，下载、移动广告点击、小工具、Flash 元素、AJAX 嵌入式元素以及视频播放等这些都是事件，百度统计可以对其进行跟踪。

通过事件转化可以了解网站上的用户操作情况，如某个按钮的点击次数、某个表单的提交次数或文档的下载次数。

（4）在百度统计"报告"标签页中的"转化概况"栏目查看转化率统计结果，如图 8-2-4 所示。

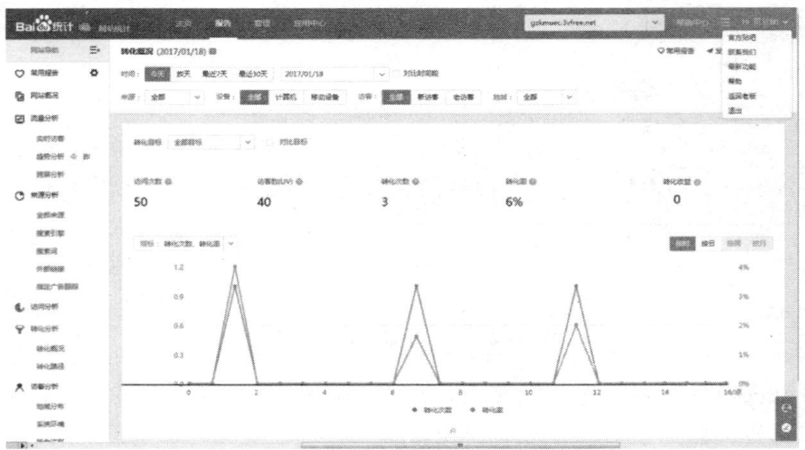

图 8-2-4　查看网站转化率统计结果

任务 3 页面加载速度的提升

【任务目标】

一个网站的页面加载速度直接影响着其用户体验。有关调查显示，即使网站的内容很吸引人、市场推广力度很大，但如果加载时间过长，大部分客户会选择离开，如图 8-3-1 所示。因此，为了提升用户体验、留住用户，优化网站的加载速度非常重要。

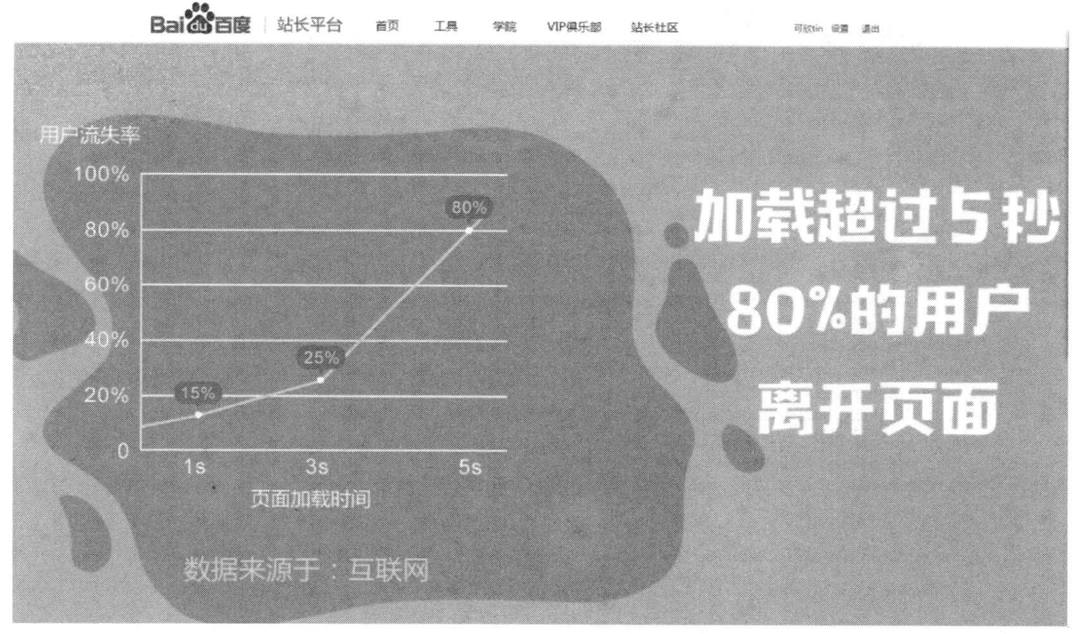

图 8-3-1 用户流失率和页面加载时间的关系

本任务的目标是在同等硬件及网速的情况下，使网页内容尽可能快速地在浏览器端呈现出来，从而增强用户体验，提升用户黏度。

【任务实施】

本任务主要是提高页面的加载速度。影响页面加载速度的原因有很多，网络的带宽是最直接的影响因素，其他外部因素包括 Web 服务器性能、网络设备的性能等。在相同的设施条件下，网页的大小就成为了影响加载速度的重要因素。

首先，我们来分析一下网页的加载流程。打开一个网页，会先下载一个 HTML 页面，然后浏览器在解析了这个 HTML 页面后，会根据页面的内容，去下载 JavaScript、CSS 和图片文件，最终根据这些文件将页面渲染出来，如图 8-3-2 所示。

可以看到，影响一个网页展示速度的主要因素不是网页本身，而是它依赖的一些相关资源，如果优化了这些资源的加载速度，那么网页呈现和展示的速度也就提高了。

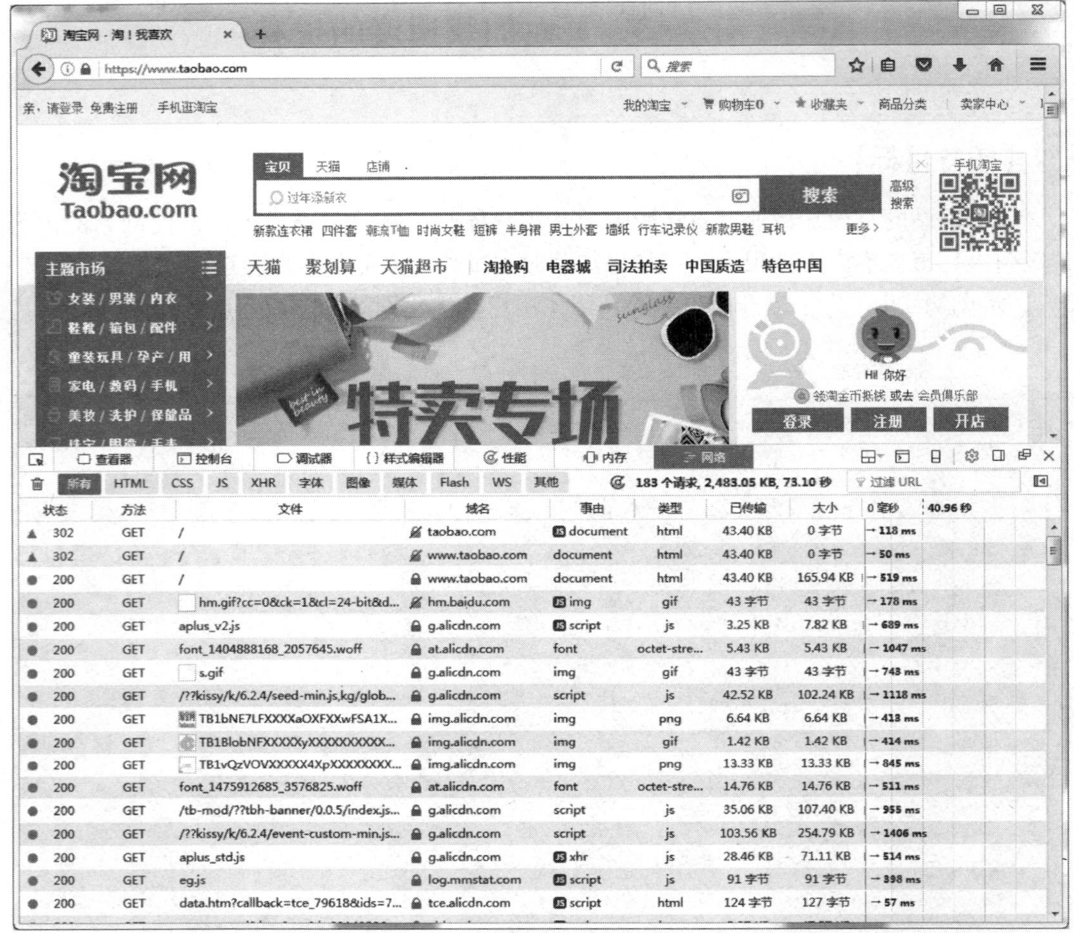

图 8－3－2　用浏览器查看网页加载流程

1. 优化图片资源的格式和大小

一个网页中，图片资源的大小占比是最多的，而且单个文件的体量一般也较大。因此，在保证图片质量不变的情况下，应尽可能地使用高压缩率的图片格式。压缩图片的软件有许多，我们这里采用 Photoshop 软件来举例。

（1）打开 Photoshop 软件，打开需要压缩的图片，选择文件菜单中的“存储为 Web 和设备所用格式”，如图 8－3－3 所示。

（2）选择需要存储的图片格式，设置和调整不同的参数，仔细观察图片压缩的结果，如图 8－3－4 所示。

（3）选择“四联”标签页，可同时对比多种图片压缩效果，仔细观察图片压缩的结果，选择图片效果好且占用空间比较小的压缩方案，如图 8－3－5 所示。

图 8-3-3　用 Photoshop 软件打开需要压缩的图片

图 8-3-4　设置图片压缩参数，查看压缩结果

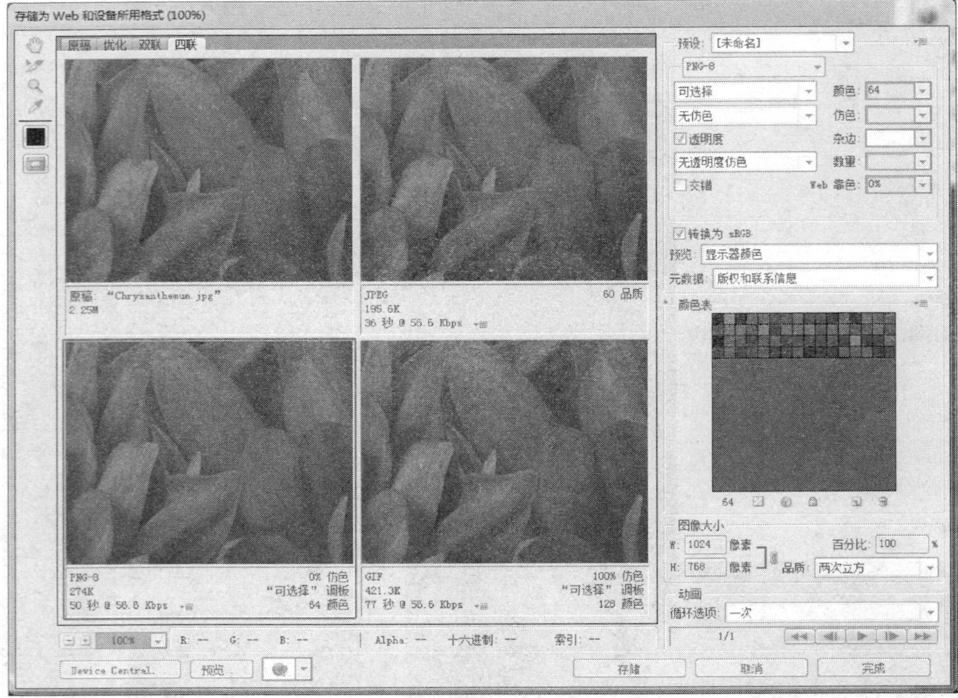

图 8-3-5　不同压缩方案的效果对比

知识链接：

(1) PNG (Portable Network Graphic Format) 图片是一种图像文件存储格式，其目的是试图替代 GIF 和 TIFF 文件格式，同时增加一些 GIF 文件格式所不具备的特性。PNG 用来存储灰度图像时，灰度图像的深度可多到 16 位；存储彩色图像时，彩色图像的深度可多到 48 位。

(2) JPEG 格式是 Joint Photographic Experts Group (联合图像专家组) 的缩写，文件后缀名为“.jpg”或“.jpeg”，是目前网络上最流行的图像格式，是可以把文件压缩到最小的格式。在 Photoshop 软件中，以 JPEG 格式储存时，以0～12 级表示。其中 0 级压缩比最高，图像品质最差。

(3) GIF 格式 (Graphics Interchange Format，图形交换格式) 是 CompuServe 公司在 1987 年开发的图像文件格式。GIF 文件的数据是一种基于 LZW 算法的连续色调的无损压缩格式，但 GIF 格式最多支持 256 种色彩的图像。它最特别的特点是可以构成简单动画。

(4) BMP 格式 (位图格式，简称 BitMaP) 是一种与硬件设备无关的图像文件格式，使用非常广范。它采用位映射存储格式，除了图像深度可选以外，不采用其他任何压缩，因此，BMP 文件所占用的空间很大。

2. 开启网络压缩

大部分浏览器在发出请求时，会带上「Accept-Encoding：gzip，deflate」这个标记，表示这个浏览器可以接受以 gzip 压缩方式传输数据，如果你的网页服务器也支持 gzip 压缩数据，那么数据以 gzip 方式传输时，会减少 70%～80%的流量。

gzip 压缩是一个压缩实用程序，我们可以用它来快速加载网站。它的工作原理是在发送 HTML 和 CSS 文件到互联网浏览器之前先压缩文件。

这里以 IIS 服务器为例讲解 gzip 压缩设置。

(1) 打开 IIS 服务器，点击“视图”菜单栏中“视图”选项中的“图标”项，如图 8-3-6 所示。

图 8-3-6　在 IIS 服务器中找到压缩图标

(2) 双击“压缩”图标，打开设置压缩参数页面进行参数设置，如图 8-3-7 所示。

(3) 在站长工具网站中查看网站 gzip 压缩是否开启成功，也可以在此查看任意网站是否设置了 gzip 压缩，以提高网页访问速度，如图 8-3-8 所示。

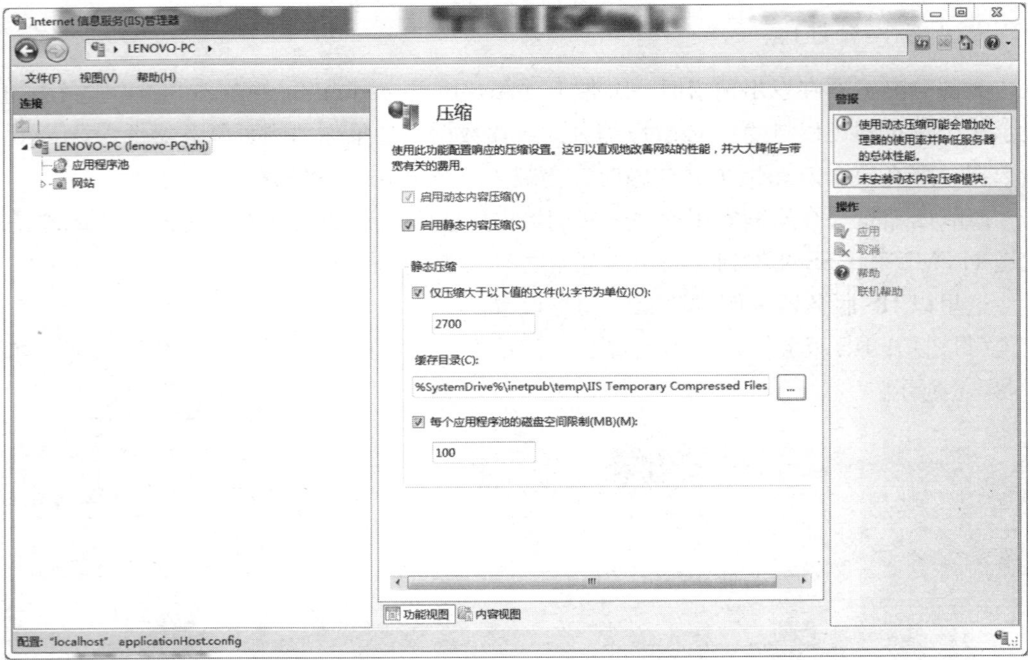

图 8－3－7　压缩参数设置

图 8－3－8　查看网站是否开启 gzip 压缩

3. 减少请求数

每次 HTTP 请求和连接都会带上一些额外的信息进行传输，当请求的资源很小，比如 1 个不到 1KB 的图标，可能请求和连接所带来的额外信息比实际图标的数据量还大。当请求越多的时候，在网络上传输的数据就多，传输速度自然就慢了。

（1）CSS Sprites（CSS 精灵）技术。图片是增加 HTTP 请求的最大可能者，把背景图标都放在一个图像文件中，然后用 CSS 的“background→image”和“background→position”来显示其中的一小部分，就可以减少大量的背景图片请求。

（2）合并脚本文件和 CSS 文件。合并脚本和 CSS 文件可以减少 HTTP 请求。从逻辑上说，把 CSS 分成结构清晰的几个部分，比如 base. css、header. css、mainbody. css、footer. css 等，这样对页面的维护和修改就会比较方便，但这样一来加载网页的速度就减慢了。合理规划和合并脚本文件和 CSS 文件有助于提高页面访问速度。

4. 使用 CDN 静态资源

CDN 是一种静态内容分发网络，每个省，甚至每个城市都部署有 CDN 服务器，用于分发静态资源。当某个城市的用户要获取某个资源时，会首先从本地的 CDN 服务器上下载，这样可以保证用户能以最快的速度获得该资源，提升页面加载速度。

CDN 公共库是指将常用的 JS 库存放在 CDN 节点，以方便广大开发者直接调用。如百度公共库、新浪公共库等，如图 8－3－9 所示。与服务器单机上的资源相比，CDN 公

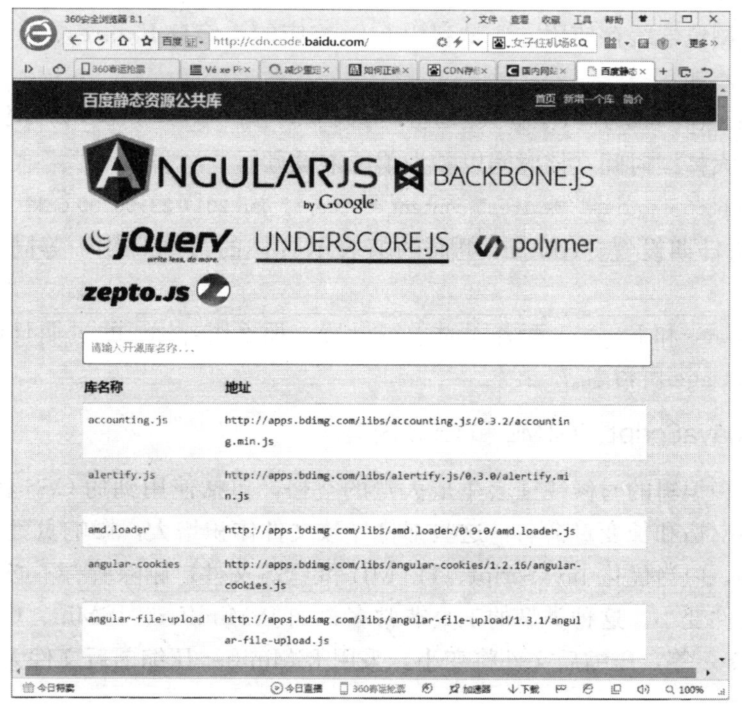

图 8－3－9　百度静态资源公共库

共库更加稳定、高速。一般的CDN公共库都会包含最流行的开源JavaScript、jQuery等库。网页开发者可以在自己的网页上直接通过script标记引用这些资源，这样做不仅可以节省流量，还能通过CDN加速，获得更快的访问速度。

知识链接：

(1) CDN的全称是Content Delivery Network，即内容分发网络。CDN是构建在网络之上的内容分发网络，它依靠部署在各地的边缘服务器，通过中心平台的负载均衡、内容分发、调度等功能模块，使用户就近获取所需内容，降低网络拥塞，提高用户访问响应速度和命中率。

(2) DNS（Domain Name System，域名系统）是域名和IP地址相互映射的一个系统。

5. 使用浏览器缓存

同一个站点下面的不同页面往往都会复用一部分资源文件，如果把这些资源文件设置为可缓存的，那么在刷新或者跳转到另一个页面时，就无须再从网络下载相关资源，这样就大大加快了网页的加载速度。浏览器缓存是允许访客的浏览器缓存网站页面副本的一个功能。当用户再次访问网页时，可以直接从浏览器缓存中读取内容而不需要重新向服务器发起请求。

最简单的浏览器缓存使用方法是利用http响应的头信息Expires、Cache-Control来缓存静态页面。如：

(1) 〈meta http-equiv="Cache-Control" content="max-age=6 000" /〉，其中，max-age表示缓存的最大持续时间（该时间以秒为单位来设置）。

(2) 〈meta http-equiv="Expires" content="Tue,17 Jan 2017 23:00:00 GMT" /〉，其中，Expires表示过期日期设置，content里面的值表示具体的过期日期，等同于max-age的效果。

如果max-age和Expires两者同时进行设置，那么Expires的过期日期将被Cache-Control的max-age所覆盖。

6. 优化JavaScript、HTML和CSS内容

网页设计和编辑的时候往往会生成大量的空格，包括使用到的CSS和JS文件，也会含有大量的空格和长变量命名，这些都将导致文件体积增大，影响页面加载速度。在网站发布之前，应当优化JavaScript、HTML和CSS文件，删除所有不必要的空格和注释，从而使文件变小。这种类型的工具非常多，如JSMinifier、JSMin、UglifyJS、Ant、YUI Compressor等，压缩后文件将变小，采用JSMinifier压缩前后文件大小的比较如图8-3-10所示。

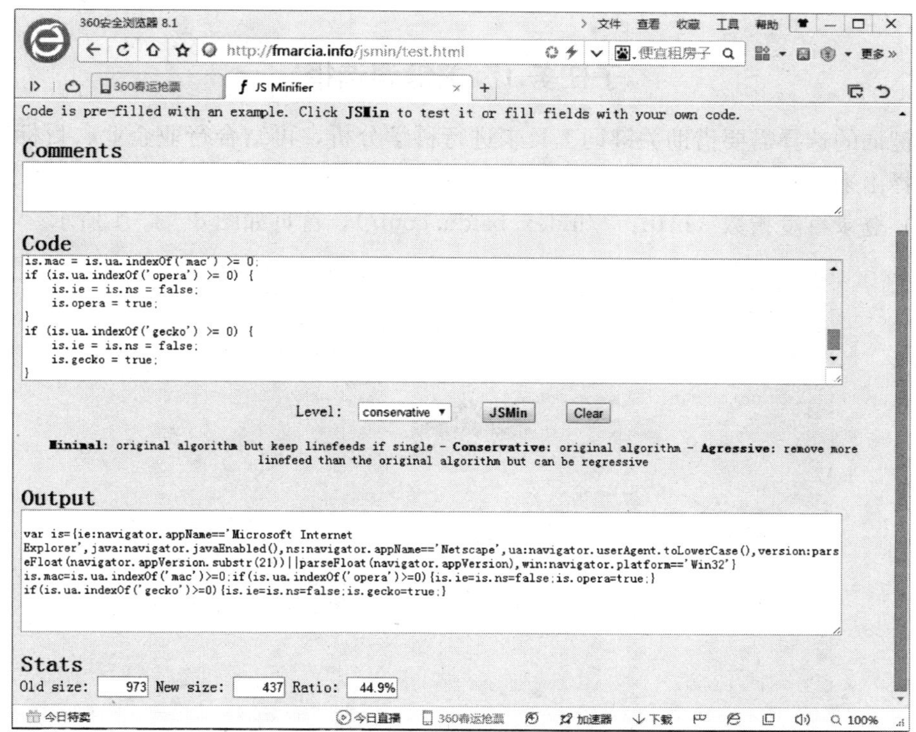

图 8-3-10　JSMinifier 压缩前后比较

任务 4　网页关键词优化

【任务目标】

本任务的目标是能够理解关键词的作用和意义，并学会使用关键词工具筛选有效的关键词，能够对设计的网页进行关键词优化调整。

【任务实施】

本任务主要是利用关键词工具来进行关键词分析，找到合适的关键词，以提升网页在搜索引擎中的搜索排名，从而提高网站的访问量。

我们在搜索站点的文本框中输入的词就称为关键词。关键词是网站的主题词语，是网站当中非常重要的词语。关键词由关键字组成，而关键词和关键字又可以组成关键短语。如“手”是一个关键字，“手机”就是一个关键词，“智能手机、苹果手机、手机贴膜、手机助手”就是关键短语。选择关键词是一个细致的工作，关键词选择得是否合理有效，是影响网站排名的一个重要因素，是搜索引擎优化（SEO）的重要内容。

子任务 1　关键词选择

关键词的选择需要借助关键词工具来进行科学分析，再结合行业企业、目标用户等综合选择出来。

（1）登录百度指数（http：//index. baidu. com/），首页如图 8－4－1 所示。

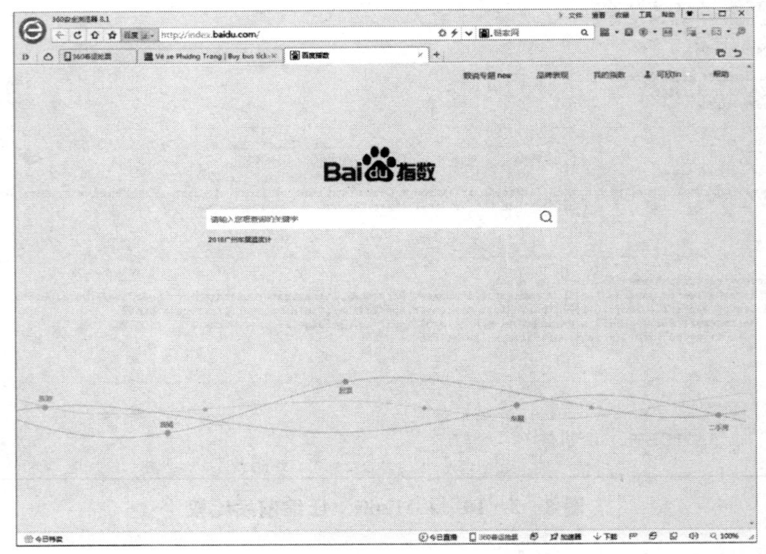

图 8－4－1　百度指数首页

（2）在文本框中输入想要查询的关键词，如“童装”，点击搜索按钮，就会呈现用图形和数据展示的该关键词搜索指数和媒体指数，以及历史变化趋势，如图 8－4－2、图8 -4－3 所示。

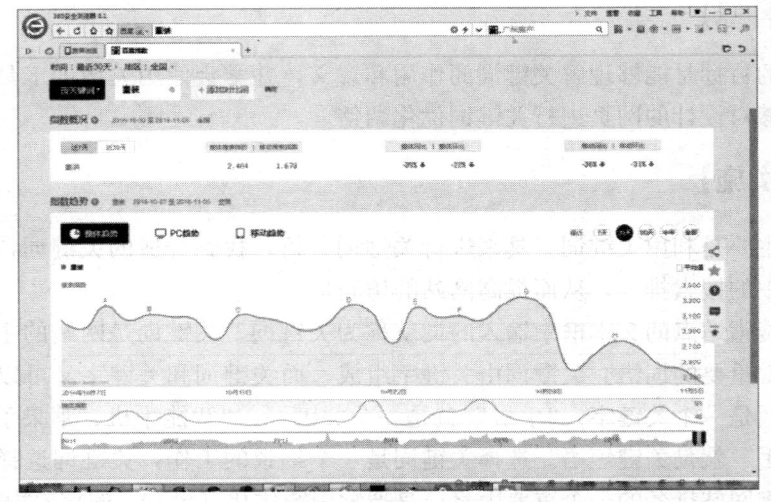

图 8－4－2　百度指数及 30 天的指数趋势图

图 8-4-3 百度指数及半年的指数趋势图

（3）可以点击添加对比词，增加多个关键词，如“打底裤”，查询关键词的趋势图对比结果如图 8-4-4、图 8-4-5 所示。

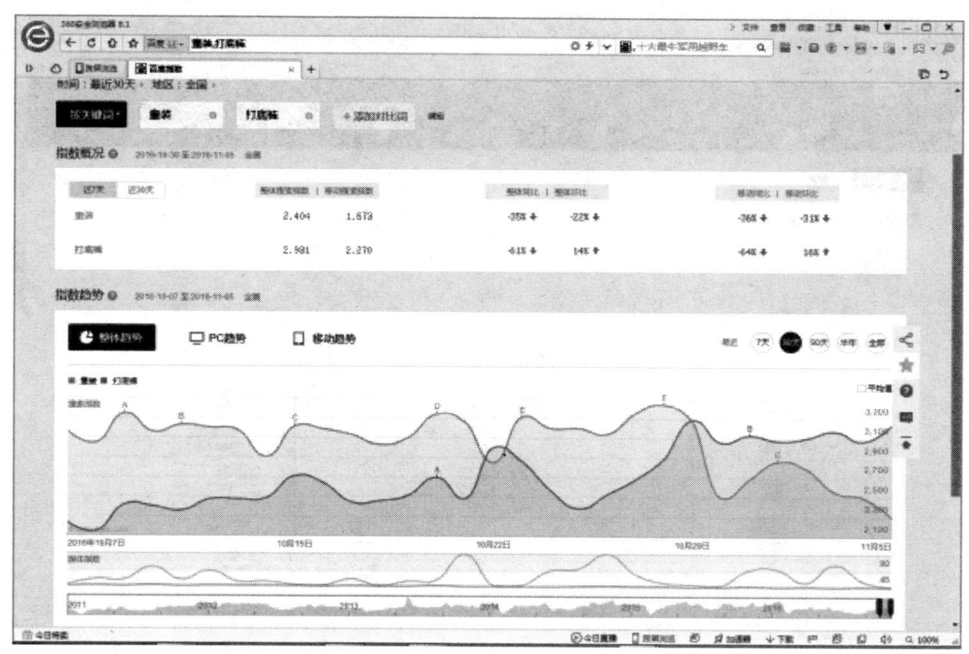

图 8-4-4 多关键词的 30 天百度指数趋势图

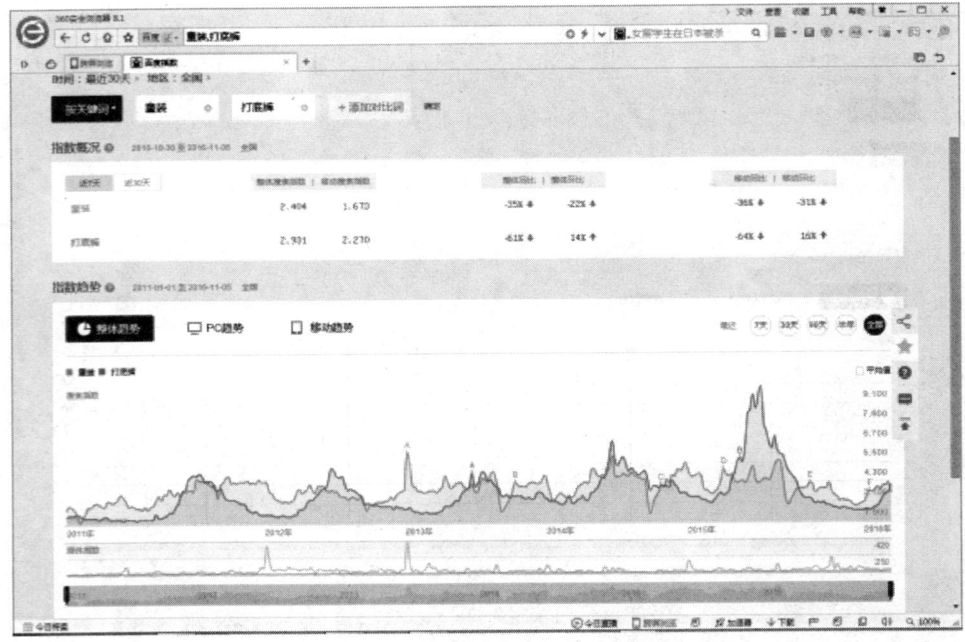

图 8-4-5　多关键词的半年百度指数趋势图

（4）点击“需求图谱”栏目，查看需求图谱和相关词，如图 8-4-6、图 8-4-7、图 8-4-8、图 8-4-9 所示。

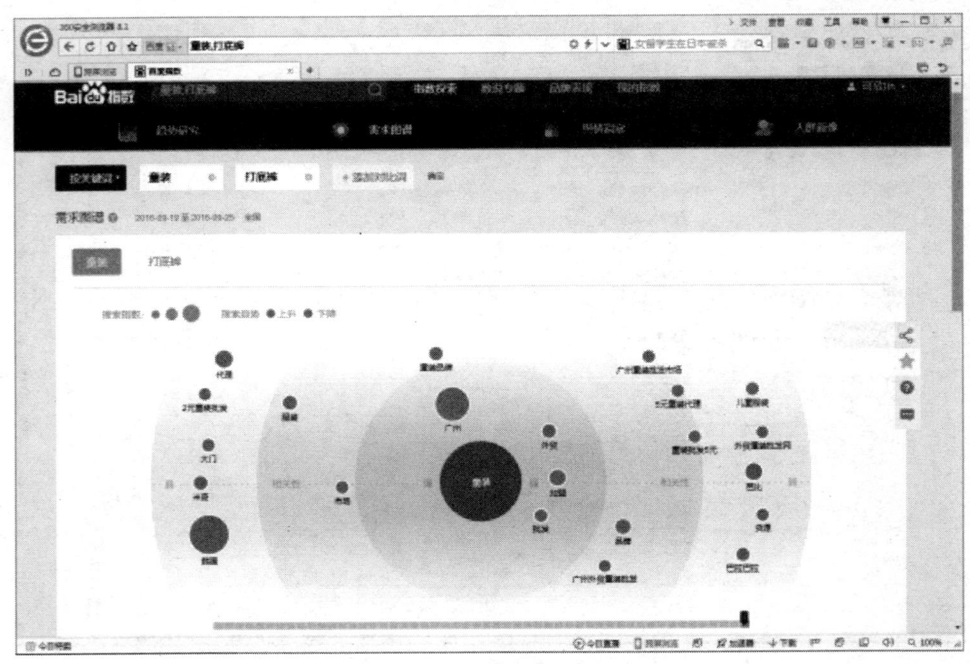

图 8-4-6　童装的需求图谱

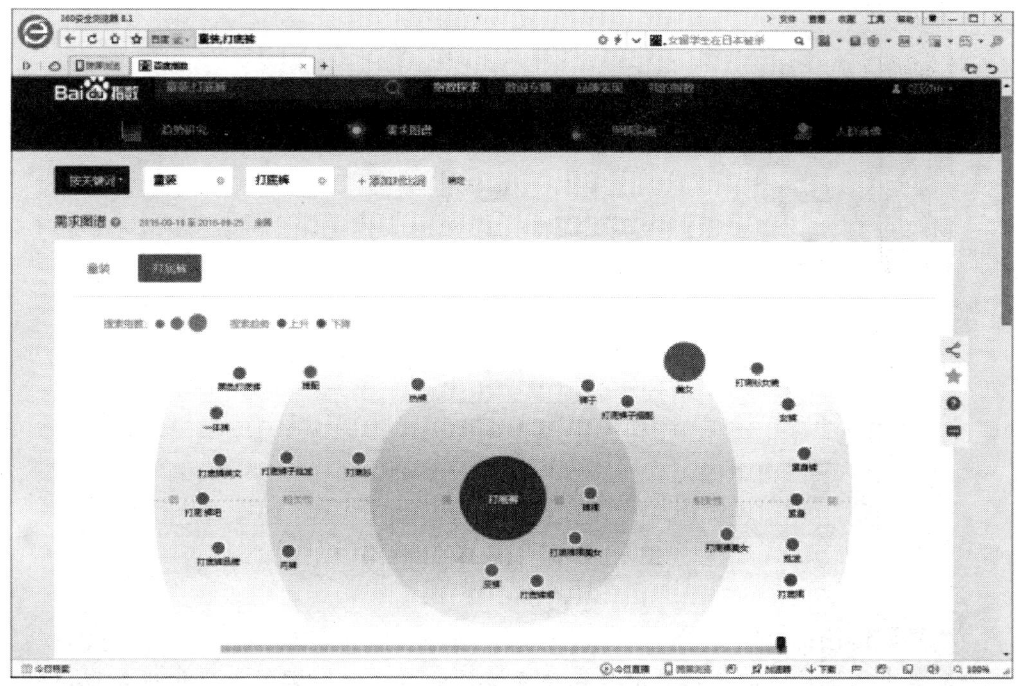

图 8-4-7　打底裤的需求图谱

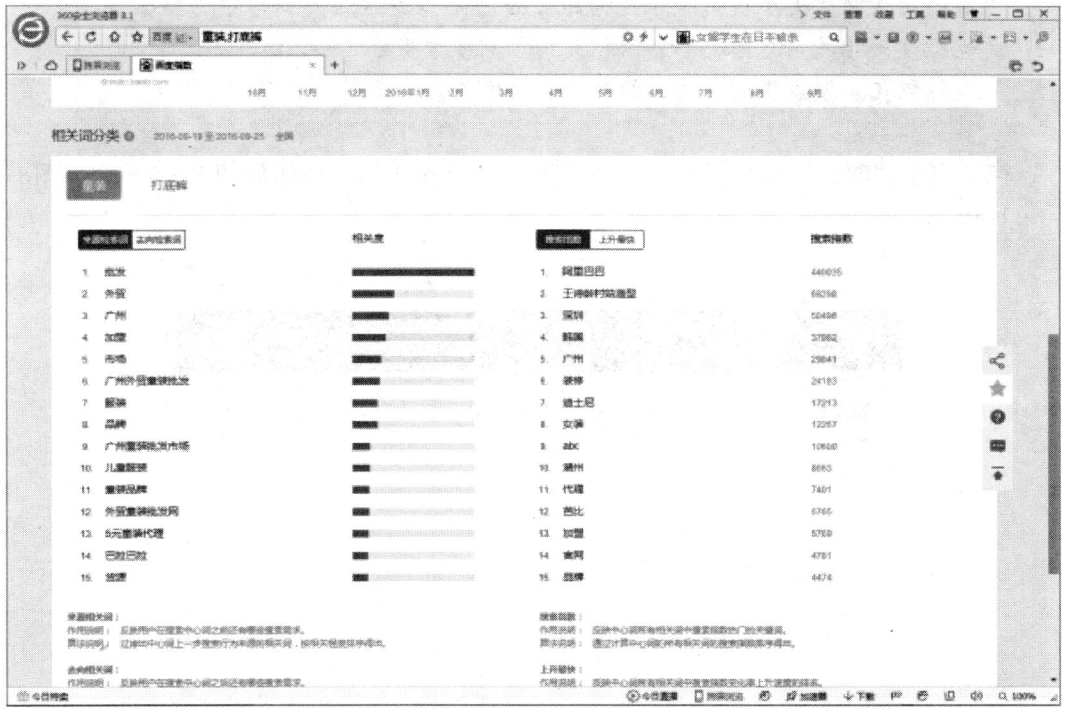

图 8-4-8　童装的相关词

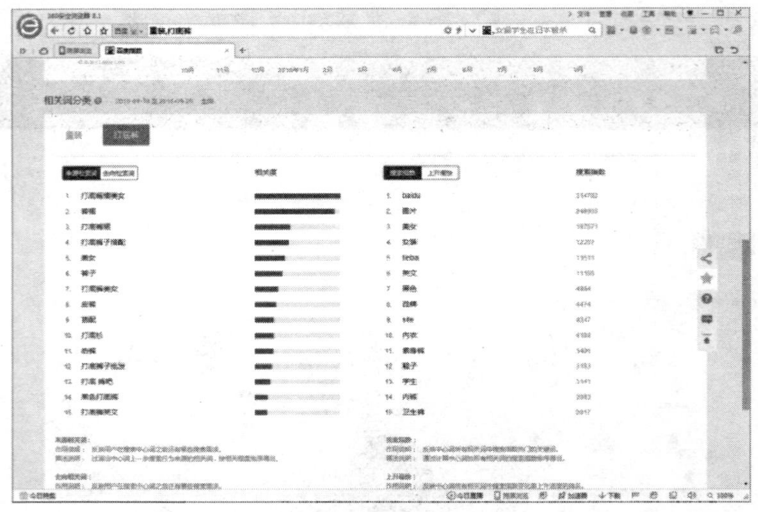

图 8-4-9　打底裤的相关词

知识链接：

需求图谱显示的是通过用户在搜索该词的前后的搜索行为变化中表现出来的相关检索词需求。它通过综合计算关键词与相关词的相关程度，以及相关词自身的搜索需求大小得出。相关词距圆心的距离表示相关词与中心检索词的相关性强度；相关词自身大小表示相关词自身搜索指数大小。

红色代表搜索指数上升，绿色代表搜索指数下降。

（5）点击“舆情洞察”栏目，可查看媒体指数和详情，具体如图 8-4-10、图8-4-11所示。

图 8-4-10　童装的舆情洞察

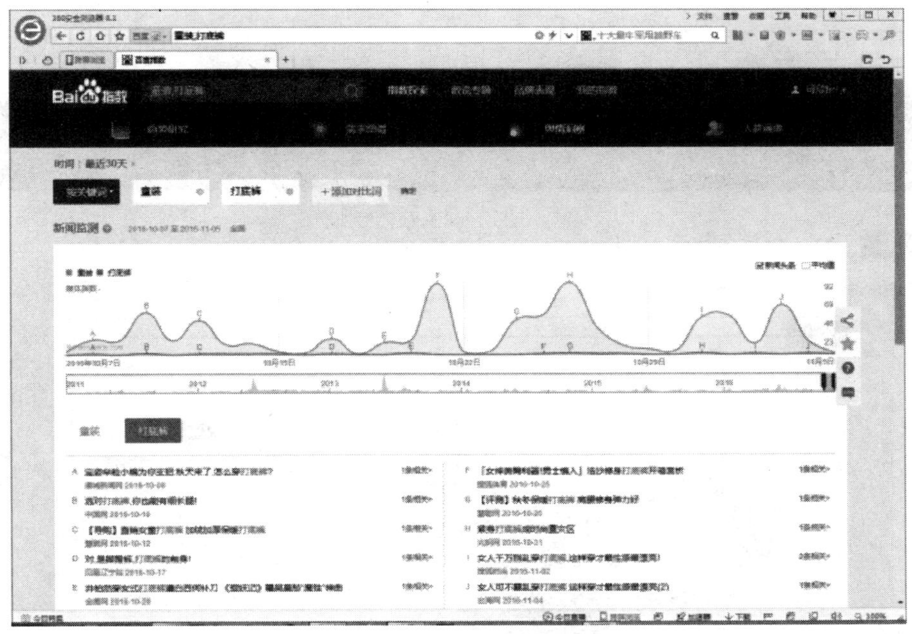

图 8－4－11　打底裤的舆情洞察

（6）点击“人群画像”栏目，查看关键词搜索的地域分布及人群属性，人群画像显示了关注此关键词的用户的地域、年龄和性别属性，如图 8－4－12、图 8－4－13、图 8－4－14所示。

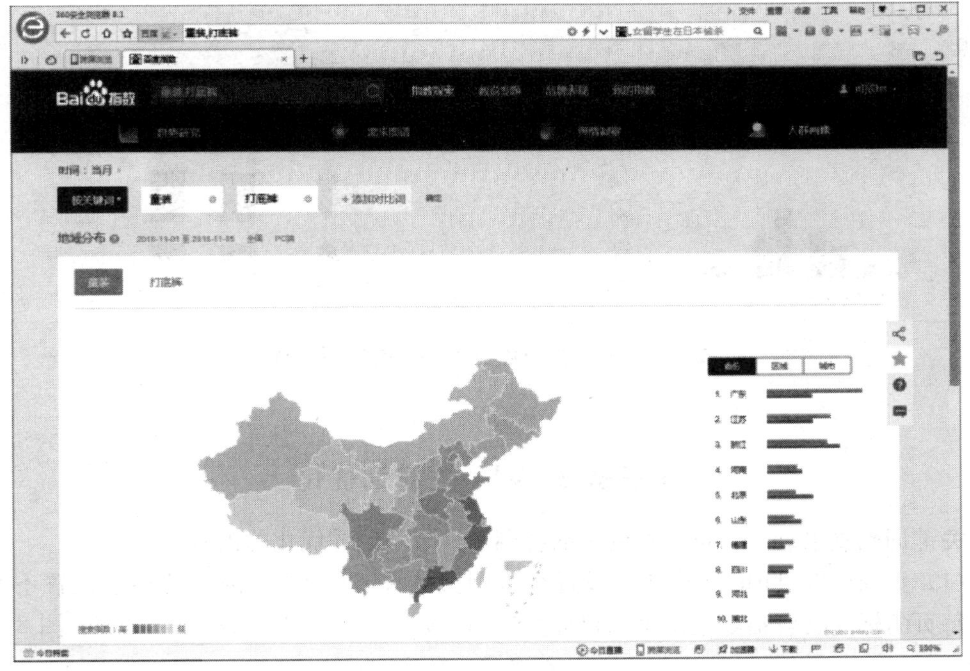

图 8－4－12　童装的地域分布

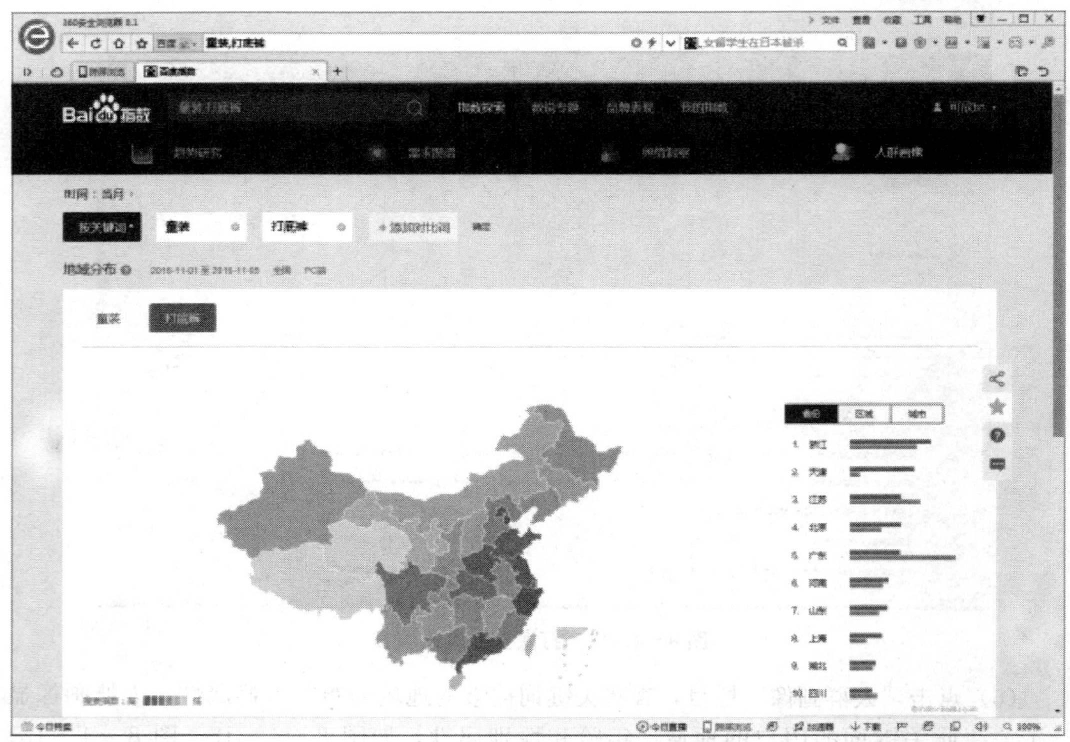

图 8-4-13　打底裤的地域分布

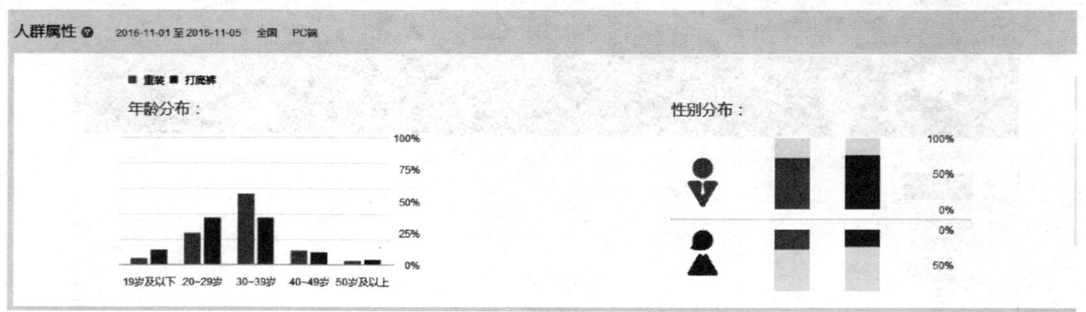

图 8-4-14　按年龄和性别归类的人群属性

子任务 2　网页关键词优化

关键词确立以后，就可以给网站的各网页设定关键词优化的内容。

（1）页面标题 Title 的优化。设置每张网页的 Title 标签，网页的标题设置不要重复，每页的标题要包括筛选出来的目标关键词，如图 8-4-15、图 8-4-16、图 8-4-17 所示。

```
<!DOCTYPE html>
<!-- [ published at 2016-11-07 23:09:19 ] -->
<html>
<head>
    <meta http-equiv="Content-type" content="text/html; charset=utf-8" />
    <meta http-equiv="X-UA-Compatible" content="IE=edge" />
    <title>新浪首页</title>
        <meta name="keywords" content="新浪,新浪网,SINA,sina,sina.com.cn,新浪首页,门户,资讯" />
        <meta name="description" content="新浪网为全球用户24小时提供全面及时的中文资讯，内容覆盖国内外突发新闻事件、体坛赛
事、娱乐时尚、产业资讯、实用信息等，设有新闻、体育、娱乐、财经、科技、房产、汽车等30多个内容频道，同时开设博客、视频、论坛
等自由互动交流空间。" />
```

图 8-4-15　新浪网首页 Title 标签设置

```
<!DOCTYPE html>
<!-- [ published at 2016-11-07 23:09:19 ] -->
<html>
<head>
        <meta http-equiv="Content-type" content="text/html; charset=UTF-8" />
<title>新浪科技_新浪网</title>
<meta name="keywords" content="科技,IT科技,科技新闻,互联网,移动互联网,电信,手机,iPhone,Android,软件应用,数码产品,笔记本,平
板电脑,iPad,数码相机,DV,硬件,科学探索">
<meta name="description" content="新浪科技是新浪网最重要频道之一，24小时滚动报道IT业界，电信、互联网及大众科技新闻，最及时
权威的产业及事件报道平台，手机、数码、笔记本及软件下载一网打尽。">
```

图 8-4-16　新浪网科技栏目 Title 标签设置

```
<!DOCTYPE html>
<!-- [ published at 2016-11-07 23:06:41 ] -->

<html>
<head>
<meta http-equiv="Content-type" content="text/html; charset=UTF-8" />
<title>明星频道首页_明星新闻_明星八卦_新浪娱乐_新浪网</title>
<meta name="keywords" content="最新娱乐新闻专题, 最近明星娱乐新闻汇总, 新浪娱乐, 新浪网">
<meta name="description" content="新浪明星是汇聚最全明星信息的综合站点，将内地、港台、欧美、日韩等全球明星八卦新闻、视频一
网打尽，提供最全面完整的明星资料库检索。">
```

图 8-4-17　新浪网明星频道 Title 标签设置

(2) Meta 标签的优化。设置每张网页的 Meta 标签，包括设置关键词（Keywords）的内容以及描述（Description）的内容。Keyword 标签就相当于一篇文章的关键词，可用于索引这篇文章的主要词语，关键词之间用逗号进行分隔。Description 标签相当于一篇文章的摘要，是用于简要概括整个页面的内容信息，也是更好地引导用户访问网站的一个比较好的路径，在搜索引擎中对 Description 标签描述一般显示在 80 个字以内，如图 8-4-18、图 8-4-19 所示。

新浪首页
新浪网为全球用户24小时提供全面及时的中文资讯，内容覆盖国内外突发新闻事件、体坛赛事、娱乐时尚、产业资讯、实用信息等，设有新闻、体育、娱乐、财经、科技 ...
www.sina.com.cn/ V2 - 百度快照 - 1622条评价

图 8-4-18　新浪网首页 Description 的内容

新浪科技_新浪网
新浪科技是新浪网最重要频道之一,24小时滚动报道IT业界,电信、互联网及大众科技新闻,最及时权威的产业及事件报道平台,手机、数码、笔记本及软件下载一网打尽。
tech.sina.com.cn/ - 百度快照 - 80条评价

图 8-4-19　新浪科技栏目 Description 的内容

(3) 网页图片标签优化。设置网页上的图像 Alt 属性值、Title 属性值内容，如图 8-4-20 所示。

(4) 网页内容的优化。网页内容也要围绕着关键词展开，内容应多次出现关键词，但也不必过度堆砌关键词，应使关键词密度分布合理。

```
                                                    <div class="upbt">
                <a target="_blank" href="http://slide.mil.news.sina.com.cn/k/slide_8_213_46433.html">
                    <img width="145" height="110" alt="台湾国防部长不认识歼20"
src="http://www.sinaimg.cn/jc/http/slide.mil.news.sina.com.cn/k/U12794P27T159D11297F3957DT20161107162927.jpg">
                    <span>台湾国防部长不认识歼20</span>
                </a>
        </div>                      <div class="upbt">
                <a target="_blank" href="http://slide.mil.news.sina.com.cn/k/slide_8_193_46438.html">
                    <img width="145" height="110" alt="解放军空降兵装备运12"
src="http://www.sinaimg.cn/jc/http/slide.mil.news.sina.com.cn/k/U12794P27T159D11296F3957DT20161107162424.jpg">
                    <span>解放军空降兵装备运12</span>
                </a>
        </div>                      <div class="upbt">
                <a target="_blank" href="http://slide.mil.news.sina.com.cn/j/slide_8_82345_46437.html">
                    <img width="145" height="110" alt="珠海航展上热情的观众们"
src="http://www.sinaimg.cn/jc/http/slide.mil.news.sina.com.cn/j/U12794P27T159D11295F3957DT20161107161827.jpg">
                    <span>珠海航展上热情的观众们</span>
                </a>
        </div>                      <div class="upbt">
```

图 8-4-20　网页图片的 Alt 属性设置

知识链接：

(1) 关键词 (Keywords)：是指在互联网上用于网络搜索索引资源或用户查找资源所用到的主要词汇，也是用户在输入搜索框中输入的文字，即用户命令搜索引擎寻找的内容。

(2) 关键词密度 (Keyword Density)：用来度量关键词在网页上出现的总次数与其他文字的比例，一般用百分比表示。

(3) 核心关键词：也称为目标关键词，就是网站主题，它是最简单的词语，同时也是搜索量最高的词语。

(4) 相关关键词：也称为扩展关键词，是对核心关键词的延伸和扩展。

(5) 长尾关键词 (Long Tail Keyword)：是指网站上非目标关键词，它们也是可以带来搜索流量的关键词。长尾关键词一般搜索量会比较小，但转化率比较高。

项目总结

网页优化是一个日积月累、循序渐进的过程，需要利用一些关键性指标来优化网页，对网站访问数据进行统计和分析，并以此为依据优化网页，提高页面的浏览量、转化率、加载速度等指标，其中提高加载速度的核心有三点：减少请求数、减少资源大小、找最快的服务器。在实际的网络营销和推广工作中还要找准关键词，并不断调整和优化网络营销策略。

项目检测

一、练习题

1. 查询本校门户网站的 IP 及 PV 值。

2. 查询本校关键词的百度指数和媒体指数。

二、拓展训练

获取自有网站的流量分析报告。具体要求如下：

（1）将本课程自建的一个网站发布到外网。

（2）在百度统计中添加该外部站点。

（3）复制代码并粘贴到该站点的所有网页。

（4）设置转化率参数。

（5）多天多次访问该自建网站。

（6）获取网站流量分析报告。

参考文献

1. 陈薇．Dreamweaver CS6 网页设计应用案例教程．2 版．北京：清华大学出版社，2015.

2. 傅俊．电子商务网页设计与制作．北京：电子工业出版社，2012.

3. 郑国强．网页设计与配色实例解析．北京：清华大学出版社，2012.

4. 迈克尼尔．网页设计创意书．北京：人民邮电出版社，2010.

5. 洛夫迪・尼豪斯．赢在设计：网页设计如何大幅提高网站收益．北京：人民邮电出版社，2010.

6. 林峰．电子商务网站建设．北京：电子工业出版社，2012.

7. 商玮．电子商务网页设计与制作．北京：中国人民大学出版社，2014.

图书在版编目（CIP）数据

网页设计与制作项目教程 / 简建锋主编 . —北京：中国人民大学出版社，2017.7
职业教育电子商务专业实战型规划教材
ISBN 978-7-300-24528-7

Ⅰ. ①网… Ⅱ. ①简… Ⅲ. ①网页制作工具-职业教育-教材 Ⅳ. ①TP393.092.2

中国版本图书馆 CIP 数据核字（2017）第 123493 号

普通高等职业教育“十三五”规划教材
职业教育电子商务专业实战型规划教材

网页设计与制作项目教程

主　编　简建锋
副主编　王　玉
Wangye Sheji yu Zhizuo Xiangmu Jiaocheng

出版发行　中国人民大学出版社
社　　址　北京中关村大街 31 号　　**邮政编码**　100080
电　　话　010－62511242（总编室）　010－62511770（质管部）
010－82501766（邮购部）　010－62514148（门市部）
010－62515195（发行公司）　010－62515275（盗版举报）
网　　址　http://www.crup.com.cn
http://www.ttrnet.com(人大教研网)
经　　销　新华书店
印　　刷　中煤（北京）印务有限公司
规　　格　185 mm×260 mm　16 开本　　**版　　次**　2017 年 7 月第 1 版
印　　张　14.75　　**印　　次**　2017 年 7 月第 1 次印刷
字　　数　322 000　　**定　　价**　38.00 元